ممارسات أيتل 4 دليل عربى
ITIL 4 Practices Arabic Guide

إعداد

خالد عبدالفتاح يوسف

جدول المحتويات

الفصل الأول منهاج أيتل 4
مقدمة و تعريفات

تعريف

طورت أيتل فى عام 2019 منهاج و إطار عمل نظام إدارة خدمات تكنولوجيا المعلومات أيتل4.

يقدم منهاج ITIL 4 الإرشادات التي تحتاجها المؤسسات لمعالجة تحديات إدارة الخدمات الجديدة والاستفادة من إمكانات التكنولوجيا الحديثة.

منهاج ITIL 4 مصمم لضمان نظام مرن ومنسق ومتكامل للحوكمة والإدارة الفعالة للخدمات التي تدعمها تكنولوجيا المعلومات.

منهاج ITIL V4 يركز على نظام القيمة الذي يمكن دمجه مع ممارسات وطرق عمل الإدارة الأخرى مثل Agile وDevOps.

لماذا ITIL V4

ITIL يعتمد على خبرة ممارسي ITSM ويقدم نهجًا عمليًا تطور على مدار سنوات عديدة.

نظام القيمة في ITIL V4 يعني أن المنظمات تركز بشكل أقل على التكنولوجيا وتركز المزيد على كيفية خلق القيمة مع العملاء الداخليين أو الخارجيين.

تساعد العمليات والممارسات المشتركة وإطار إدارة الخدمة القوي في دعم التركيز على القيمة.

عوامل نجاح ITIL V4

حيادية مع الموردين:

لا يرتبط منهاج ITIL بمورد محدد أو تقنية معينة أو صناعة واحدة وهذا يعني أنه يمكن تطبيقه فى جميع أنواع وأحجام المنظمات.

منهاج غير إلزامي:

يسهل على المنظمات تبني وتكييف عناصر ITIL4 التي تناسبها وتناسب أنشطتها و تلبى طلبات عملائها.

تطور ITIL 4 من خلال إعادة تشكيل الكثير من ممارسات إدارة خدمات تكنولوجيا المعلومات في سياق تجربة العملاء وتدفقات القيمة والتحول الرقمي.

تحافظ ممارسات ITIL 4 على تخليق القيمة والأهمية التي توفرها عمليات ITIL الحالية و تتوسع لتشمل مجالات مختلفة من إدارة الخدمة وتكنولوجيا

المعلومات من الطلب إلى القيمة.

أفضل الممارسات:

تحرص بنية ممارسات أيتل4 على تقديم الأنشطة أو العمليات التي أثبتت نجاحها والتي تم استخدامها بنجاح في العديد من المنظمات.
يستعين منهاج ITIL بخبرة ممارسي إدارة الخدمات في جميع أنحاء العالم. الخبرات الفردية موجودة و تراكمت بمرور الوقت وهذا يعني أنها لا تخضع للتحدي أو التحسين ويمكن أن تخلق مخاطرة حقيقية إذا ترك أحد الموظفين ذوي الخبرة وأخذ معه معرفته و خبرته الخاصة .
يعتبر منهاج ITIL أفضل صورتكامل تجميع المعرفة العملية و الملكية الفكرية التي تتراكم داخل المنظمات فى عقول ممارسى إدارة الخدمات و لا يتم توثيقها عادةً بطريقة متسقة.

إطار عمل ITIL 4

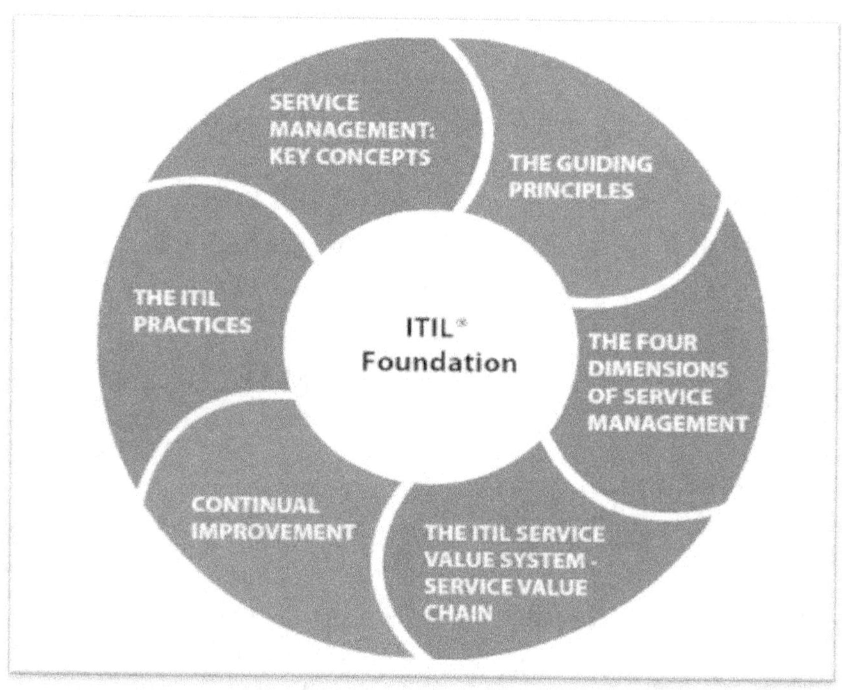

الشكل رقم (1) يبين الإطار الأساسى لمنهاج أيتل4.
ITIL 4 FOUNDATION-MORWAN ELGASIM
يبين الشكل رقم (1) عناصر الإطار الأساسى الرئيسية لمنهاج أيتل4 والمفاهيم الأساسية لإدارة الخدمة.

الأبعاد الأربعة لإدارة الخدمة و المبادىء التوجيهية و ممارسات ITIL 4. نظام قيمة الخدمة و سلسلة قيمة الخدمة و التحسين المستمر.

تعريف الخدمة

➢ وسيلة لتقديم القيمة للعملاء من خلال تسهيل النتائج التي يرغب العميل في تحقيقها دون تحمل تكاليف أو مخاطر محددة.

➢ يتم نقل التكاليف والمخاطر إلى مزود الخدمة.

➢ يركز العملاء على النتائج مقابل الوسائل.

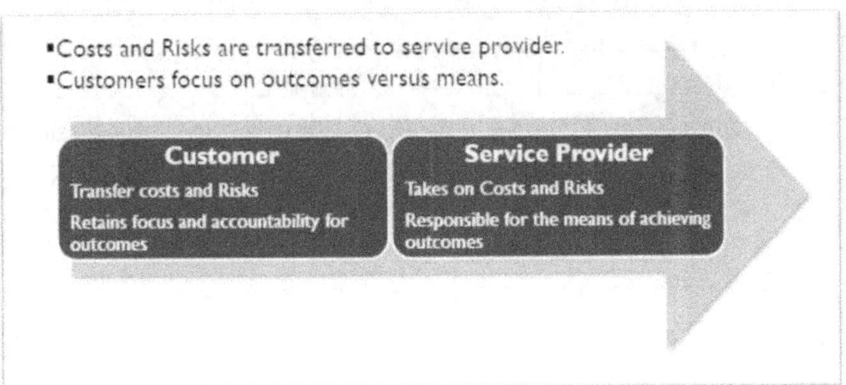

الشكل رقم (2) يبين تعريف الخدمة و مقدم الخدمة و العميل.
ITIL 4 FOUNDATION-MORWAN ELGASIM.

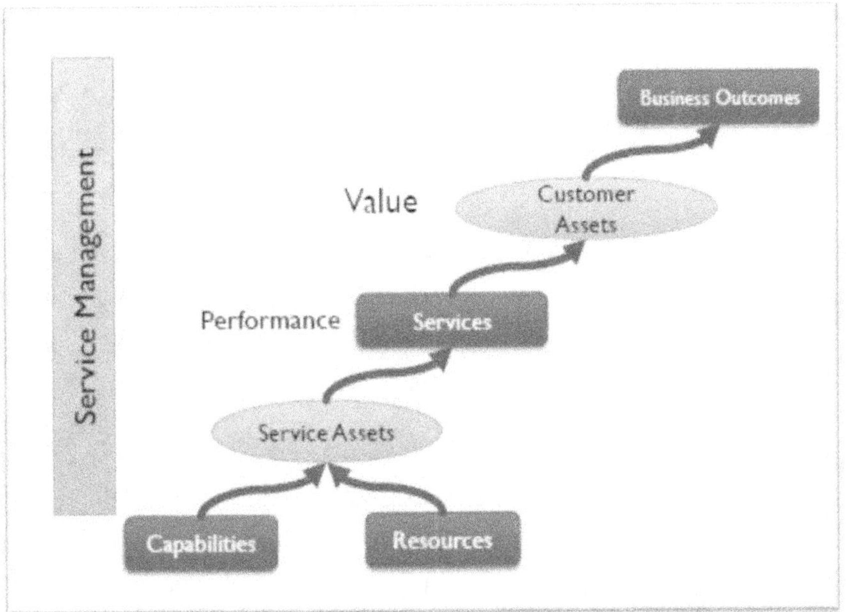

الشكل رقم (3) يبين نظام إدارة وتقديم الخدمة.
ITIL 4 FOUNDATION-MORWAN ELGASIM.

الخدمات و المنتجات

- الخدمات وسيلة لتمكين إنشاء القيمة بشكل مشترك من خلال تسهيل النتائج التي يرغب العملاء في تحقيقها، دون أن يضطر العميل إلى إدارة تكاليف ومخاطر محددة.
- الخدمات التي تقدمها المؤسسة تعتمد على واحد أو أكثر من منتجاتها.
- المنتج تكوين لموارد المؤسسة المصممة لتقديم قيمة للمستهلك.
- المنتجات هي تكوينات لهذه الموارد، التي أنشأتها المؤسسة، والتي من المحتمل أن تكون ذات قيمة لعملائها.

إدارة الخدمة

إدارة الخدمة مجموعة من القدرات التنظيمية المتخصصة و الموارد تمثل أصول الخدمة لتقديم القيمة و نقلها لأصول العملاء في شكل خدمات تنتج قيمة الأعمال.

مقدم الخدمة

- يتحمل التكاليف والمخاطر.
- مسئول عن وسائل تحقيق النتائج.

العميل

- لا يتحمل التكاليف والمخاطر.
- يحتفظ بالتركيز والمساءلة عن النتائج.

توفير الخدمة

- إدارة موارد المزود المخصصة لتقديم الخدمة.
- توفير الوصول إلى الموارد للمستخدمين.
- تنفيذ إجراءات الخدمة المتفق عليها.
- إدارة أداء الخدمة والتحسين المستمر.

استهلاك الخدمة

- الأنشطة التي تقوم بها المنظمة لاستهلاك الخدمات.
- إدارة الموارد المستهلكة اللازمة لاستخدام الخدمة.
- إجراءات الخدمة التي يقوم بها المستخدمون بما في ذلك الاستفادة من موارد المزود وطلب تنفيذ إجراءات الخدمة.

- قد يشمل استهلاك الخدمة أيضًا استلام السلع.

تزويد الخدمة

وصف لواحدة أو أكثر من الخدمات المصممة لتلبية احتياجات مجموعة المستهلكين المستهدفة و قد يتضمن تزويد الخدمة:

- توريد السلع مثل الحواسب والوصول إلى الموارد الممنوحة أو المرخصة للمستهلك بموجب الشروط والأحكام المتفق عليها.
- الخدمات مثل الوصول إلى شبكة الهاتف المحمول أو إلى وحدة تخزين الشبكة.
- إجراءات الخدمة التي يتم تنفيذها لتلبية احتياجات المستهلك مثل دعم المستخدم وإدارة مستوى الخدمة والتحسين المستمر.

تعريف القيمة

- القيمة هي الفوائد الملموسة والأهمية لشيء ما.
- القيمة هى نتائج مرجوة ومزايا و فوائد و أهمية مدركة لمنتج ما يدركها أصحاب المصالح سواء كانوا منتجين أو عملاء للخدمة.
- يجب أن تضيف المنتجات والخدمات قيمة للمستخدمين و العملاء.
- يتطلب تحقيق النتائج المرجوة موارد وبالتالي تكاليف.
- يمكن أن تؤدي علاقات الخدمة إلى مخاطر وتكاليف جديدة مرتبطة بها.

- يمكن أن تؤثر سلبًا على بعض النتائج المقصودة بينما تدعم بعضها الآخر.

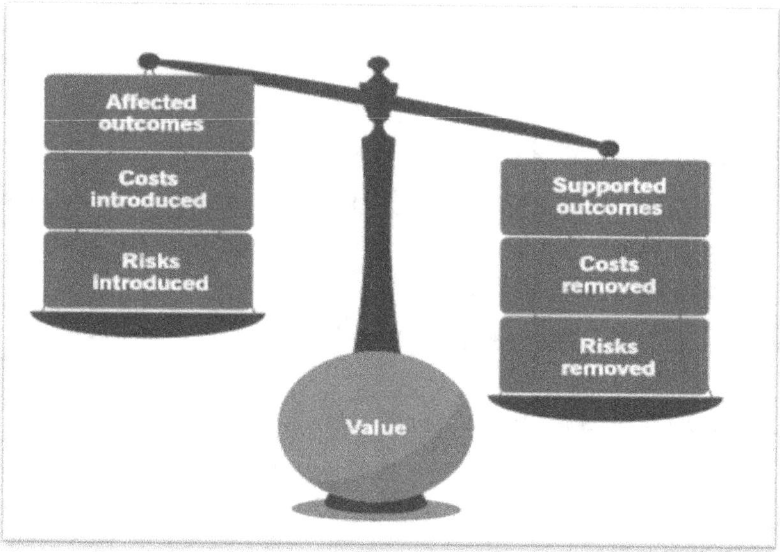

الشكل رقم(4) القيمة = منتجات مدعمة فنيا+ تكاليف أقل+مخاطر معدومة.
Itil 4 Presentation-Service IT+ Inc.

التخليق المشترك للقيمة

- التخليق المشترك للقيمة بين موردي الخدمات و العملاء علاقات تفاعلية تساهم فى التطوير و الإبداع خاصة فى مراحل تحديد الإحتياجات و المتطلبات و صياغة الشروط و عمليات التصميم و تخليق الحلول.

- غاية المؤسسة خلق قيمة لأصحاب المصالح و يتحقق ذلك بتوفير خدمات ذات عائد ملموس تحدده اعتبارات ومستجدات المشاركة فى العمليات

- لم تعد إدارة المؤسسة تعتبر خدمات تكنولوجيا المعلومات مجرد مصروفات لا تدرك قيمتها.

- تشارك جميع الأطراف للوصول إلى أفضل خدمات بأقل التكاليف بدون مخاطر.

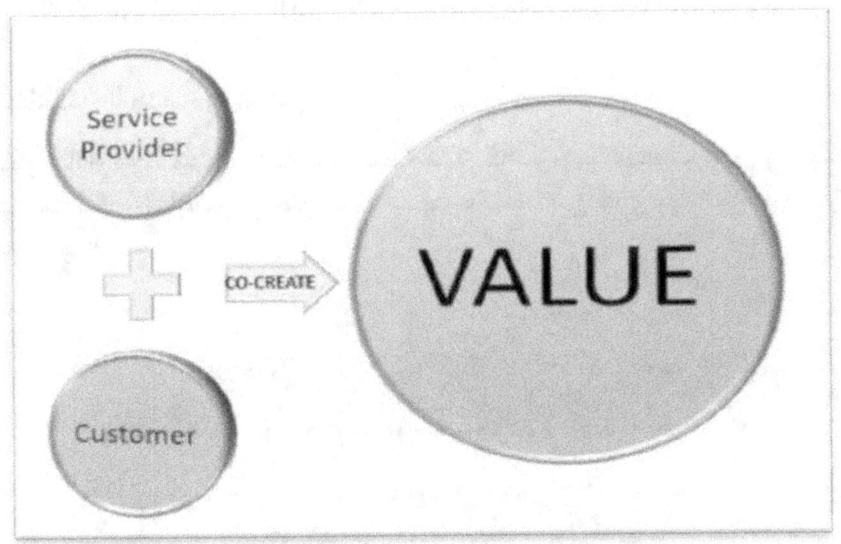

الشكل رقم (5) التخليق المشترك للقيمة.
Become ITIL® 4 Foundation Certified-Abhinav Krishna Kaiser

التكاليف

التكلفة مقدار الأموال التي يتم إنفاقها على نشاط أو مورد معين.
هناك نوعان من التكلفة المتضمنة في علاقات الخدمة:

➤ التكاليف التي تتم إزالتها من المستهلك بواسطة الخدمة كجزء من عرض القيمة وهى تكاليف الموظفين والتكنولوجيا وتكاليف استخدام الشبكة، والمشتريات، والموارد الأخرى التي لا يحتاج المستهلك إلى توفيرها.

➤ التكاليف التي تفرضها الخدمة على المستهلك كتكاليف استهلاك الخدمة.

المخاطر

تشير المخاطر إلى الأحداث المحتملة التي يمكن أن تسبب الضرر أو الخسارة، أو تزيد من صعوبة تحقيق الأهداف.

هناك مخاطر تمت إزالتها أو تقليلها بالنسبة للمستهلك من خلال الخدمة و مخاطر محتملة تفرضها الخدمة على المستهلك.

مساهمة المستهلك في تقليل المخاطر

➤ المشاركة الفعالة في تحديد متطلبات الخدمة وتوضيح مخرجاتها المطلوبة.

➤ توصيل عوامل النجاح الحاسمة والقيود التي تنطبق على الخدمة بوضوح.

◄ التأكد من أن المزود لديه إمكانية الوصول إلى الموارد اللازمة للمستهلك طوال علاقة الخدمة.

علاقات الخدمة و العمل

تتكون إدارة علاقات الخدمة من أنشطة مشتركة يقوم بها مقدم الخدمة ومستهلك الخدمة لضمان استمرار خلق قيمة مستمرة بناءً على عروض الخدمة المتفق عليها و المتاحة.

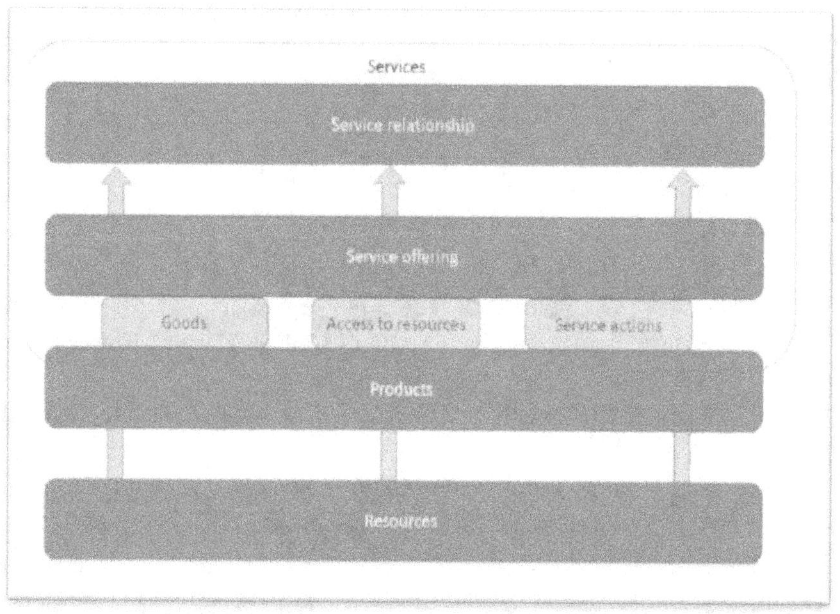

الشكل رقم (6) يبين الموارد والخدمة و علاقات الخدمة.
ITIL® 4 Essentials, CLAIRE AGUTTER.

المنفعة والضمان

المنفعة

◄ هي الوظيفة التي يقدمها منتج أو خدمة لتلبية حاجة معينة للعميل أو المستهلك.

◄ المنفعة مصطلح يمكن استخدامه لتحديد أن الخدمة مناسبة للغرض ويتطلب أن تدعم الخدمة أداء المستهلك أو تزيل القيود عن المستهلك.

الضمان

◄ هو التأكيد على أن المنتج أو الخدمة سوف تلبي المتطلبات المتفق عليها.

◄ يعبر المصطلح عن كيفية أداء الخدمة و أن الخدمة تظل صالحة للاستخدام.

▶ يشمل ذلك عادةً مجالات مثل التوفر والقدرة ومستويات الأمان والاستمرارية.

▶ يتطلب ذلك أن يكون مزود الخدمة قد حدد شروطًا محددة ومتفق عليها يتم استيفاؤها.

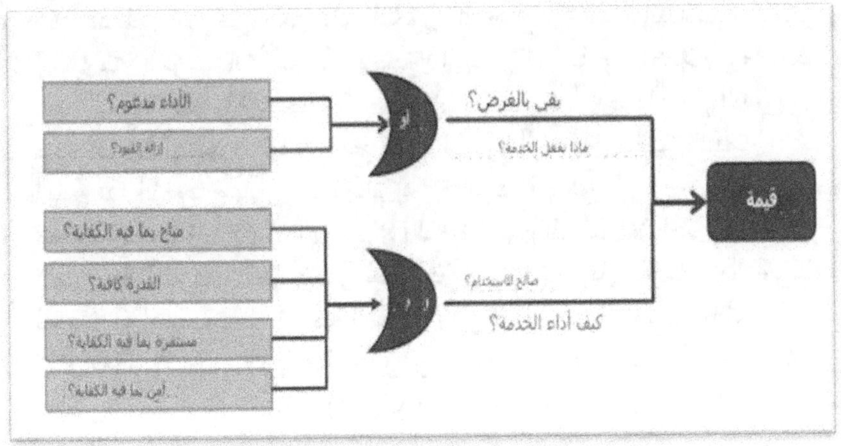

الشكل رقم(7) يوضح تعريفات المنفعة و الضمان.
ITIL 4 FOUNDATION-MORWAN ELGASIM

الفصل الثاني أبعاد نظام إدارة الخدمة

نموذج إدارة الخدمة رباعى الأبعاد

- وفقا للتطورات فى مجالات التحول الرقمى زادت التنافسية التقنية و أصبحت المؤسسات معنية بتخليق القيمة لنفسها و للعملاء بعد تعاظم خبرات العملاء و المنتجين فى مجالات التجارة و الصناعة و التسويق.
- طورت أيتل4 نموذجها ليصبح معنيا بإدارة الخدمة وتخليق القيمة.
- يهتم هذا النموذج بتعريف نظام إدارة الخدمة وهو نموذج رباعى الأبعاد كما هو موضح فى الشكل رقم(8) لدعم النهج الشامل لإدارة الخدمات.
- تحدد ITIL أربعة أبعاد تعتبر مجتمعة حاسمة لتسهيل القيمة بفعالية وكفاءة للعملاء وأصحاب المصلحة الآخرين في شكل منتجات وخدمات.
- تمثل هذه الأبعاد الأربعة الأمور و العوامل ذات الصلة و خارجة عن سيطرة نظام قيمة الخدمة ITIL SVS (service value system) بما في ذلك سلسلة قيمة الخدمة بأكملها وجميع الممارسات.

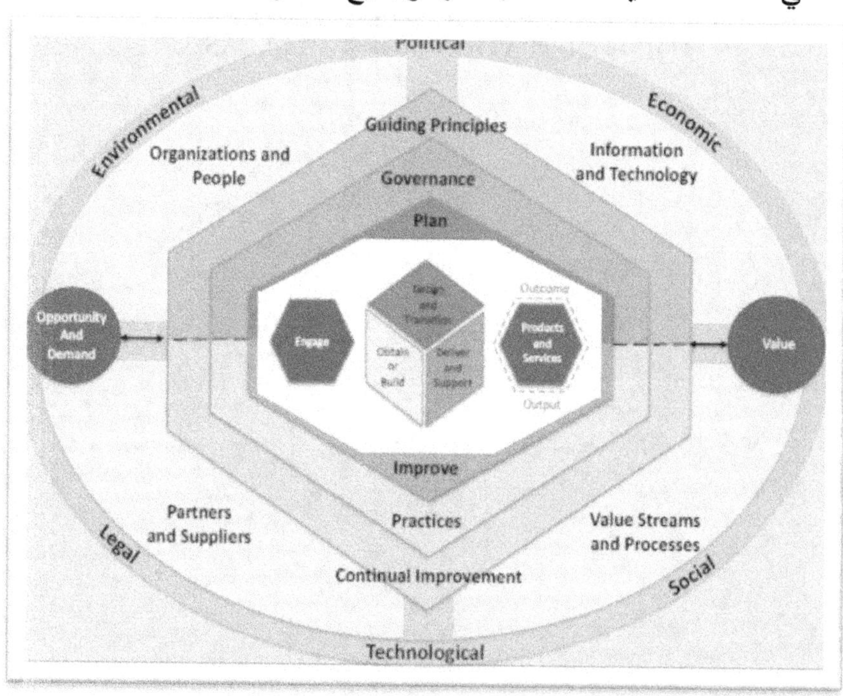

الشكل رقم (8) يبين جميع عناصر منهاج أيتل 4.
itSMF-ITIL 4 ,Cyrus Howells.

أبعاد إدارة الخدمة

1. المنظومات و الأفراد Organization and people.
2. المعلومات و التكنولوجيا Information and technology.
3. الشركاء و الموردين Suppliers and partners.
4. تدفقات القيمة و العمليات Value streams and processes.

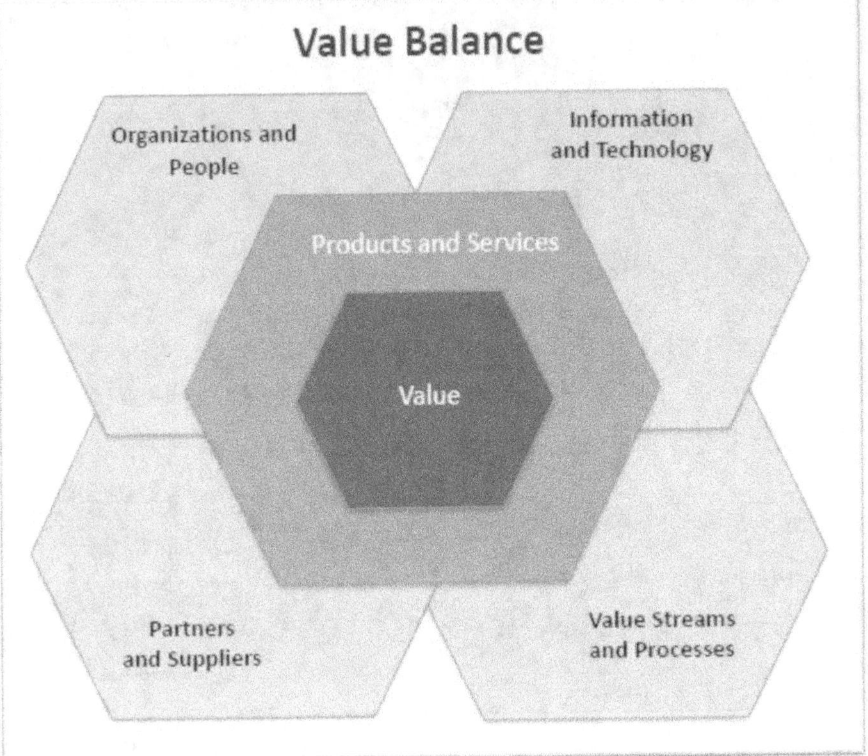

الشكل رقم (9) يبين الأبعاد الأربعة و المنتجات و الخدمات و القيمة.
itSMF-ITIL 4 ,Cyrus Howells.

- لا توجد حدود واضحة للأبعاد الأربعة ولكنها تتداخل وقد تتفاعل أحيانًا بطرق غير متوقعة اعتمادًا على مستوى التعقيد وعدم اليقين الذي تعمل به المنظمة.

- يجب أن تعمل الأبعاد الأربعة في انسجام لخلق القيمة للعميل بأكثر الطرق فعالية وبطريقة فعّالة.

- لا تعمل خدمات و منتجات تكنولوجيا المعلومات في فراغ بل تعمل في بيئة تكون فيها التغييرات سريعة ولا مفر منها.

- القيمة فى القلب و المركز.

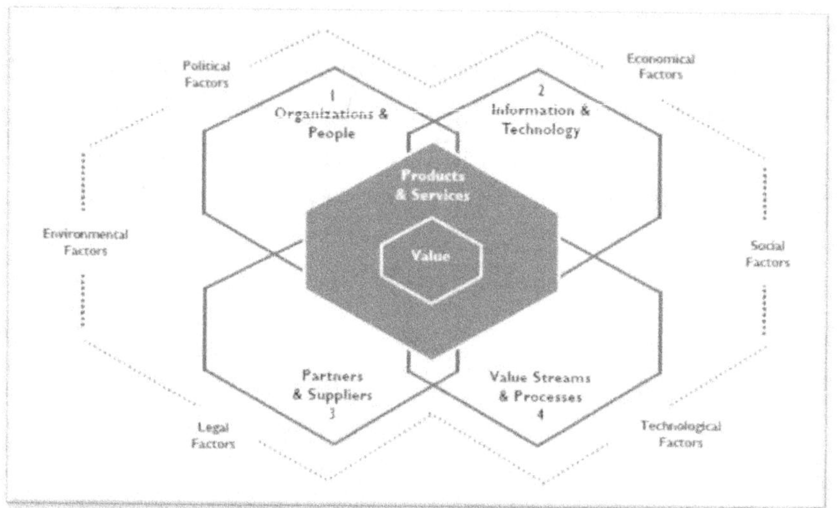

الشكل رقم (10) يبين أبعاد إدارة الخدمة.
ITIL 4 FOUNDATION-MORWAN ELGASIM

أهمية الأبعاد الأربعة فى إدارة الخدمة

- توفر الأبعاد الأربعة لإدارة الخدمة التي تقدمها ITIL 4 رؤية شاملة للقيود المختلفة وأنواع الموارد ونقاط التركيز الأخرى التي يجب مراعاتها عند تصميم أو إدارة أو تشغيل منظمة.

- الأبعاد الأربعة لإدارة الخدمة ذات صلة بجميع عناصر نظام قيمة الخدمة يمكن أن تتداخل وتتفاعل الأبعاد الأربعة بطرق عديدة ويجب مراعاتها لكل خدمة.

- لابد من تكامل هذه الأبعاد لتحقيق أفضل ممارسات إدارة الخدمات.

- لا يمكن التغافل عن أهمية بعد منها و إلا سيكون لذلك بالغ الأثر على تحقيق الغايات المستهدفة.

- عملية التطوير أو التحسين لا تتحقق بدون إعتبار أمثل للبشر أو الشركاء أو نوع التكنولوجيا.

- التكنولوجيا الحديثة لا يمكن شراءها بدون إعتبار لقدرات و كفاءات البشر و القابلية للتعلم أو استيعاب الجديد.

- العمليات تتطلب دعم الإدارة و الشركاء.

- لا يمكن إغفال العوامل الخارجية المؤثرة لآن المؤسسات ليست معزولة عن الواقع.

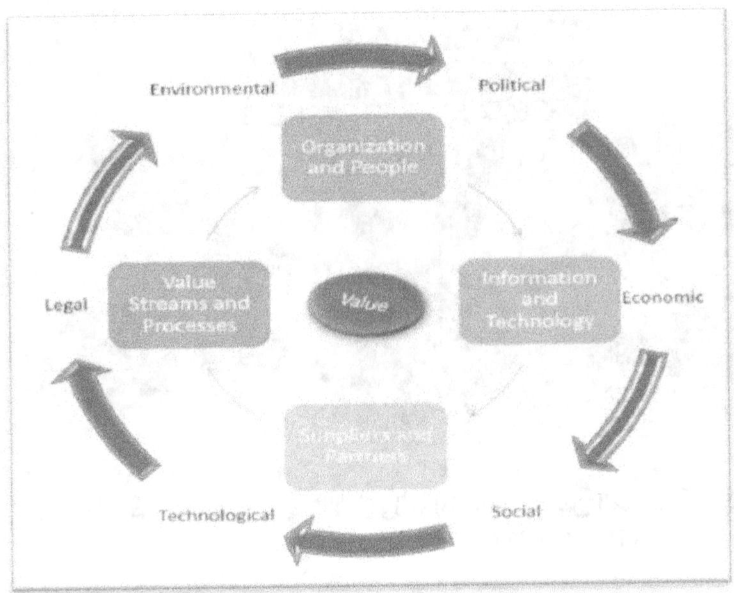

الشكل رقم(11) الأبعاد الأربعة و العوامل المحيطة
Become ITIL® 4 Foundation Certified-Abhinav Krishna Kaiser

البعد الأول:المؤسسات و الأفراد

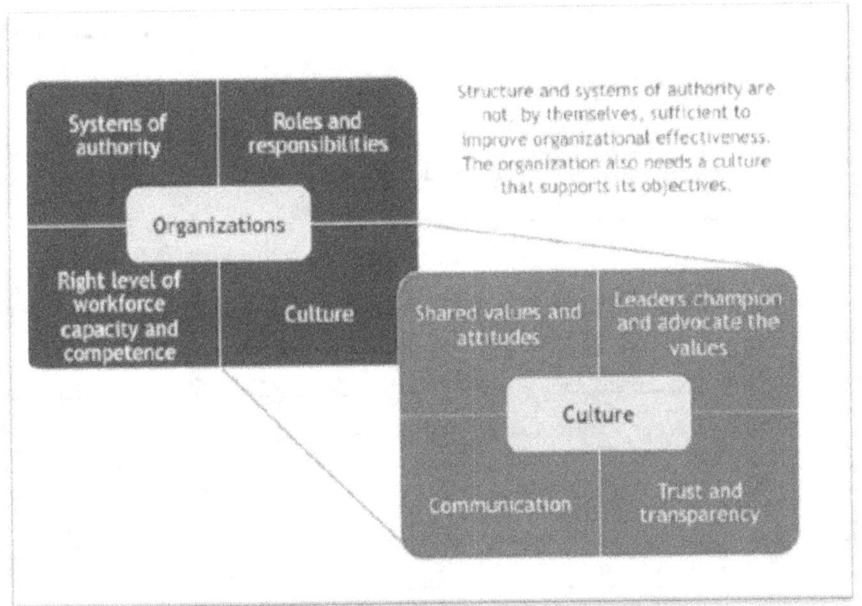

الشكل رقم (12)   يبين البعد الأول المؤسسات و الأفراد.
ITIL 4 FOUNDATION, Serviceitplus.com.

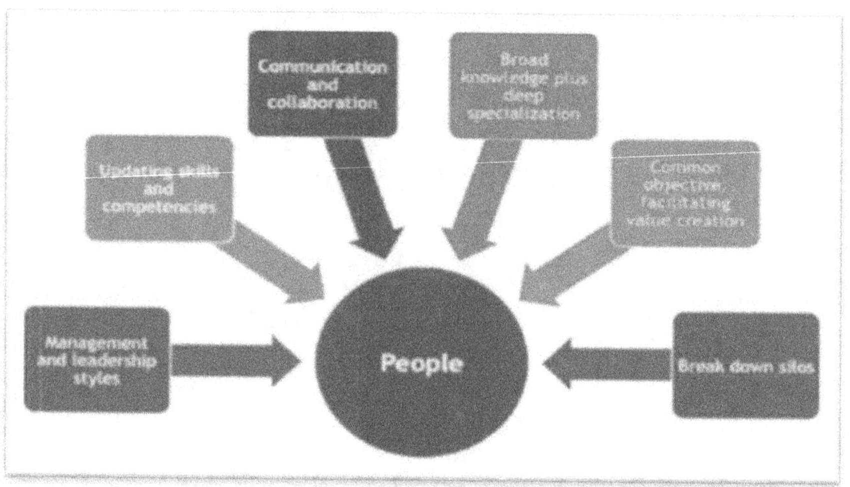

الشكل رقم (13) يبين البعد الأول والعوامل المؤثرة بين المؤسسة والأفراد.
ITIL 4 FOUNDATION, Serviceitplus.com.

المؤسسات والأفراد

من المهم التأكد من أن الطريقة التي يتم بها هيكلة المؤسسة وإدارتها وكذلك أدوارها ومسؤولياتها وأنظمة السلطة والاتصالات محددة بشكل جيد وتدعم استراتيجيتها الشاملة ونموذج التشغيل الخاص بها.

المؤسسات

◄ يغطي البعد التنظيمي والإنساني للخدمة الأدوار والمسؤوليات والهياكل التنظيمية الرسمية والثقافة والموظفين والكفاءات المطلوبة والتي ترتبط جميعها بإنشاء الخدمة وتقديمها وتحسينها.

◄ هيكل و أنظمة السلطة ليست فى حد ذاتها كافية لتحسين الفعالية التنظيمية.

◄ تحتاج المؤسسة إلى ثقافة البشر لدعم أهدافها.

◄ تحديد و توزيع الأدوار و المسئوليات أمر أساسى لدعم الفعالية.

◄ يجب تحديد المستويات المناسبة من قدرات القوى العاملة.

◄ يجب تحديد كيفية تخصيص الأدوار والمسؤوليات وتنسيقها داخل المنظمة من يقوم بماذا ومن يقدم التقارير لمن وكيف.

الهيكل التنظيمي

الهيكل الوظيفي: يتم فيه تقسيم الأنشطة حسب المهارات على سبيل المثال التركيبات ـ الصيانة ـ الإنتاج ـ المبيعات أو خدمات العملاء أو التمويل.

الهيكل التقسيمي: يتم تقسيم الأنشطة حسب منطقة العميل أو المنتج أو الخدمة على سبيل المثال فريق منطقة أوروبا والشرق الأوسط وأفريقيا والخدمات المصرفية عبر الإنترنت مقابل الخدمات المصرفية للأفراد، إلخ.

الهيكل المصفوفي: مزيج من الوظائف والتقسيمات على سبيل المثال قد يعمل خبير مالي في مشروع مصرفي عبر الإنترنت كمستشار.

الأفراد و ثقافة المؤسسة

- مصطلح الأفراد يشمل العاملين والعملاء و الموظفين لدى الموردين أو الموظفين لدى مقدمي الخدمات أو أي طرف آخر له علاقة بالخدمة.
- يجب تعزيز ثقافة الثقة والشفافية في المؤسسة التي تشجع أعضائها على تسهيل الإجراءات التصحيحية قبل أن تؤثر أي مشكلات على العملاء.
- يجب الاهتمام بتحديث مهارات وكفاءات أعضاء فرق العمل و الأفراد.
- يجب أيضاً الاهتمام بأساليب الإدارة والقيادة ومهارات الاتصال والتعاون.
- القادة يدافعون عن نجاح المؤسسة و يدافعون أيضا عن القيم.
- القيم و المواقف و الأهداف المشتركة من العناصر المؤثرة فى الفعالية.

البعد الثانى:المعلومات و التكنولوجيا

- يتضمن هذا البعد المعلومات والمعرفة و التكنولوجيا اللازمة لإدارة الخدمات.

- يتضمن عند تطبيقه على نظام إدارة قيمة الخدمة SVS العلاقات بين المكونات المختلفة للنظام مثل مدخلات ومخرجات الأنشطة والممارسات.

- يشمل هذا البعد المعلومات التي يتم إنشاؤها وإدارتها واستخدامها في سياق تقديم الخدمة واستهلاكها والتكنولوجيات التي تدعم و تشغل هذه الخدمة.

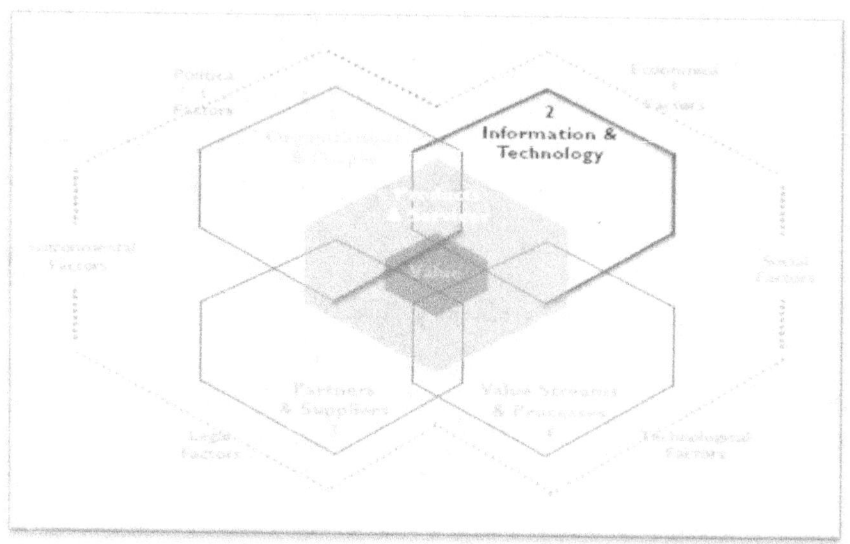

الشكل رقم (14) يبين البعد الثانى المعلومات و التكنولوجيا و إدارة الخدمة.
ITIL 4 FOUNDATION-MORWAN ELGASIM

الاعتبارات الرئيسية لهذا البعد

كيفية حماية أصول المعرفة والمعلومات و وإدارتها وأرشفتها وتحديثها و نشرها وإلغاءها أو التخلص من منتهية الصلاحية.

كيفية تبادل المعلومات بين الخدمات المختلفة ومكونات الخدمة.

تحديات إدارة المعلومات مثل متطلبات الامتثال الأمني والتنظيمي.

تشمل التكنولوجيا جميع الأنظمة التي تدعم إدارة الخدمة مثل أنظمة إدارة سير العمل وقواعد المعرفة وأنظمة المخزون و الاتصالات والأدوات التحليلية.

إعتبارات إختيار التكنولوجيا

عند إختيار استخدام تكنولوجيا معينة في التخطيط أو التصميم أو الانتقال أو تشغيل منتج أو خدمة، قد تتضمن الأسئلة التي قد تطرحها المنظمة ما يلي:

➢ هل هذه التكنولوجيا متوافقة مع البنية الحالية للمنظمة؟

➢ هل تثير هذه التكنولوجيا أي مشكلات تنظيمية أو امتثالية أخرى لسياسات المنظمة وضوابط أمن المعلومات؟

➢ هل هذه التكنولوجيا ستظل قابلة للتطبيق في المستقبل المنظور؟

➢ هل المنظمة على استعداد لقبول مخاطر استخدام التكنولوجيا القديمة، أو تبني التكنولوجيا الناشئة أو غير المثبتة؟

➢ هل تتوافق التكنولوجيا مع استراتيجية مزود الخدمة،أو مستهلكي خدماته؟

➢ هل تمتلك المنظمة المهارات المناسبة عبر موظفيها ومورديها لدعم وصيانة التكنولوجيا؟

➤ هل تتمتع هذه التكنولوجيا بقدرات أتمتة كافية؟

➤ هل تفرض هذه التكنولوجيا مخاطر أو قيودًا جديدة على المنظمة؟

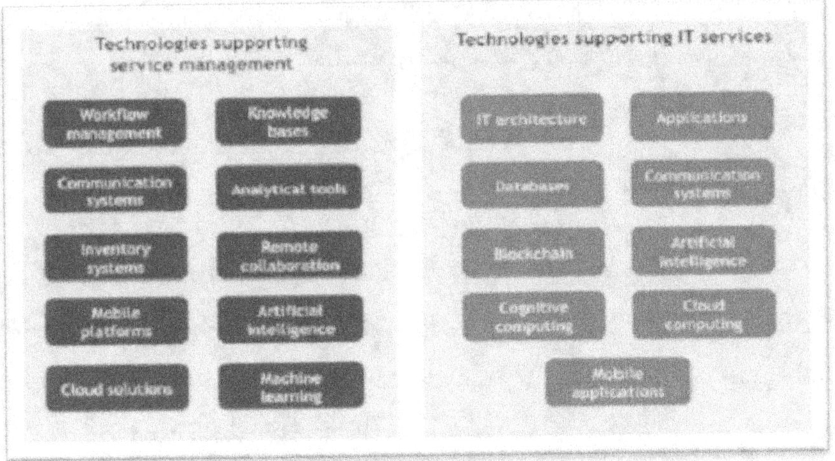

الشكل رقم (15) يبين المعلومات والتكنولوجيا و دعم الخدمة.
ITIL 4 FOUNDATION, Serviceitplus.com.

التكنولوجيا التى تدعم إدارة الخدمة

الشكل رقم (15) يبين مايلى:

➤ إدارة تتابع الأعمال و العمليات.

➤ قواعد المعرفة.

➤ الأدوات التحليلية.

➤ أنظمة مراقبة المخزون.

➤ الذكاء الصناعى و التعلم الآلى.

➤ نظم الإتصالات و منصات المحمول و التعاون عن بعد.

➤ الحلول السحابية.

التكنولوجيا التى تدعم إدارة تكنولوجيا المعلومات

➤ التطبيقات و البرمجيات.

➤ بنائيات شبكات المعلومات.

➤ نظم قواعد البيانات.

➤ الحوسبة السحابية و البلوكتشين.

➤ نظم الإتصالات و تطبيقات المحمول.

➤ الذكاء الصناعى.

شروط تطبيق التكنولوجيا الجديدة

عند النظر في استخدام التكنولوجيا في التخطيط أو التصميم أو النقل أو تشغيل منتج أو خدمة يجب التأكد من مزايا التكنولوجيا الجديدة كما يلى:

➤ التكنولوجيا متوافقة مع البنية الحالية للمؤسسة.

➤ لا تثير أي مشكلات تنظيمية أو غيرها من مشكلات الامتثال لسياسات وضوابط أمن المعلومات.

➤ تظل قابلة للتطبيق في المستقبل المنظور.

➤ تتوافق مع استراتيجية مزود الخدمة و مستهلكي الخدمة

➤ تتمتع بقدرات أتمتة كافية للخدمات و الأعمال.

➤ لا تقدم هذه التكنولوجيا مخاطر أو قيود جديدة على المؤسسة.

تحديات التكنولوجيا الجديدة

➤ هل تتمتع المنظمة بالمهارات المناسبة لدى موظفيها ومورديها لدعم التكنولوجيا والحفاظ عليها؟

➤ هل المنظمة على استعداد لقبول مخاطر استخدام التكنولوجيا القديمة، أو تبني التكنولوجيا الناشئة أو غير المثبتة؟

مصطلحات أنظمة التكنولوجيا

التوفر
قدرة خدمة تكنولوجيا المعلومات أو عنصر تكوين آخر على أداء وظيفته المتفق عليها عند الحاجة.

الموثوقية
قدرة المنتج أو الخدمة أو عنصر تكوين آخر على أداء وظيفته المقصودة لفترة زمنية محددة أو عدد من الدورات.

إمكانية الوصول
إمكانية الوصول تعنى التأكد من أن المعلومات متاحة فقط لمن لديهم صلاحية و مزايا الوصول إليها .

قد تعنى أيضا خصائص التصميم لجميع فئات المستهلكين بما في ذلك ذوي الإعاقة للوصول بطرق تناسبهم للمعلومات.

التوقيت
تكون المعلومات متاحة في الوقت المناسب و بالطرق المفيدة للمستخدمين.

الدقة
يجب أن تكون المعلومات دقيقة و معلومة المصادر.

الأهمية
يجب أن تكون المعلومات ذات صلة بموضوعات المتطلبات.

البعد الثالث:الشركاء و الموردين

عوامل مؤثرة فى تدفق الأعمال

- ⮞ علاقات المؤسسة بغيرها من المؤسسات و الموردين و الشركاء.
- ⮞ العقود و الاتفاقيات و المصالح المشتركة والإلتزامات.
- ⮞ مستويات العلاقات الرسمية و غير الرسمية و درجة المرونة.
- ⮞ اتفاقيات تكامل الخدمات و الادارات.
- ⮞ حسن إختيار قائمة الموردين و آليات التنافس.

عوامل تحدد مزايا العلاقات بين الأطراف

- تعتمد كل منظمة وكل خدمة إلى حد ما على الخدمات التي تقدمها المنظمات الأخرى.

- يجب أن تعتمد استراتيجية المنظمة عندما يتعلق الأمر باستخدام الشركاء والموردين على هدفها وثقافتها وبيئة عملها.

- أعمال المشروعات متعددة الموردين تتطلب تكامل و تنسيق من خلال منظومة خدمات مخصصة لذلك الغرض (انتجريتور).

- تتجلى أهمية العلاقات فى مراحل التفاوض العلنى بعد فحص العروض الفنية.

- تحدد معايير سوق التكنولوجيا و علاقات العمل بين إداراة المهمات و إدارة الخدمات أساليب الوصول إلى أفضل العروض.

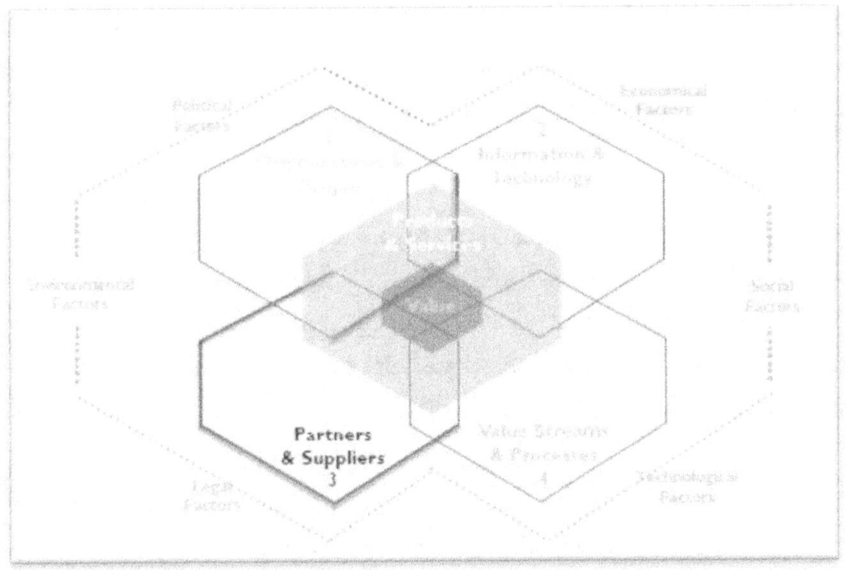

الشكل رقم (16) يبين البعد الثالث الشركاء والموردين و إدارة الخدمة.

العوامل المؤثرة على استراتيجية الموردين

التركيز الاستراتيجي
تقدر بعض المنظمات الاكتفاء الذاتي، في حين تفضل منظمات أخرى الاستعانة بمصادر خارجية للقيام بأعمال غير أساسية.

ثقافة الشركات
يمكن أن تؤثر التحيزات الثقافية على قرارات التوريد ربما بناءً على تجارب سيئة سابقة.

ندرة الموارد
أحيانا يكون من الصعب العثور على بعض الموارد والمهارات مما يجبر المنظمة على التوريد من الخارج.

مخاوف التكلفة
قد يكون من الأرخص الحصول على الخدمات من الخارج مثال استخدام الموارد المشتركة لتوفير الدعم على مدار الساعة طوال أيام الأسبوع.

الخبرة في الأعمال
يمكن للموردين تقديم خبرة عميقة لا تستطيع المنظمة بناءها داخليًا.

القيود الخارجية
يمكن أن تؤثر التشريعات والتنظيمات على قرارات التوريد.

أنماط الطلب
قد تستعين المنظمات بموردين خارجيين لمساعدتها على التعامل مع ارتفاع تكاليف الطلب على سبيل المثال استخدام الموظفين الموسميين لتقديم دعم إضافي خلال فترات العطلات.

عوامل التوريد الخارجي للخدمات
- تؤثر أهمية الموردين الخارجيين في تقديم الخدمات على المهارات الإحترافية التي تحتاجها إدارة خدمات تكنولوجيا المعلومات التخصصية.
- قد تلجأ إدارة خدمات تكنولوجيا المعلومات في التفاوض على عقود خارجية والاتفاق عليها بدلاً من تنفيذ الأنشطة أو إنشاء منتجات أو خدمات داخلية.
- تشرف إدارة خدمات تكنولوجيا المعلومات على أعمال المورد وتدير العلاقة الثلاثية مع المستخدمين و الموردين.
- تنشأ القضايا التجارية إذا تم اختيار الموردين والموافقة على العقود من قبل فريق المشتريات من دون التواصل مع فرق إدارة المنتجات أو الخدمات.

- قد يكون فريق المشتريات مدفوعًا بفلسفة الترسية على أقل الأسعار مما يؤدي إلى عقد يوفر مستوى غير مقبول من الجودة.
- يحتاج محترفو إدارة خدمات تكنولوجيا المعلومات إلى القدرة على العمل عبر النظام المغلق للتأكد من أن العقود المتفق عليها تلبي النتائج المرجوة.

البعد الرابع:تدفقات القيمة و العمليات

- تحديد الأنشطة التي تقوم بها المنظمة وكيفية تنظيمها.
- كيفية عمل الأجزاء المختلفة للمنظمة بطريقة متكاملة ومنسقة لتمكين خلق القيمة من خلال المنتجات والخدمات.
- كيف يتم تخليق القيمة لجميع أصحاب المصلحة بكفاءة وفعالية.

تدفق القيمة

- سلسلة من الخطوات التي تتخذها المنظمة لإنشاء وتقديم المنتجات والخدمات لخدمة المستهلكين.
- يجمع بين أنشطة سلسلة القيمة للمنظمة.
- يشمل تحسين تدفق القيمة أتمتة العمليات أو اعتماد التقنيات الناشئة وطرق العمل لتحقيق الكفاءة أو تعزيز تجربة المستخدم.

متطلبات تدفق القيمة

- يجب تحديد وفهم سلسلة القيمة المختلفة لتحسين الأداء العام للمنظمة.
- يجب فحص كيفية أداء العمل ورسم خريطة لجميع عناصرسلسلة القيمة.
- يجب زيادة فرص الأنشطة ذات القيمة المضافة عبر سلسلة قيمة الخدمة.
- يجب على المنظمات تحديد سلسلة القيمة لكل منتجاتها وخدماتها.

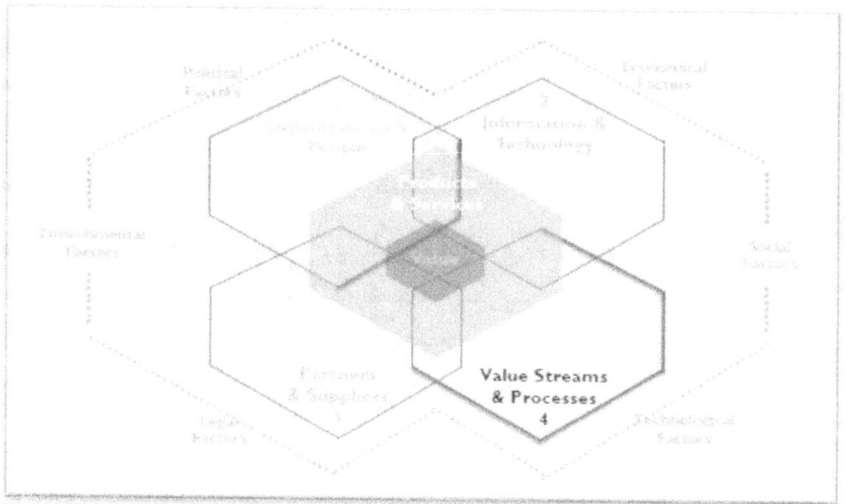

الشكل رقم (17) يبين البعد الرابع تدفقات القيمة والعمليات.
ITIL 4 FOUNDATION-MORWAN ELGASIM

العمليات

- هي مجموعة من الأنشطة المترابطة أو المتفاعلة التي تحول المدخلات إلى مخرجات.
- تصف العمليات ما يتم القيام به لإنجاز هدف محدد.
- يمكن للعمليات المحددة جيدًا تحسين الإنتاجية داخل المنظمات وعبرها.
- عادةً ما يتضمن وصف العملية قوائم مفصلة عن الإجراءات التي تحدد المشاركون في العملية وتعليمات العمل التي تشرح كيفية تنفيذها.
- عند تصميم الخدمة وتقديمها وتحسينها لابد من تحديد نموذج التسليم العام للخدمة وكيف تعمل الخدمة.
- يجب تحديد تدفقات القيمة المشاركة في تقديم المخرجات المتفق عليها للخدمة.
- يجب تحديد الأدوار و المسئوليات للفريق الذى يقوم بإجراءات الخدمة المطلوبة.

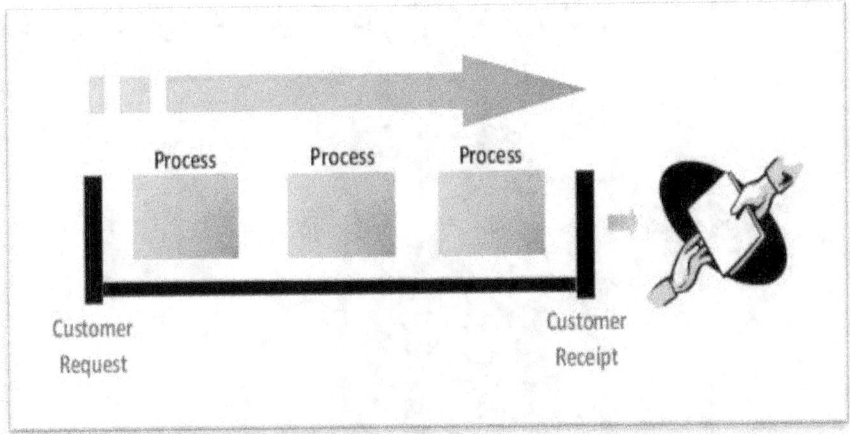

الشكل رقم (18) يبين تدفقات القيمة من خلال العمليات المتتابعة.
ITIL 4 FOUNDATION, Serviceitplus.com.

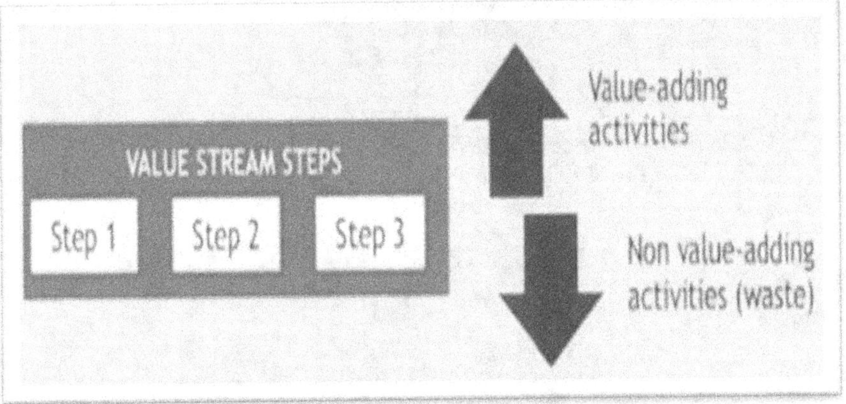

الشكل رقم (19) يبين خطوات و عمليات تدفق القيمة.
ITIL 4 FOUNDATION, Serviceitplus.com.

العمليات

- تصف العمليات ما يتم القيام به لتحقيق هدف ما، ويمكن للعمليات المحددة جيدًا أن تعمل على تحسين الإنتاجية داخل المؤسسات وفيما بينها.

- العمليات تكون مفصلة في الإجراءات وتعليمات العمل التي تحدد من يشارك في العملية و تشرح كيفية تنفيذها.

عوامل تصميم عمليات الخدمة وتقديمها وتحسينها:

- نموذج تقديم الخدمة العام وكيف تعمل الخدمة.

- تدفقات القيمة المشاركة في تقديم مخرجات الخدمة المتفق عليها.

- من يقوم بتنفيذ إجراءات الخدمة المطلوبة.

23

العوامل الخارجية المؤثرة على أبعاد إدارة الخدمة

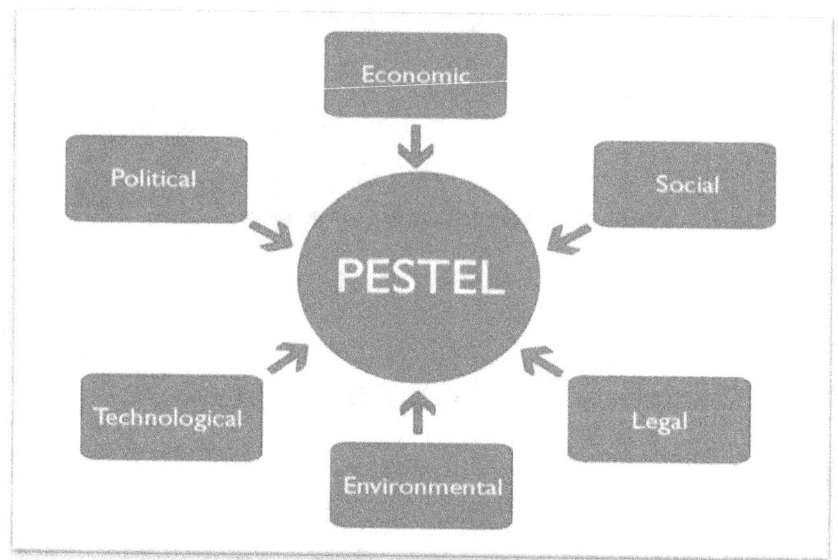

الشكل رقم (20) يبين نموذج العوامل الخارجية المؤثرة بيستل على أبعاد إدارة الخدمة.
ITIL 4 FOUNDATION, Serviceitplus.com.

الشكل رقم(21) يبين نموذج PESTEL العوامل التي تؤثر على عمل مزود الخدمة.
ITIL 4 FOUNDATION-MORWAN ELGASIM

نموذج PESTEL العوامل التي تؤثر على عمل مزود الخدمة.

سياسية Political

كيف يمكن أن تؤثر التشريعات الضريبية و الإجراءات السياسية أو الحكومية على منظمة أو منتج أو خدمة.

الإستقرار السياسى أو الإضطرابات , الفساد و قوانين و قيود العمل و رسوم التجارة و الجمارك.

اقتصادية Economic

هل يؤثر الأداء الاقتصادي الوطني أو العالمي على منتج أو خدمة أو منظمة؟ على سبيل المثال قد يعني الركود أن المستهلكين أقل استعدادًا لشراء بعض أنواع الخدمات.

معدلات التضخم و النمو, أسعار الفائدة, معدلات الدخل و البطالة.

اجتماعية Social

ما هي البيئة الاجتماعية للسوق؟ هل للاتجاهات الثقافية أي تأثير؟ على سبيل المثال، الأحداث الموسمية مثل الأعياد الدينية والرسمية.

الأمان و الصحة و توزيع الأعمار و أنماط الحياة المهنية, الوعى و الحواجز الثقافية.

تكنولوجية Technological

هل هناك أي ابتكارات في التكنولوجيا يمكن أن يكون لها تأثير؟ العديد من التقنيات الجديدة مثل الذكاء الاصطناعي وأتمتة العمليات الروبوتية وما إلى ذلك لم تصل بعد إلى إمكاناتها الكاملة.

أنشطة البحث و الإبتكارو الوعى التكنولوجى.

بيئية Environmental

يمكن أن تشمل هذه العوامل المناخ والطقس والموقع الجغرافي وما إلى ذلك. التغيرات المناخية و الضغوط و السياسات طويلة المدى و نشاطات المنظمات غير الحكومية.

قانونية Legal

ما هي التشريعات واللوائح التي تؤثر على منظمة أو منتج أو خدمة؟ ما هي السياسات التي تتبناها المنظمة داخليًا؟ يمكن أن يشمل هذا مجالات مثل تشريعات السلامة والصحة المهنية.

قوانين مكافحة الإحتكار و قوانين التوظيف.

قوانين حماية المستهلك و حماية حقوق النشر و الإختراع.

<h1 style="text-align:center">الفصل الثالث نظام قيمة الخدمة
Service Value System</h1>

تعريف

- يصف نظام قيمة الخدمة ITIL SVS كيف تعمل جميع مكونات وأنشطة المنظمة معًا كنظام لتمكين إنشاء القيمة.
- المدخلات الرئيسية لنظام SVS هي الفرص والطلب.
- تمثل الفرص خيارات أو إمكانيات لإضافة قيمة لأصحاب المصلحة أو تحسين المنظمة.
- الطلب هو الحاجة أو الرغبة في المنتجات والخدمات بين المستهلكين الداخليين والخارجيين.

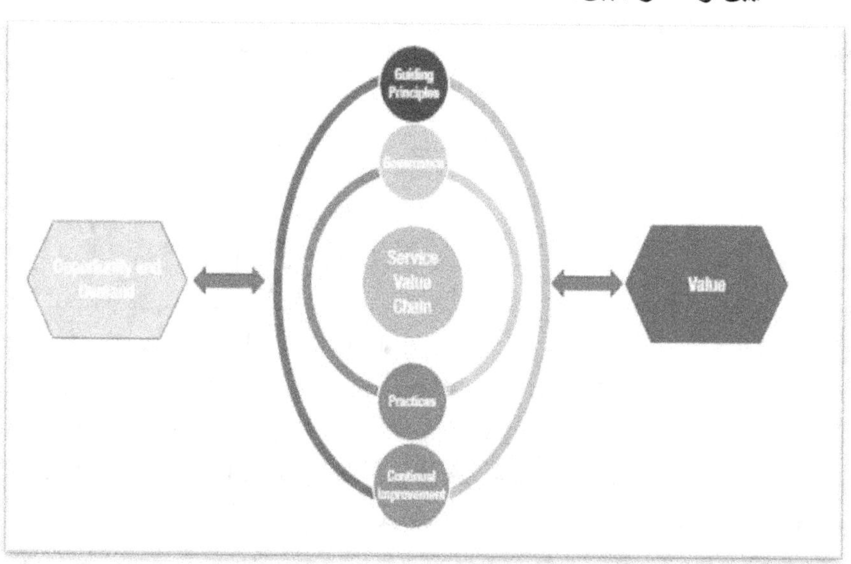

الشكل رقم(22) يوضح عتاصر نظام قيمة الخدمة
Become ITIL® 4 Foundation Certified-Abhinav Krishna Kaiser

عناصر نظام قيمة الخدمة

1. المبادئ الإرشادية guiding principles
2. حوكمة\توجيه Governance
3. سلسلة قيمة خدمة Service value chain
4. ممارسات إدارية management practices

5. التحسين المستمر Continual improvement

وصف نظام قيمة الخدمة

1- الفرصة و الطلب يمثلان مدخلات النظام.

2- القيمة تمثل مخرج النظام.

3- سلسلة قيمة الخدمة تمثل مركز النظام.

4- الحوكمة و الممارسات يمثلان الدائرة الداخلية التى تحيط بسلسلة قيمة الخدمة لأهميتهما فى تحقيق الغايات و الأهداف.

5- المبادئ الإرشادية و التحسين المستمر يمثلان الدائرة الخارجية التى تحيط و تغلف النظام بأكمله لإرتباطهما بالتنفيذ و التقييم.

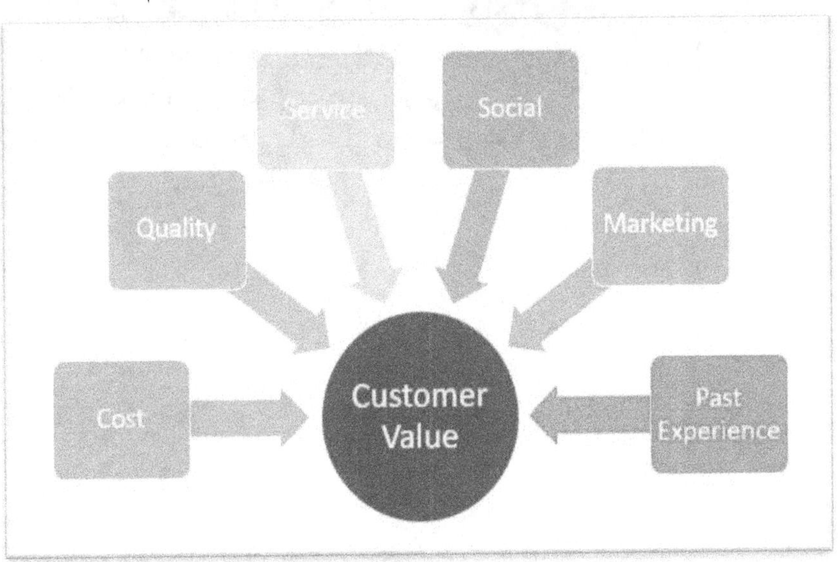

الشكل رقم (23) يبين تعدد أنواع القيمة للعميل.
ITIL 4 FOUNDATION, Serviceitplus.com.

مدخلات نظام قيمة الخدمة الطلب و الفرصة

- الفرص والطلب يؤديان إلى أنشطة داخل ITIL SVS وتؤدي هذه الأنشطة إلى خلق القيمة.

- الفرصة والطلب يدخلان دائمًا في النظام، لكن المنظمة لا تقبل تلقائيًا جميع الفرص أو تلبي جميع الطلبات.

- تمثل الفرصة خيارات أو إمكانيات لإضافة قيمة لأصحاب المصلحة أو تحسين المنظمة.

- الفرص بإمكانها تحفيز العمل داخل النظام.

- يمثل الطلب الحاجة أو الرغبة في المنتجات والخدمات من العملاء الداخليين والخارجيين.

مخرجات نظام قيمة الخدمة

مخرجات SVS هي العديد من أنواع القيمة المختلفة لمجموعة واسعة من أصحاب المصلحة.

المبادئ الإرشادية السبعة

المبدأ الأول: التركيز على القيمة.

المبدأ الثاني: إبدأ من مكانك.

المبدأ الثالث: التقدم بشكل متكرر مع التغذية الراجعة.

المبدأ الربع: التعاون وتعزيز الرؤية.

المبدأ الخامس: فكر واعمل بشكل شمولي.

المبدأ السادس: حافظ على الأمور مبسطة وعملية.

المبدأ السابع: التحسين والتشغيل أوتوماتيكياً.

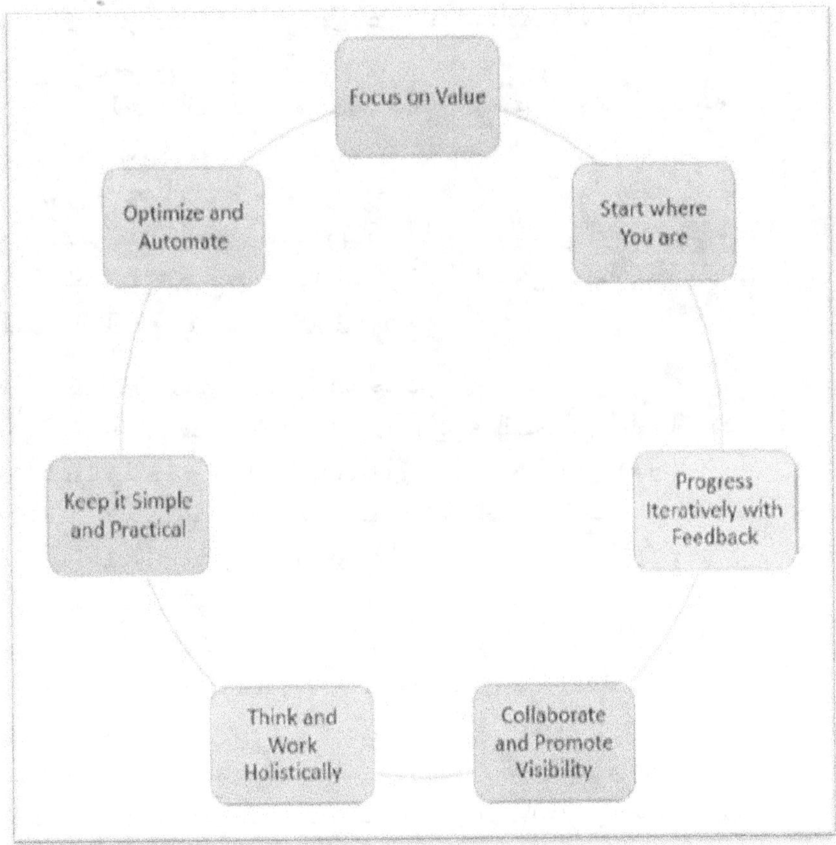

الشكل رقم (24) يبين دورة المبادئ الإرشادية فى نظام إدارة القيمة
Become ITIL® 4 Foundation Certified-Abhinav Krishna Kaiser

المبدأ الأول: التركيز على القيمة

- تبنى العديد من وجهات النظربما في ذلك تجربة العملاء والمستخدمين.
- يجب أن يتم ربط كل ما تفعله المؤسسة مرة أخرى بشكل مباشر أو غير مباشر لتحقيق القيمة لنفسها ولعملائها وأصحاب المصلحة الآخرين.
- معرفة كيفية استخدام المستهلكين لكل خدمة.
- تشجيع التركيز على القيمة بين جميع الموظفين.
- التركيز على القيمة أثناء النشاط التشغيلي وكذلك أثناء مبادرات التحسين.
- تضمين التركيز على القيمة في كل خطوة من أي مبادرة للتحسين.

قياس تجربة العميل (CX) أو تجربة المستخدم (UX)

- التجربة التي يعيشها مستهلكو الخدمة عندما يتفاعلون مع الخدمة ومقدمها.

- يمكن تعريف تجربة العميل على أنها مجموع التفاعلات التي يخوضها العميل مع مؤسسة ومنتجاتها.
- يمكن لهذه التجربة أن تحدد شعور العميل تجاه المؤسسة ومنتجاتها وخدماتها.
- تجربة العميل موضوعية وذاتية.
- عندما يطلب العميل منتجًا ويتلقى ما طلبه بالسعر المحدد وفي وقت التسليم المحدد فإن نجاح هذا الجانب من تجربته يمكن قياسه بشكل موضوعي.

المبدأ الثاني: إبدأ من مكانك

- لا تبدأ من الصفر وتبني شيئًا جديدًا.
- ينبغي أن تستند القرارات المتعلقة بكيفية التقدم إلى معلومات دقيقة.
- دعم الملاحظة المباشرة بالوسائل المناسبة و القياس فعال.
- انظر إلى ما هو موجود بموضوعية باستخدام النتيجة المرجوة كنقطة بداية.
- طبق مهارات إدارة المخاطر الخاصة بك.

تقييم الوضع الحالي
يجب قياس الخدمات والأساليب الموجودة بالفعل و ملاحظتها بشكل مباشر لفهم حالتها الحالية بشكل صحيح وتحديد ما يمكن إعادة استخدامه منها.

دور القياس
يعد استخدام القياس مهمًا لهذا المبدأ و يجب دعم ما يتم ملاحظته.
الاعتماد المفرط على تحليلات البيانات وإعداد التقارير يمكن أن يؤدي بشكل غير مقصود إلى إدخال تحيزات ومخاطر في عملية صنع القرار.

تطبيق مهارات إدارة المخاطر الخاصة بك.
يجب إدراك أنه في بعض الأحيان لا يمكن إعادة استخدام أي شيء من الحالة الحالية بغض النظر عن مدى استصواب إعادة الاستخدام.

المبدأ الثالث: التقدم بشكل متكرر مع التغذية الراجعة

- لا تحاول أن تفعل كل شيء دفعة واحدة.
- العمل في أقسام أصغر يمكن التحكم فيها ويمكن تنفيذها.
- استخدم التعليقات على الأعمال قبل وأثناء وبعد كل تكرار.
- التركيز على كل جهد أكثر وضوحًا وأسهل في الحفاظ عليه.
- يمكن أن تكون تكرارات التحسين متسلسلة أو متزامنة بناءً على متطلبات التحسين والموارد المتاحة.

مزايا العمل بطريقة تكرارية
- مرونة أكبر.
- استجابات أسرع لاحتياجات العملاء والشركات.

- القدرة على اكتشاف الفشل والاستجابة له في في وقت مبكر.
- تحسين الجودة بشكل عام.
- يجب إنتاج أي تكرار بما يتماشى مع مفهوم الحد الأدنى للمنتج القابل للتطبيق.

المبدأ الربع: التعاون وتعزيز الرؤية

العمل الجماعى عبر الحدود يؤدي إلى نتائج وإنجاز حقيقي يتطلب المعلومات والفهم والثقة.

عندما تقوم بإشراك الأشخاص المناسبين في الأدوار الصحيحة تستفيد من قبول الأفضل وزيادة الملاءمة.

التعاون أفضل من العمل المنعزل لأن المعلومات الأفضل متاحة وزيادة احتمال النجاح على المدى الطويل.

مع من يتم التعاون

تتضمن أمثلة التعاون بين أصحاب المصلحة ما يلي:

- يمكن الحصول على الأشخاص والمنظورات اللازمة للتعاون الناجح داخل مجموعات أصحاب المصلحة.
- أول مجموعة واضحة من أصحاب المصلحة هي العملاء.
- الهدف الرئيسي لمزود الخدمة هو تسهيل النتائج التي يهتم بها عملاؤه.
- المطورون الذين يعملون مع فرق داخلية أخرى (فرق تشغيلية فنية وغير فنية).
- الموردون المتعاونون مع المنظمة.
- مديرو العلاقات المتعاونون مع مستهلكي الخدمة.
- العملاء المتعاونون فيما بينهم.
- الموردون الداخليون والخارجيون المتعاونون فيما بينهم.

المبدأ الخامس: فكر واعمل بشكل شمولي

- سوف تتأثر النتائج ما لم تعمل على الخدمة ككل وليس فقط على أجزائها.
- تعرف على مدى تعقيد الأنظمة.
- التعاون هو مفتاح التفكير والعمل بشكل كلي.
- ابحث عن أنماط التفاعلات بين عناصر النظام.
- لكي تجعل شيئًا بسيطًا، عليك أن تفهم مدى تعقيده ثم تنتقل إلى بعض التمثيلات البسيطة.
- يمكن أن تسهل الأتمتة العمل بشكل كلي.

المبدأ السادس: حافظ على الأمور مبسطة وعملية

- استخدم الحد الأدنى من الخطوات اللازمة لتحقيق الأهداف.
- استخدم دائمًا التفكير المبني على النتائج لإنتاج حلول عملية تحقق النتائج.
- حاول دائما تكوين رؤية شمولية لعمل المنظمة.
- ابدأ بأسلوب غير معقد ولا تحاول إنتاج حل لكل استثناء وانتبه للأهداف المتنافسة.

المبدأ السابع: التحسين والتشغيل أوتوماتيكياً

- استخدم التكنولوجيا لتحقيق كل ما أنت قادر عليه.
- يجب تعظيم قيمة العمل الذي تقوم به مواردها البشرية والتقنية معا.
- التحسين يعني جعل شيء ما فعالا ومفيدا كما يجب أن يكون.
- الأتمتة هي استخدام التكنولوجيا لتنفيذ خطوة أو سلسلة من الخطوات بشكل صحيح ومتسق مع تدخل بشري محدود.
- أتمتة المهام المتكررة والمتكررة يساعد على التوسع ويسمح للموارد البشرية أن تكون تستخدم لاتخاذ قرارات أكثر تعقيدا.

الفصل الرابع سلسلة قيمة الخدمة
Service value chain

تعريف سلسلة قيمة الخدمة

سلسلة قيمة الخدمة هي العنصر المركزي في نظام إدارة الخدمة SVS.
نموذج تشغيلي يحدد الأنشطة الرئيسية المطلوبة للاستجابة للطلب وتسهيل خلق القيمة من خلال إنشاء وإدارة المنتجات والخدمات.

تعد سلسلة قيمة الخدمة نموذجًا تشغيليًا لإنشاء الخدمات وتقديمها والتحسين المستمر لها.

تمثل أنشطة سلسلة قيمة الخدمة الخطوات التي تتخذها المنظمة في إنشاء القيمة.

يساهم كل نشاط في سلسلة القيمة عن طريق تحويل مدخلات محددة إلى مخرجات.

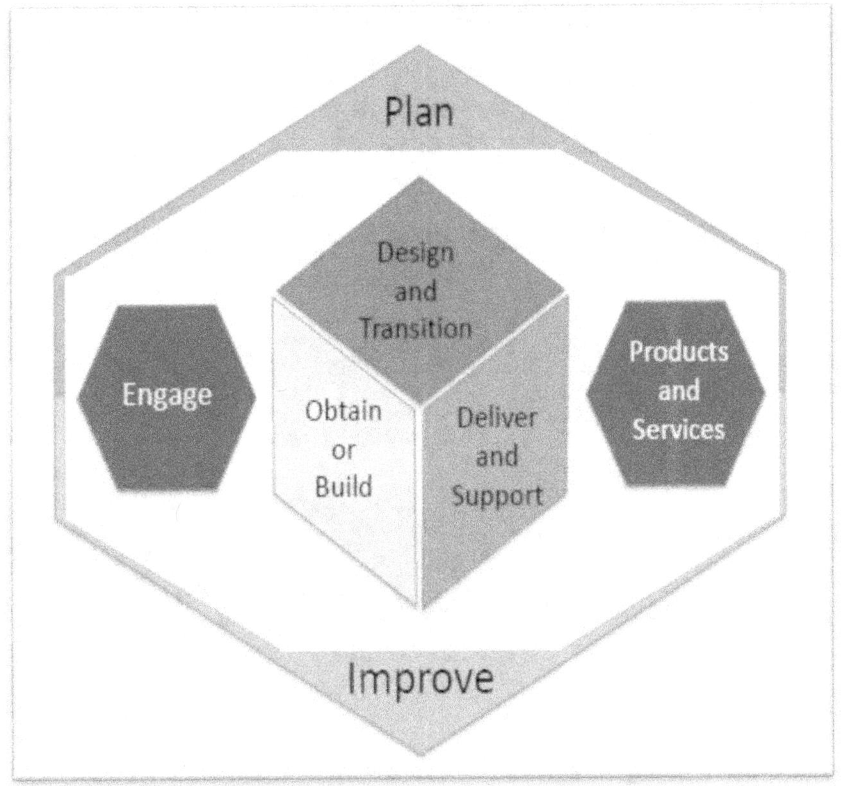

الشكل رقم (25) يبين أنشطة سلسلة قيمة الخدمة.
itSMF-ITIL 4 ,Cyrus Howells.

33

تفاعلات سلسلة القيمة مع الممارسات

تستخدم أنشطة سلسلة القيمة لتحويل المدخلات إلى مخرجات مجموعة مختلفة من ممارسات ITIL.

كل نشاط يعتمد على الموارد والعمليات والمهارات الداخلية أو الخارجية والكفاءات من إحدى الممارسات الأخرى.

أنشطة سلسلة قيمة الخدمة

- يتم تنفيذ جميع التفاعلات الواردة والصادرة مع أطراف خارجية لمزود الخدمة من خلال أنشطة سلسلة القيمة.
- يتم الحصول على جميع الموارد الجديدة من خلال نشاط الحصول/البناء.
- يتم التخطيط على جميع المستويات من خلال نشاط التخطيط.
- يتم بدء التحسينات على جميع المستويات وإدارتها من خلال نشاط التحسين.
- يتم إنشاء وتعديل وتسليم وصيانة ودعم المكونات والمنتجات والخدمات بطريقة متكاملة ومنسقة بين أنشطة التصميم والانتقال والحصول على/البناء والتقديم و الدعم.
- المنتجات والخدمات والطلب والقيمة ليست من أنشطة سلسلة القيمة بل من مكونات نظام قيمة الخدمة SVS

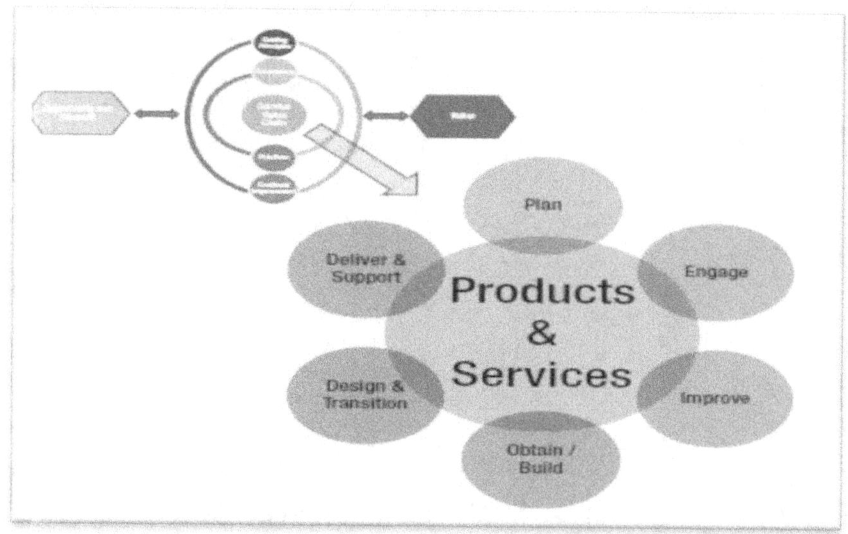

الشكل رقم (26) تدفقات سلسلة قيمة الخدمة

Become ITIL® 4 Foundation Certified-Abhinav Krishna Kaiser.

مراحل تدفقات سلسلة قيمة الخدمة

التخطيط :-

عملية تضمن فهم مشترك للرؤية والوضع الحالى و تحدد اتجاه توفير الخدمة أوالتحسين المطلوب لجميع الأبعاد الأربعة للنظام وجميع المنتجات والخدمات في المؤسسة.

المشاركة:-

عملية تمثل فهمًا جيدًا لاحتياجات أصحاب المصلحة يقوم على الشفافية والمشاركة المستمرة والعلاقات الجيدة مع جميع الأطراف.

التحسين:-

عملية تضمن التحسين المستمر للمنتجات والخدمات و الممارسات عبر جميع أنشطة سلسلة القيمة والأبعاد الأربعة لإدارة الخدمات.

الحصول و البناء:-

عملية تضمن أن مكونات الخدمة متاحة عندما و حيثما تكون هناك حاجة لها و أنها تلبى المواصفات المتفق عليها.

التصميم و الإنتقال:-

عملية تضمن أن المنتجات و الخدمات تلبى باستمرار توقعات أصحاب المصلحة خاصة ما يتعلق بالجودة و التكاليف و الوقت و معايير السوق.

التقديم و الدعم:-

عملية تضمن أنه قد تم تقديم الخدمات و دعمها وفقا للمواصفات المتفق عليها و تلبية توقعات أصحاب المصالح.

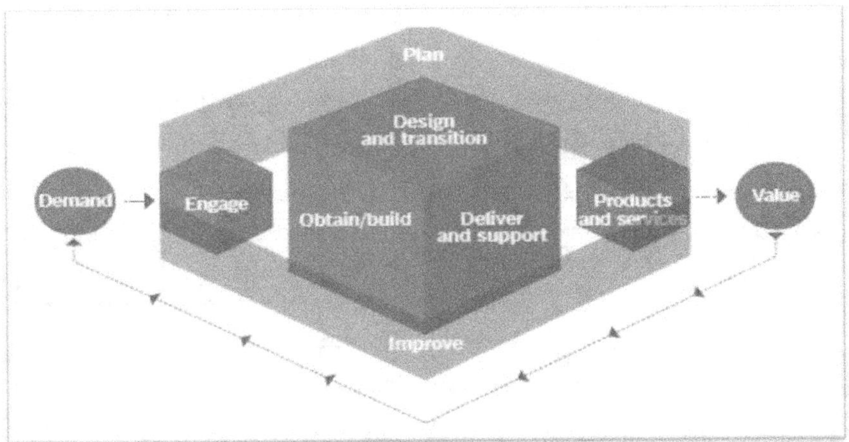

الشكل رقم (27) يبين تدفقات سلسلة القيمة.
itSMF-ITIL 4 ,Cyrus Howells.

أولا:ـ عملية التخطيط

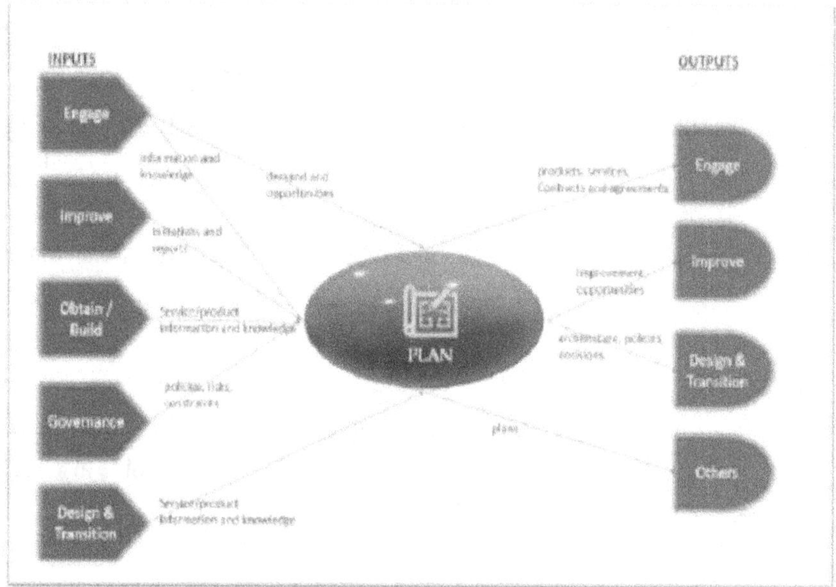

الشكل رقم (28) يبين عملية التخطيط وعلاقتها بالعمليات الأخرى.
Become ITIL® 4 Foundation Certified-Abhinav Krishna Kaiser

مدخلات عملية التخطيط

- السياسات والمتطلبات والقيود التي تقدمها الهيئة الإدارية للمؤسسة.
- المتطلبات والفرص الموحدة التي توفرها المشاركة.
- معلومات أداء سلسلة القيمة ومبادرات التحسين والخطط المقدمة من التحسين.
- تقارير حالة التحسين.
- المعرفة والمعلومات حول المنتجات الجديدة والمتغيرة والخدمات من التصميم والانتقال والحصول و البناء.
- المعرفة والمعلومات حول مكونات خدمة الطرف الثالث من المشاركة.

مخرجات عملية التخطيط

الخطط الإستراتيجية والتكتيكية والتشغيلية.
قرارات المحفظة و البنى والسياسات للتصميم والانتقال.
فرص التحسين إلى عملية التحسين.

36

محفظة المنتجات والخدمات ومتطلبات العقد والاتفاق للمشاركة.

ثانيا:ـ عملية المشاركة

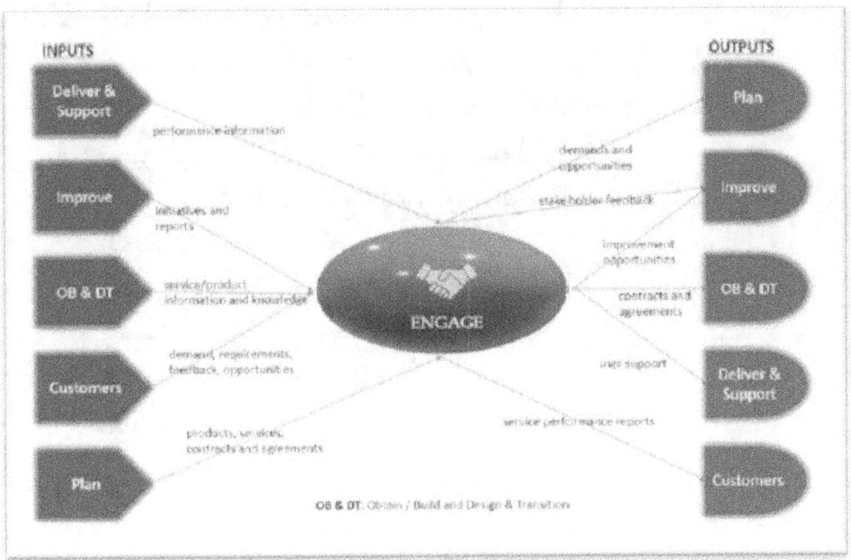

الشكل رقم (29) يبين عملية المشاركة وعلاقتها بالعمليات الأخرى.
Become ITIL® 4 Foundation Certified-Abhinav Krishna Kaiser

مدخلات عملية المشاركة

- فرص التعاون والتعليقات المقدمة من الشركاء والموردين.
- متطلبات العقد والاتفاق من جميع أنشطة سلسلة القيمة.
- المعرفة والمعلومات حول المنتجات الجديدة والمتغيرة و الخدمات من التصميم والانتقال والحصول / البناء.
- المعرفة والمعلومات حول مكونات خدمة الطرف الثالث من الموردين والشركاء.
- معلومات أداء المنتج والخدمة من التقديم والدعم.
- مبادرات وخطط وتقارير حالة التحسين من التحسين.
- محفظة المنتجات والخدمات المقدمة من خلال التخطيط.
- ارتفاع مستوى الطلب على الخدمات والمنتجات التي يقدمها العملاء.
- الطلبات والتعليقات من العملاء.
- الحوادث وطلبات الخدمة والتعليقات من المستخدمين.

- معلومات حول إكمال مهام دعم المستخدم من التقديم والدعم.
- فرص السوق من العملاء الحاليين والمحتملين والمستخدمين.

مخرجات عملية المشاركة

- توحيد المطالب والفرص للتخطيط.
- متطلبات المنتج والخدمة للتصميم والانتقال.
- مهام دعم المستخدم للتقديم والدعم.
- فرص التحسين وملاحظات أصحاب المصلحة إلى التحسين.
- تغيير أو طلبات بدء المشروع للحصول والبناء.
- العقود والاتفاقيات مع الموردين الخارجيين والداخليين والشركاء للحصول والبناء والتصميم والانتقال.
- المعرفة والمعلومات حول مكونات خدمة الطرف الثالث لجميع أنشطة سلسلة القيمة.
- تقارير أداء الخدمة للعملاء.

ثالثا: عملية التحسين

الغرض من نشاط التحسين فى سلسلة القيمة هو ضمان استمرارية تحسين المنتجات والخدمات والممارسات عبر أنشطة جميع سلسلة القيمة والأبعاد الأربعة لإدارة الخدمة.

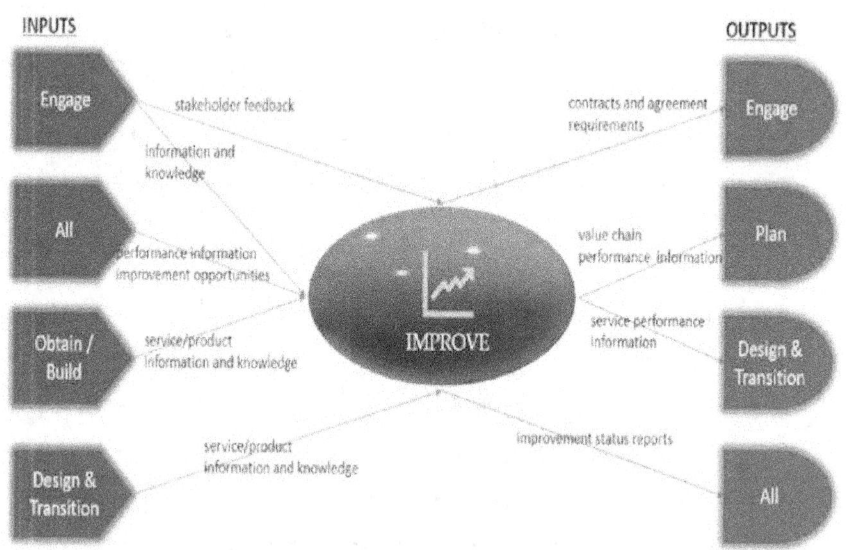

الشكل رقم (30) يبين مخطط عملية التحسين و علاقتها بالعمليات الأخرى.

مدخلات عملية التحسين

- معلومات أداء المنتج والخدمة المقدمة من خلال التقديم والدعم.
- ملاحظات أصحاب المصلحة المقدمة من خلال المشاركة.
- معلومات الأداء وفرص التحسين التي توفرها أنشطة سلسلة القيمة
- المعرفة والمعلومات حول المنتجات الجديدة والمتغيرة و الخدمات من التصميم والانتقال والحصول و البناء.
- المعرفة والمعلومات حول مكونات خدمة الطرف الثالث من المشاركة.

مخرجات عملية التحسين

- مبادرات وخطط التحسين لجميع أنشطة سلسلة القيمة.
- معلومات أداء سلسلة القيمة للتخطيط والهيئة الإدارية.
- تقارير حالة التحسين لجميع أنشطة سلسلة القيمة.
- متطلبات العقد والاتفاق للمشاركة.
- معلومات أداء الخدمة للتصميم والانتقال.

رابعا:ـ عملية التصميم و الإنتقال

الغرض من عملية التصميم و الإنتقال فى سلسلة القيمة هو التأكد من أن المنتجات والخدمات تلبي بشكل مستمر توقعات أصحاب المصلحة فيما يتعلق بالجودة والتكاليف والوقت الى السوق.

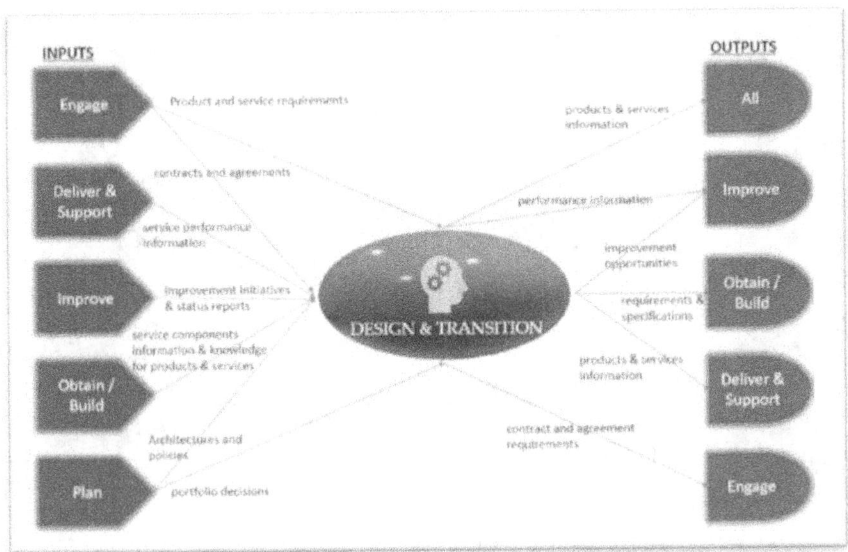

الشكل رقم (31) يبين عملية التصميم و الإنتقال و علاقتها بالعمليات الأخرى.
Become ITIL® 4 Foundation Certified-Abhinav Krishna Kaiser

مدخلات عملية التصميم و الإنتقال

- قرارات المحفظة المقدمة من التخطيط.
- البنى والسياسات التي تقدمها التخطيط.
- متطلبات المنتج والخدمة المقدمة من المشاركة.
- مبادرات وخطط وتقارير حالة التحسين المقدمة من التحسين.
- معلومات أداء الخدمة المقدمة من خلال التقديم والدعم والتحسين.
- المعرفة والمعلومات حول مكونات خدمة الطرف الثالث من المشاركة.
- المعرفة والمعلومات حول المنتجات والخدمات الجديدة من الحصول و البناء.

مخرجات عملية التصميم و الإنتقال

- بيانات و معلومات عن ما تم تنفيذه من أعمال.
- بيانات الأداء و فرص التحسين إلى التحسين.
- متطلبات و مواصفات إلى الحصول و البناء.
- بيانات و معلومات عن المنتجات و الخدمات الى التقديم والدعم.
- بيانات متطلبات العقود والاتفاقات إلى المشاركة.

خامسا:- عملية الحصول و البناء

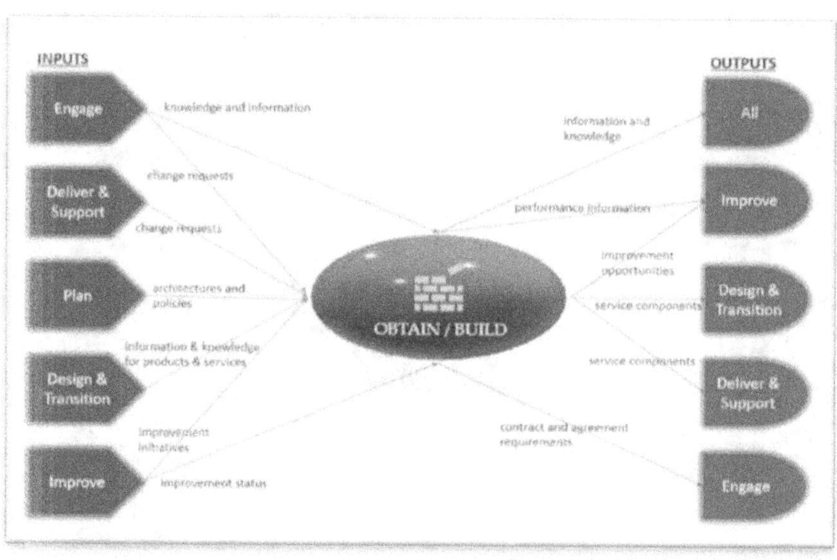

الشكل رقم (32) يبين عملية الحصول و البناء و علاقتها بالعمليات الأخرى.

Become ITIL® 4 Foundation Certified-Abhinav Krishna Kaiser

مدخلات عملية الحصول و البناء

- المتطلبات والمواصفات التي يوفرها التصميم والانتقال.
- مبادرات وخطط وتقارير حالة التحسين من التحسين.
- طلبات التغيير أو بدء المشروع المقدمة من المشاركة.
- تغيير الطلبات المقدمة من التقديم والدعم.
- المعرفة والمعلومات حول المنتجات الجديدة والمتغيرة و الخدمات من التصميم والانتقال.
- المعرفة والمعلومات حول مكونات خدمة الطرف الثالث من المشاركة.

مخرجات عملية الحصول و البناء

- مكونات الخدمة للتقديم والدعم و للتصميم والانتقال
- المعرفة والمعلومات حول الخدمة الجديدة والمتغيرة
- مكونات لجميع أنشطة سلسلة القيمة
- متطلبات العقد والاتفاق للمشاركة
- معلومات الأداء وفرص التحسين للتحسين

سادسا:- عملية التقديم و الدعم

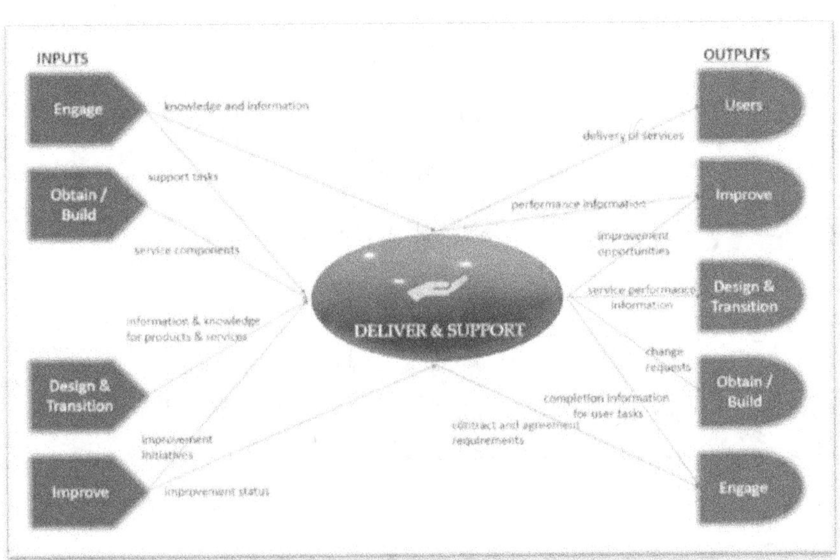

الشكل رقم (33) يبين التقديم و الدعم و علاقتها بالعمليات الأخرى.
Become ITIL® 4 Foundation Certified-Abhinav Krishna Kaiser

مدخلات عملية التقديم و الدعم

- المنتجات والخدمات الجديدة والمتغيرة المقدمة حسب التصميم والانتقال.
- العقود والاتفاقيات مع الموردين الخارجيين والداخليين والشركاء المقدمة من المشاركة.
- مكونات الخدمة المقدمة من خلال الحصول والبناء.
- مبادرات وخطط التحسين المقدمة من التحسين.
- تقارير حالة التحسين من التحسين.
- مهام دعم المستخدم المقدمة من خلال المشاركة.
- المعرفة والمعلومات حول الجديد والمتغير.
- مكونات الخدمة والخدمات من التصميم والانتقال والحصول والبناء.
- المعرفة والمعلومات حول خدمة الطرف الثالث من المشاركة.

مخرجات عملية التقديم و الدعم

- الخدمات المقدمة للعملاء والمستخدمين.
- معلومات حول إكمال مهام دعم المستخدم للمشاركة.
- معلومات أداء المنتج والخدمة للمشاركة والتحسين.
- فرص التحسين إلى لتحسين.
- متطلبات العقد والاتفاق للمشاركة.
- تغيير طلبات الحصول والبناء.
- معلومات أداء الخدمة للتصميم والانتقال.

تدفقات القيمة وسلسلة قيمة الخدمة

- من أجل تنفيذ مهمة معينة أو الاستجابة لمهمة وضع معينة تقوم المؤسسات بإنشاء تدفقات قيمة الخدمة.
- خدمة تدفقات القيمة هي مجموعات محددة من الأنشطة و الممارسات وكل منها مصممة لسيناريو معين.
- نظرًا لأن كل تدفق للقيمة يتكون من مجموعة مختلفة من أنشطة وممارسات سلسلة القيمة والمدخلات والمخرجات يجب أن تُفهم على أنها محددة لتدفقات قيمة معينة.

الفصل الخامس الممارسات الإدارية
Management Practices

تعريف الممارسة:-

- مجموعة من الأنشطة المترابطة أو المتفاعلة تعتمد على الموارد التنظيمية المصممة لأداء العمل أو تحقيق الهدف.
- الممارسات تعتمد على الأبعاد الأربعة ، وكل ممارسة تتضمن سلسلة نشاطات خدمة متعددة.
- تتعامل الممارسة مع مدخل واحد أو أكثر من المدخلات المحددة وتحولها إلى مخرجات محددة وفقا لتسلسل الإجراءات وتبعياتها.

أنواع الممارسات

تنقسم الممارسات الإدارية إلى ثلاثة أنواع:

- ممارسات إدارية عامة.
- ممارسات إدارة الخدمة.
- ممارسات إدارة تكنولوجية.

أصدرت إيتل4 لكل ممارسة دليل يمكن المستخدمين من فهم و تبنى و تطبيق الممارسات.

بناء الممارسة

روعى أن يكون للممارسات بناء موحد يضمن سهولة وصول المحتوى و المفهوم.

يشجع إطار ITIL 4 المؤسسات على التفكير فيما هو أبعد من سير عمل أسلوب العمليات، ولكل مجال من مجالات الممارسة يتم مراعاة ما يلي:

1. الأفراد و فرق العمل.
2. علاقات الموردين والشركاء.
3. الأدوار والمهارات والكفاءات.
4. التحسين المستمر.
5. المعلومات والبيانات.
6. دعم التكنولوجيا ومجموعات الأدوات.
7. المقاييس والقياسات وإعداد التقارير.
8. الواجهات التفاعلية.

نموذج محتويات دليل ممارسة

معلومات عامة:-
1. الغرض و الوصف.
2. شروط و تصورات.

نطاق العمل
1. عوامل نجاح الممارسة.
2. مقاييس رئيسية.

تدفقات القيمة و الممارسات:-
1. كيف تساهم الممارسة فى أنشطة سلسلة قيمة الخدمة
2. عمليات و نشاطات الممارسة

المؤسسة و البشر:-
1. الأدوار و المهام و المسئوليات و الصلاحيات
2. هياكل المؤسسة و فرق العمل
3. المعلومات و التكنولوجيا
4. تبادل و تداول المعلومات و المدخلات و المخرجات
5. الآليات و الأدوات.

الشركاء و الموردين
1. العلاقات مع الأطراف المعنية بالخدمات
2. المصادر و الموارد و اعتباراتها

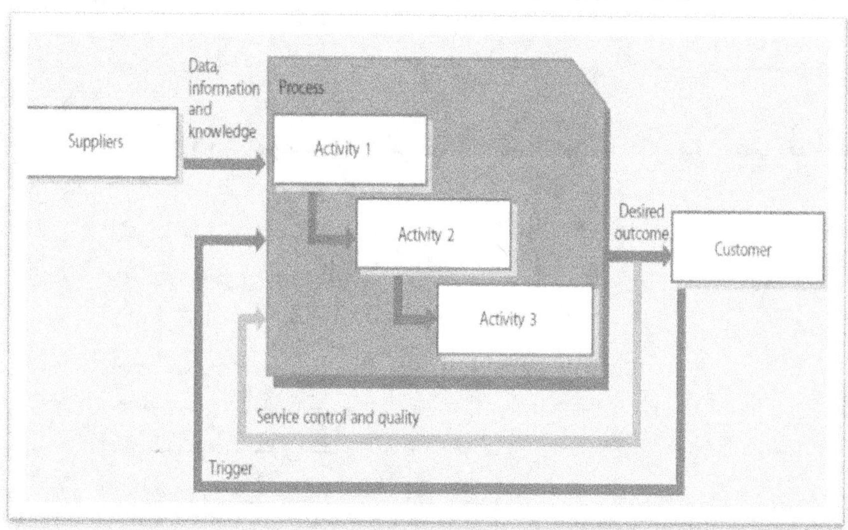

الشكل رقم (34) يوضح مفهوم الممارسة.

TSO@Blackwell and other Accredited Agents

الممارسات الإدارية فى ITIL4

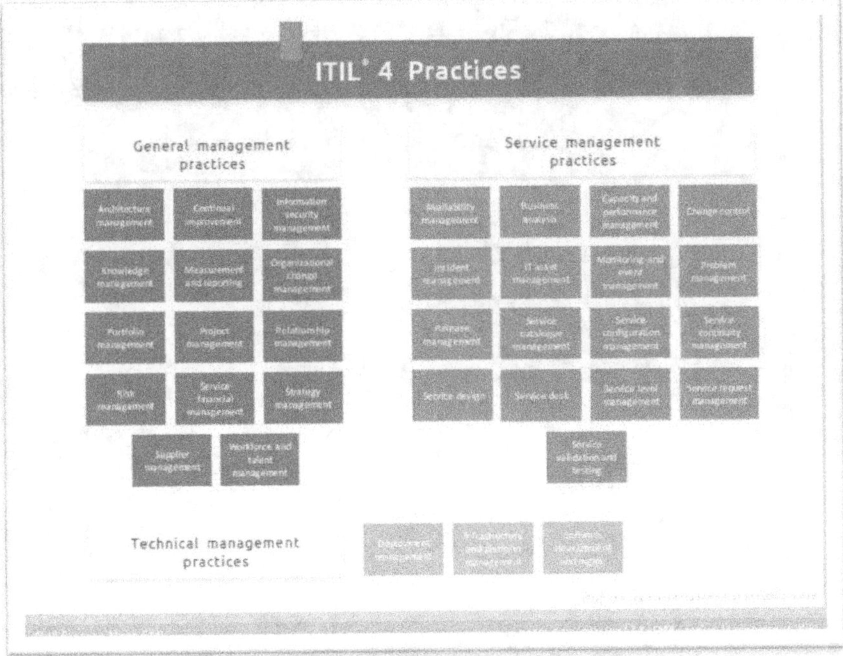

الشكل رقم (35) يوضح قائمة الممارسات فى أيتل4

ITIL 4 FOUNDATION-MORWAN ELGASIM

ممارسات الإدارة العامة

الشكل رقم (36) يبين قائمة ممارسات الإدارة العامة

ITIL 4 FOUNDATION-MORWAN ELGASIM

تخليق القيمة من الطلب إلى التحسين

يبين الشكل (37) كيف تبدأ رحلة تخليق القيمة فى منهاج أيتل4 و تتابع الممارسات من الطلب أو الفرصة إلى ممارسة التحسين المستمر.

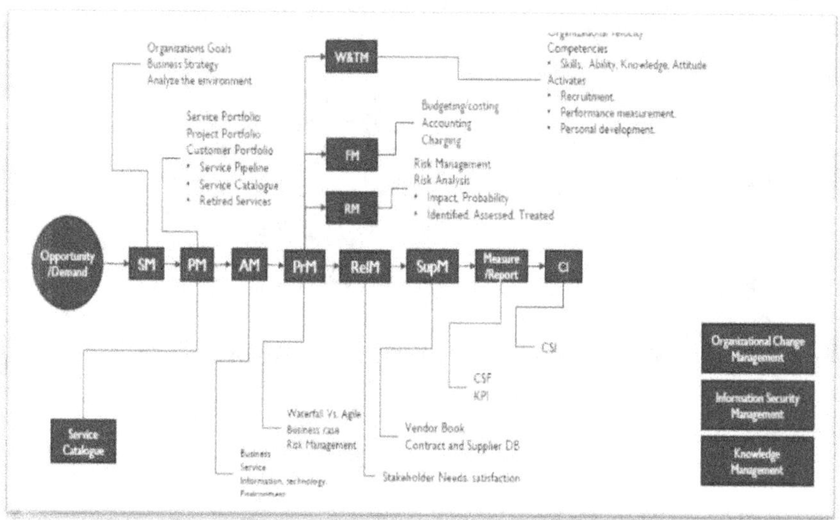

الشكل رقم (37) يبين تتابع الممارسات من الطلب إلى التحسين المستمر.

ITIL 4 FOUNDATION-MORWAN ELGASIM

الفرصة أو الطلب :

الإدارة الإستراتيجية

- أهداف المؤسسة.
- استراتيجية البيزنس.
- تحليل بيئة العمل.

إدارة محفظة الخدمة

- محفظة الخدمات.
- محفظة المشروعات.
- محفظة العملاء(مسارات أنابيب الخدمة ـ كتالوج الخدمة ـ خدمات متقاعدة).

إدارة بنائية الخدمة

- الأعمال (البيزنس).
- الخدمات.
- تكنولوجيا المعلومات.

➤ بيئة العمل.

إدارة المشروعات

إدارة القوى العاملة والمواهب

- كفاءات السرعة التنظيمية.
- المهارات والقدرة والمعرفة والمواقف.
- الأنشطة.
- التوظيف.
- مقياس الاداء.
- تطوير الذات.

الإدارة المالية للخدمة

- الميزانية / التكلفة.
- المحاسبة.
- المدفوعات و المقبوضات.

إدارة المخاطر

- تحليل المخاطر.
- التأثير والاحتمال.
- ما تم تحديده وتقييمه ومعالجته.

إدارة العلاقات

- احتياجات ورضا أصحاب المصلحة.

إدارة الموردين

- كتاب البائعين.
- قاعدة بيانات العقود والموردين.

القياس وإعداد التقارير

- عوامل النجاح الحاسمة (CSF)
- مؤشرات الأداء الرئيسية (KPI)

التحسين المستمر

- تحسين الخدمة المستمر.

1- ممارسة إدارة الإستراتيجية

الغرض و الأهداف

الغرض من ممارسة إدارة الإستراتيجية هو صياغة أهداف المنظمة واعتماد مسارات العمل وتخصيص الموارد اللازمة لتحقيق تلك الأهداف.
تتضمن ممارسة إدارة الاستراتيجية ما يلي:

● تحديد رؤية المنظمة وأهدافها واتجاهها والتحقق منها و تنقيح آليات تنفيذها و تعريفها كلما اقتضى الأمر ذلك.

● تحديد الإجراءات اللازمة لتحقيق الرؤية والاتفاق عليها وتوصيلها.

● تقييم تنفيذ الاستراتيجية وتحديها وتحسينها بشكل مستمر.

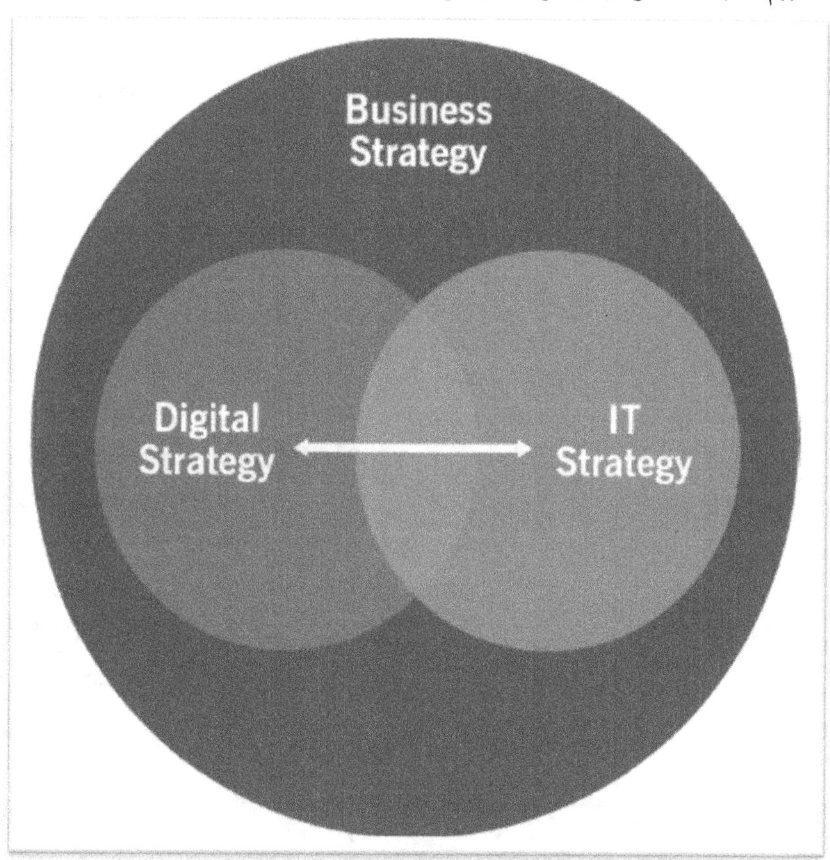

الشكل رقم (38) يبين استراتيجية الأعمال و أقسامها.
ITIL4 Practices-AXELOS Copyright-2020.

أهداف إدارة الإستراتيجية

- تحليل البيئة التي توجد فيها المنظمة.
- تحديد القيود التي قد تمنع تحقيق نتائج الأعمال.
- اتخاذ القرار والاتفاق على وجهة نظر المنظمة واتجاهها مع أصحاب المصلحة المعنيين.
- التأكد من ترجمة الإستراتيجية إلى خطط تكتيكية وتشغيلية.

استراتيجية الأعمال

- طريقة لتحديد رؤية المنظمة وصقلها وإيصالها.
- طريقة تحديد أهداف المنظمة.
- نموذج عمل المنظمة ونموذج التشغيل.
- وسيلة لمواءمة الأجزاء المختلفة من النظام البيئي للمنظمة لتحقيق أهدافها؛ على سبيل المثال، الأشخاص والمعلومات والتكنولوجيا وتدفقات القيمة والعمليات والشركاء/الموردين.
- المبادئ التوجيهية التي تحدد كيفية اتخاذ القرارات وما هي الإجراءات التي يتم اتخاذها.
- الاتفاقيات والإجراءات التي ستتخذها المنظمة وكيفية تخصيص الموارد لضمان تلك الإجراءات وغالبًا ما تكون في شكل خطط استراتيجية.

أهداف رقمنة استراتيجية العمل

- استغلال فرص السوق التي تم إنشاؤها و نشرها و ترويجها نتيجة إستخدام العملاء للتكنولوجيا الرقمية الجديدة.
- استخدام التكنولوجيا الرقمية للتعامل مع العملاء وتحسين تجربتهم مع المنتجات والخدمات.
- إعادة صياغة وإطلاق المنتجات والخدمات الحالية بمميزات وطرق توصيل جديدة بوسائل أصبحت ممكنة بفضل التكنولوجيا الرقمية.
- استخدام التكنولوجيا الرقمية لتحسين أداء أو كفاءة عمليات المنظمة.
- إنشاء منتجات وخدمات جديدة تعتمد على التكنولوجيا.

طرق استخدام مصطلح استراتيجية تكنولوجيا المعلومات

- مرادف للاستراتيجية الرقمية أو أحد مكوناتها و قد يتم استبدال هذا المصطلح إلى حد كبير بمصطلح الإستراتيجية الرقمية.
- استراتيجية وبنية تكنولوجية مقابلة تدعم الاستراتيجية الرقمية.
- استراتيجية العناصر الإدارية لتكنولوجيا المعلومات على سبيل المثال مركز

البيانات والموارد البشرية والأنظمة المالية والبنية التحتية والشبكات.

عمليات ممارسة إدارة الإستراتيجية

- تحديد وتوصيل غرض المنظمة ورؤيتها وأهدافها.
- تحديد نماذج الأعمال والتشغيل والتواصل والتحسين المستمر لها.
- مراجعة أداء المنظمة وتعديل طريقة عملها عند الحاجة.

عوامل نجاح الممارسة (PSF)

- التأكد من أن استراتيجيات المنظمة فعالة ومستدامة وتلبي الاحتياجات المتطورة لأصحاب المصلحة.
- التأكد من أن الاستراتيجيات والنماذج المتفق عليها يتم توصيلها عبر المنظمة ودمجها في ممارسات المنظمات وتدفقات القيمة.

إنشاء وتنفيذ استراتيجية فعالة

- استكشاف الاستراتيجية على فترات زمنية مختلفة (طويلة الأجل ومتوسطة الأجل وقصيرة الأجل).
- إعادة ابتكار وتحفيز الحوار الاستراتيجي باستمرار.
- إشراك المنظمة ككل.
- الاستثمار في التنفيذ والمراقبة.

العوامل الرئيسية للتنفيذ الناجح للاستراتيجيات

- التواصل الفعال.
- التحسين المستمر.
- إدارة التغيير التنظيمي الفعال.
- ترسيخ الرؤية والمبادئ في الثقافة التنظيمية.

أنشطة إدارة الإستراتيجية

- توليد الإستراتيجية والتطوير المستمر.
- صنع القرار الاستراتيجي المخصص.

عملية توليد الإستراتيجية و التطوير المستمر

تركز هذه العملية على تحديد الاستراتيجية و صياغتها وتحسينها المستمر.

تعتبر العملية الأساسية للممارسة و يتم إجراؤها بشكل مستمر لدعم غرض الممارسة و وعوامل نجاح الممارسة practice success factor (PSF).

تتضمن هذه العملية كما فى الشكل رقم (39) عددا من الأنشطة تحول المدخلات إلى مخرجات.

المدخلات

- احتياجات ومتطلبات أصحاب المصلحة.
- رؤية المنظمة ومبادئها وسياساتها.
- استراتيجية عمل المنظمة.
- محافظ المنظمة.
- العوامل الخارجية بما في ذلك المخاطر والفرص.

المخرجات

- تقرير التقييم الاستراتيجي.
- الخطط والنماذج الاستراتيجية.
- إرشادات تنفيذ الاستراتيجية.
- اتصالات الاستراتيجية.

الأنشطة

- التقييم الاستراتيجي.
- التخطيط الاستراتيجي.
- مناقشة الاستراتيجية والموافقة عليها.
- اتصال الاستراتيجية وتنفيذها.
- مراجعة الاستراتيجية.

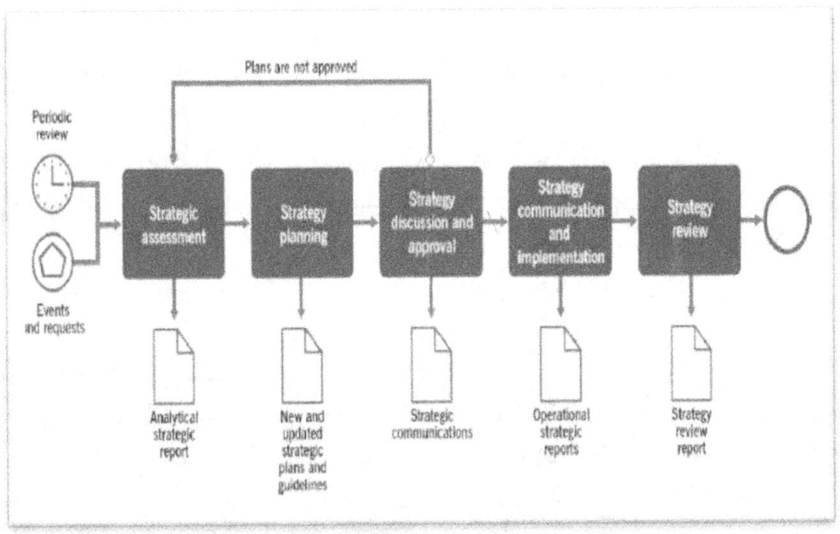

الشكل رقم (39) يبين مسار عمل أنشطة توليد الإستراتيجية.
ITIL4 Practices-AXELOS Copyright-2020.

التقييم الاستراتيجي

يقوم القادة التنفيذيون للمنظمة مع أصحاب المصلحة الرئيسيين بتقييم ما يلي:

- الاتجاه الذي ورد في تقرير الهيئة الإدارية.

51

- متطلبات واحتياجات أصحاب المصلحة المعنيين.
- الوضع الحالي للمنظمة.
- تقرير المراجعة الاستراتيجية المتاح من التكرارات السابقة للعملية.

يتضمن تقرير التقييم الناتج تحليلًا للوضع الحالي لأداء المنظمة ومدى ملاءمته مع تنفيذ الإستراتيجية وتوصيات لتحسين الإستراتيجية.

يشارك المحللون الاستراتيجيون (الاستشاريون والمستشارون) في التقييم.

التخطيط الاستراتيجي

- يقوم القادة التنفيذيون للمنظمة مع أصحاب المصلحة الرئيسيين بتحديد أو تحديث رؤية المنظمة ومبادئها وأهدافها.
- يتم التشاور مع المديرين الرئيسيين للمنظمة لتطوير مجموعة من المقترحات الإستراتيجية لدعم الأهداف.
- يتم توثيق نتائج التخطيط وإرسالها إلى مجموعة أوسع من أصحاب المصلحة لمناقشتها والموافقة عليها.
- يشارك المحللون الاستراتيجيون (والاستشاريون) في التخطيط.

مناقشة الإستراتيجية والموافقة عليها

- يقوم أصحاب المصلحة بمناقشة الإستراتيجية المقترحة والموافقة عليها.
- فى حالة عدم التوصل إلى اتفاق يتم اتخاذ القرارات بما يتماشى مع نهج صنع القرار في المنظمة.
- إذا تعذر اتخاذ القرارات يتم إرسال التعليقات والمخاوف مرة أخرى كمدخلات لإعادة التقييم الاستراتيجي.
- يشارك المحللون الاستراتيجيون (والاستشاريون) في المناقشة.

إعلان القرارات الاستراتيجية وتنفيذها

يتم إرسال الإستراتيجية المعتمدة إلى أصحاب المصلحة المعنيين لتنفيذها.

يتم تنفيذ الإستراتيجية جنبًا إلى جنب مع الممارسات الأخرى.

مراجعة الإستراتيجية

- يقوم المالكون المعينون للمبادرات الإستراتيجية وأصحاب المصلحة الرئيسيين بمراجعة التقدم المحرز في تنفيذ الإستراتيجية.
- قد تتضمن التقارير الناتجة إجراءات تصحيحية موصى بها لفرق التنفيذ و قد تكون بمثابة حافز لإعادة التقييم الاستراتيجي.

عملية صنع القرار الاستراتيجي

تركز هذه العملية على توفير التوجيه الاستراتيجي في ظل الظروف الاستثنائية

عندما لا تحظى القرارات المهمة التي يتعين اتخاذها بدعم كافٍ من الاستراتيجية الحالية والمبادئ التوجيهية الداعمة.

يتم تنفيذ هذه العملية عندما يتجاوز الموقف إلى ما هو أبعد من التسامح الذي حددته الاستراتيجية الحالية بسبب عدم كفاية مرونة الاستراتيجية وقدرتها على التكيف أو بسبب الأزمة الداخلية أو الخارجية.

تتضمن هذه العملية كما في الشكل رقم (40)عددا من الأنشطة تحول المدخلات إلى مخرجات.

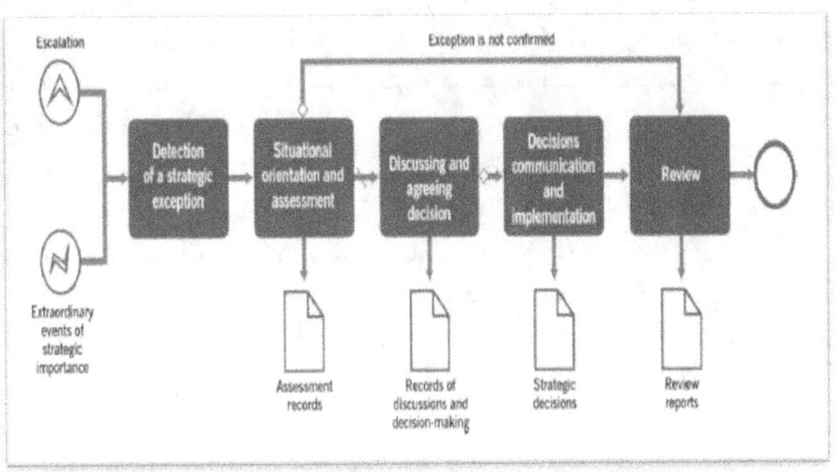

الشكل رقم (40) يبين مسار عمل أنشطة عملية صنع القرار الإستراتيجى.
ITIL4 Practices-AXELOS Copyright-2020.

المدخلات

- مبادئ المنظمة وسياساتها ورؤيتها.
- استراتيجيات المنظمة ونماذجها.
- العوامل الداخلية والخارجية.
- الاحتياجات والمتطلبات الجديدة من أصحاب المصلحة.
- المخاطر.

المخرجات

- سجلات التقييم.
- سجلات المناقشات واتخاذ القرارات.
- القرارات الاستراتيجية.
- تقارير المراجعة.

الأنشطة

- الكشف الاستثناء الاستراتيجي.

- التوجيه والتقييم الظرفي.
- مناقشة القرار والموافقة عليه.
- اتصال القرارات وتنفيذها.
- المراجعة.

الكشف عن الاستثناء الاستراتيجي

عندما يتم الكشف عن حدث استثنائي ذي أهمية استراتيجية أو عندما لا تتمكن المنظمة من العمل ضمن الاتجاه والقيود التي توفرها الاستراتيجية، يتم تصعيد الموقف إلى صناع القرار الاستراتيجي وهم عادة القادة التنفيذيين للمنظمة.

التوجه الظرفي والتقييم

- يقوم صناع القرار الاستراتيجي بتقييم الوضع المبلغ عنه.
- إذا تم تأكيد الاستثناء الاستراتيجي ولا يمكن إدارة الوضع ضمن الاستراتيجية الحالية تبدأ جلسات مناقشة مسار العمل.
- إذا كان الوضع في حدود التسامح ويمكن معالجته بشكل فعال من خلال الاستراتيجية الحالية يتم إبلاغ ذلك إلى أصحاب المصلحة المعنيين من أجل التنفيذ الطبيعي ويشرع فريق القيادة في مراجعة عملية التصعيد.

مناقشة القرار والموافقة عليه

- يناقش صناع القرار الوضع مع أصحاب المصلحة المعنيين ويقترحون مسار العمل، مع الأخذ في الاعتبار مستوى التعقيد والمخاطر المرتبطة به ومستوى الاستعجال والمعلومات الأخرى المتاحة.
- يشارك المحللون الاستراتيجيون (الاستشاريون) في المناقشة.

إعلان القرارات

- يتم إرسال القرارات المتخذة إلى أصحاب المصلحة المعنيين لتنفيذها.
- يمكن التحكم في التنفيذ وتصحيح المسار إذا لزم الأمرمباشرة من قبل صانعي القرار أو من يفوضوهم.

المراجعة

- يقوم القادة التنفيذيون للمنظمة مع أصحاب المصلحة المعنيين بمراجعة الوضع بما في ذلك أهمية التصعيد وعملية صنع القرار وفعالية القرارات.
- يُعد تقرير المراجعة الناتج بمثابة مدخلات في عملية إنشاء الإستراتيجية.

مساهمة إدارة الإستراتيجية في سلسلة قيمة الخدمة

التخطيط:

تضمن إدارة الاستراتيجية أن استراتيجية المنظمة قد تم ترجمتها إلى خطط تكتيكية وتشغيلية لكل وحدة تنظيمية من المتوقع أن تحقق الاستراتيجية.

التحسين:

توفر إدارة الاستراتيجية الأهداف التي يمكن استخدامها لتحديد الأولويات وتقييم التحسينات.

المشاركة:

عندما تحدد المنظمة الفرص أو الطلب، فإن القرارات المتعلقة بكيفية تحديد أولوياتها تعتمد على استراتيجية المنظمة و تقييم المخاطر وتوافر الموارد.

التصميم والانتقال والحصول على / البناء والتقديم والدعم:

تضمن الإدارة تنفيذ الاستراتيجية بتنفيذ الخطط بالتنسيق مع هذه الأنشطة. توفر ردود الفعل لتمكين قياس وتقييم المنتجات والخدمات أثناء التصميم والانتقال.

2- ممارسة إدارة المحافظ

تعريف المحفظة

مجموعة من الأصول التي تختار المنظمة استثمار مواردها فيها من أجل الحصول على أفضل عائد.

الغرض و الأهداف

- الغرض من ممارسة إدارة المحافظ هو التأكد من أن المنظمة لديها المزيج الصحيح من البرامج والمشروعات والمنتجات والخدمات لتنفيذ استراتيجية المنظمة في حدود التمويل والموارد.

- إدارة المحافظ هي مجموعة منسقة من القرارات الإستراتيجية التي تعمل معًا لتحقيق التوازن الأكثر فعالية بين التغيير التنظيمي والبيزنس المعتاد.

أنواع المحافظ

تشمل إدارة المحافظ عدداً من المحافظ المختلفة التالية:

محفظة المنتجات / الخدمات

المجموعة الكاملة من المنتجات والخدمات التي تديرها المنظمة التي تمثل التزامات المنظمة واستثماراتها عبر جميع عملائها ومساحات السوق.

تمثل أيضًا الالتزامات التعاقدية الحالية وتطوير المنتجات والخدمات الجديدة وخطط التحسين المستمرة.

محفظة البرامج والمشروعات

- تستخدم لإدارة وتنسيق المشروعات مما يضمن تحقيق الأهداف ضمن قيود الوقت والتكلفة ووفقًا لمواصفاتها.

- تضمن محفظة المشروعات أيضًا عدم تكرار المشروعات وبقائها ضمن النطاق المتفق عليه وأن الموارد متاحة لكل مشروع.

- يتم استخدام المحفظة لإدارة المشروعات الفردية والبرامج واسعة النطاق.

- تدعم مجموعة منتجات وخدمات المنظمة والتحسينات على ممارسات المنظمة ونظام قيمة الخدمة (SVS).

- تستخدم محفظة المشروعات لإدارة وتنسيق المشروعات التي تم ترخيصها.

محفظة العملاء

- يتم الحفاظ على محفظة العملاء من خلال ممارسة إدارة العلاقات في المنظمة التي توفر مدخلات مهمة لممارسة إدارة المحفظة.

- تعكس محفظة العملاء التزام المنظمة بخدمة مجموعات معينة من مستهلكي الخدمات ومساحات السوق.
- قد تؤثر على هيكل ومحتوى محفظة المنتجات والخدمات ومحفظة المشروع.
- يتم استخدام محفظة العملاء للتأكد من أن العلاقة بين نتائج الأعمال والعملاء والخدمات مفهومة جيدًا.

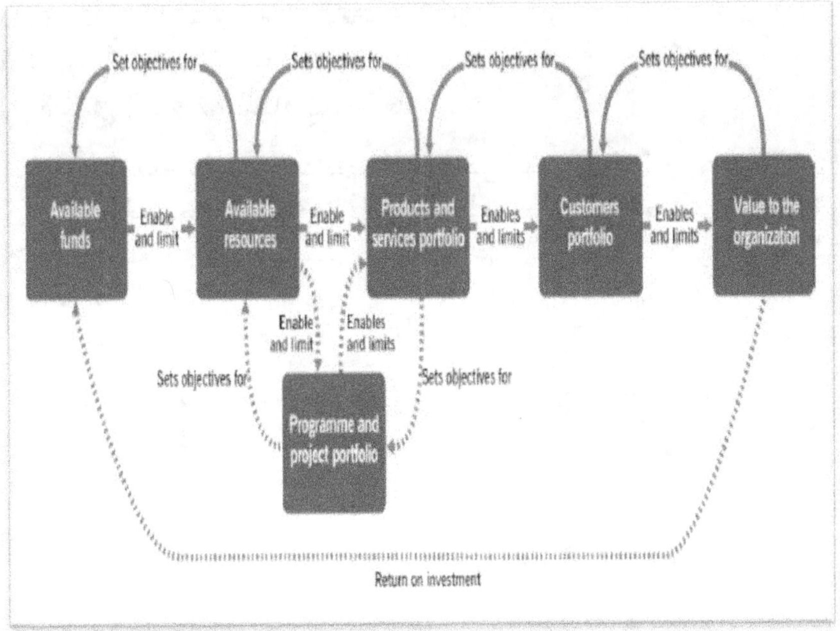

الشكل رقم (41) يبين مسار عمل إدارة المحافظ و العائد على الإستثمارات.
ITIL4 Practices-AXELOS Copyright-2020.

أنشطة إدارة المحافظ

- تطوير وتطبيق إطار منهجي.
- تحديد المنتجات والخدمات وربطها بتحقيق النتائج المتفق عليها.
- تقييم وتحديد أولويات مقترحات المنتجات أو المشروعات الواردة.
- تنفيذ عملية تقييم الاستثمار الاستراتيجي واتخاذ القرار بناءً على فهم القيمة والتكاليف والمخاطر وقيود الموارد والترابط والتأثير على الأنشطة التجارية الحالية.
- تحليل ومتابعة الاستثمارات و مراقبة أداء المحافظ بشكل عام.
- مراجعة المحافظ من حيث التقدم والنتائج والتكاليف والمخاطر والفوائد والمساهمة الاستراتيجية.

عوامل نجاح ممارسة إدارة المحافظ PSF

● ضمان اتخاذ قرارات استثمارية سليمة للبرامج والمشروعات والمنتجات والخدمات ضمن قيود موارد المنظمة.

● ضمان المراقبة المستمرة والمراجعة والتحسين لحافظات المنظمة.

عمليات إدارة المحافظ

● إدارة نهج المنظمة تجاه المحافظ.

● إدارة دورات حياة المحافظ.

إدارة نهج المنظمة تجاه المحافظ

تركز هذه العملية على تحديد نهج مشترك على مستوى المنظمة والموافقة عليه وتعزيزه للمحافظ الاستثمارية بين مختلف أصحاب المصلحة.

تتضمن هذه العملية كما فى الشكل رقم (42)عددا من الأنشطة تحول المدخلات إلى مخرجات.

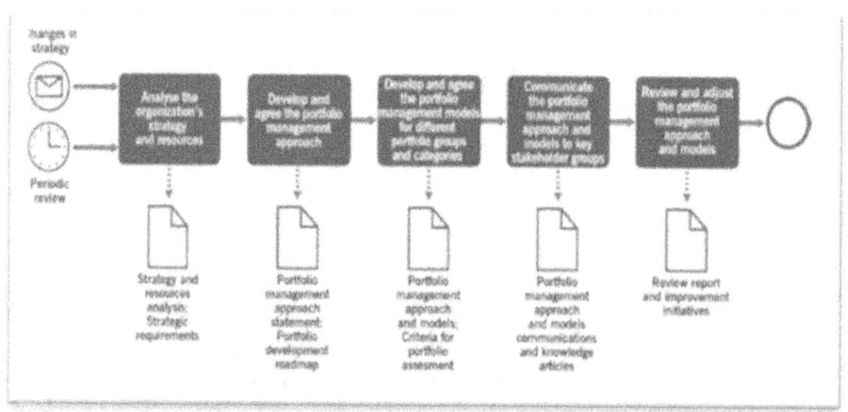

الشكل رقم (42) يبين مسار عمل نهج إدارة المحافظ.
ITIL4 Practices-AXELOS Copyright-2020.

المدخلات

■ الاستراتيجية التنظيمية.

■ تحليل الموارد الرئيسية للمنظمة.

■ معلومات عن أموال المنظمة وحالتها المالية.

■ الميزانية التنظيمية.

■ معلومات عن الخدمات والمنتجات.

■ تقييم موقف المنظمة في السوق والمقارنة المعيارية.

■ معلومات أصحاب المصلحة.

■ تقييم مخاطر الخدمات والأسواق.

- التقارير والاقتراحات من مراجعات المحفظة.

المخرجات

- بيان نهج إدارة المحفظة.
- معايير تقييم المحفظة.
- نماذج المحفظة.
- نهج إدارة المحفظة والنماذج والاتصالات والمعرفة.
- مبادرات التحسين.
- خارطة طريق تطوير المحفظة.

الأنشطة

- تحليل استراتيجية المنظمة ومواردها.
- تطوير نهج إدارة المحفظة والموافقة عليه.
- تطوير نماذج إدارة المحفظة للمجموعات المختلفة للمحفظة والموافقة عليها.
- توصيل نهج ونماذج إدارة المحفظة إلى أصحاب المصلحة الرئيسيين.
- مراجعة وتعديل نهج ونماذج إدارة المحفظة.

تحليل استراتيجية المنظمة ومواردها

- يقوم قادة المنظمة بدعم من مستشارين خارجيين بتحليل نهج إدارة المحافظ الحالية للمنظمة و كيفية دعمها للاستراتيجية.
- يتم تحليل الموارد الرئيسية التي تمتلكها المنظمة في جميع الأبعاد الأربعة لإدارة الخدمة.
- يتم تحديد الإستراتيجية العامة للمنظمة ذات الصلة بمحفظة المنتجات والخدمات ومحفظة العملاء.
- تتم مناقشة التحليل الناتج وخرائط الطريق داخل المنظمة للتحقق من زيادة الوعي وصحة النتائج.
- يتم تنفيذ هذا النشاط مع التركيز على تحديد نهج ونماذج إدارة المحفظة.

تطوير والموافقة على نهج إدارة المحافظ الاستثمارية

- يقوم قادة المنظمة ومديروها بدعم من مستشارين خارجيين بتطوير والاتفاق على مجموعات المحفظة الرئيسية التي ستديرها المنظمة، بالإضافة إلى الفئات الرئيسية التي سيتم تصنيف عناصر المحفظة فيها.
- يمكن تقسيم خدمات المنظمة إلى ثلاث فئات استراتيجية بناءً على تأثيرها:
  - إدارة الأعمال التي تركز على الحفاظ على عمليات الخدمة.
  - تنمية الأعمال التجارية التي تهدف إلى تنمية نطاق خدمات المنظمة.
  - تحويل الأعمال الداعمة للتحركات إلى مساحات سوقية جديدة.

- يجب على المنظمات اختيار فئات للمحافظ التي ستساعدها على التوافق مع استراتيجيتها وتحقيق أهدافها.
- التصنيف هو مجرد أداة للمساعدة في ترجمة الأهداف إلى مبادئ واضحة لإدارة المحفظة ومعايير أداء عناصر المحفظة.
- يجب على الفرق النظر في اللوائح الحالية، الداخلية والخارجية، والتشريعات المطبقة على بنود المحفظة.

تطوير نماذج إدارة المحافظ

- تقسم المحافظ إلى مجموعات وفئات لكل مجموعة وفئة محفظة محددة.
- يتم تطوير نموذج المحفظة والموافقة عليه.
- يتم تعريف نموذج المحفظة بعدة خصائص وفقا للموارد المتاحة للمحفظة والميزانية واستراتيجية الاستثمار، وقبول المخاطر، ومجموعة متفق عليها من معايير الأولويات.
- يحدد النموذج أيضًا خيارات الاستجابة لمراجعة عناصر المحفظة.
- ينبغي وصف الجوانب الإدارية لكل نموذج في الأبعاد الأربعة.

إعلان نهج ونماذج إدارة المحفظة

- يتم إعلان النهج والنماذج المتفق عليها إلى مجموعات أصحاب المصلحة الرئيسيين ومناقشتها عبر المنظمة.
- اعتمادًا على مستوى المشاركة قد يتخذ التواصل شكل إجتماع رسمي، أو مناقشات ومراجعات لحافظات الأعمال، أو مقالات معرفية، وما إلى ذلك.

مراجعة وضبط نهج ونماذج إدارة المحافظ الاستثمارية

- يقوم قادة ومديرو المنظمة بمراقبة ومراجعة اعتماد وفعالية نهج ونماذج المحفظة المتفق عليها.
- تتم المراجعة بناءً على الأحداث و التغييرات الإستراتيجية و تقارير المقارنة المعيارية و تقلب العملاء و نمو أو انكماش الأعمال غير المتوقع و تعارض الموارد و التغييرات في اللوائح والتشريعات المعمول بها.

إدارة دورات حياة المحافظ

تركز هذه العملية على إدارة محافظ المؤسسة بناءً على النهج المتفق عليه. ويشمل ذلك تقييم المبادرات ومراقبة المحافظ وعناصر المحفظة ومراجعة المبادرات وإعادة تحديد أولوياتها.

تتضمن هذه العملية كما فى الشكل رقم (43)عددا من الأنشطة تحول المدخلات إلى مخرجات.

المدخلات

- نهج ونماذج إدارة المحفظة الاستثمارية للمنظمة.

- تحليل مفصل للموارد الرئيسية للمنظمة بما في ذلك موارد الاستثمار.
- تحليل متطلبات أصحاب المصلحة.
- محافظ المنتجات والخدمات الحالية للمنظمة.
- الميزانية حسب مجموعات وفئات المحفظة.
- نهج ونماذج إدارة المحفظة الاستثمارية الاتصالات والمعرفة.
- خارطة طريق تطوير المحفظة الاستثمارية.
- بيانات تحقيق القيمة ومراقبة الأداء للمحافظ الاستثمارية.
- تقرير مراجعة المحفظة الاستثمارية.

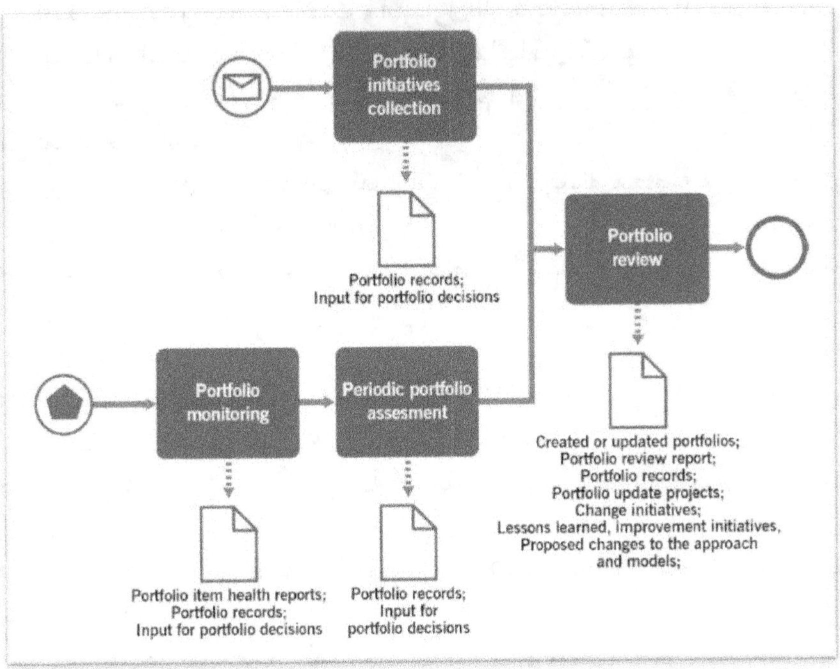

الشكل رقم (43) يبين مسار عمل إدارة دورة حياة المحافظ.
ITIL4 Practices-AXELOS Copyright-2020.

المخرجات

- إنشاء أو تحديث المحافظ الاستثمارية.
- تحديث مشاريع المحفظة الاستثمارية.
- تغيير المبادرات (الميزانية والموارد وما إلى ذلك)
- الدروس المستفادة ومبادرات التحسين.
- سجلات المحفظة الاستثمارية.
- تقرير مراجعة المحفظة الاستثمارية.

الأنشطة

61

- مجموعة مبادرات المحفظة.
- مراقبة المحفظة.
- تقييم المحفظة بشكل دوري.
- مراجعة المحفظة.

مجموعة مبادرات المحفظة

- السماح لمجموعة متنوعة من أصحاب المصلحة بتقديم مبادرات المحفظة يمكن أن يدعم خلق القيمة المشتركة ولكن يجب تحديد سلطة تقديم مبادرة المحفظة من خلال نموذج المحفظة المعني.
- ينبغي أن تكون بيانات التقديم والجداول الزمنية محددة بشكل جيد.
- يجب مراجعة المقترحات للتأكد من اكتمالها قبل قبولها.
- تمر مبادرات المحفظة المجمعة بتقييم أولي وتكون بمثابة مدخلات لمراجعات المحفظة.
- يجب أيضًا إجراء تغيير في نفس النشاط عند إنشاء محفظة من الصفر أو توثيق المحفظة الفعلية الحالية.
- يجب التعامل مع كل عنصر من عناصر المحفظة كمبادرة ويجب اتباع نفس قواعد التقديم لضمان الاتساق.

مراقبة المحفظة

- يقوم مدير المحفظة وأعضاء الفريق المسؤولون عن المحافظ بمراقبة المحافظ وعناصر المحفظة لتتبع تحقيق القيمة.
- يتم الإبلاغ عن نتائج مراقبة المحفظة إلى مالك المحفظة وأصحاب المصلحة.
- يجب على الفريق قياس الأداء مقارنة بمعايير تحقيق القيمة المخطط لها في البداية.
- يجب استخدام المعايير المستخدمة لتقييم المحفظة لعناصر المحفظة لتقييم أداء العناصر والتحقق من تحقيق القيمة.
- يجب على الفريق الإبلاغ عن الاستثناءات الواضحة ومراقبة الاتجاهات في أداء المحفظة.
- يجب على المراقبة الشاملة لأداء المحفظة تحديد حجم تحقيق القيمة.
- تتضمن مؤشرات تحقيق القيمة التكاليف والمخاطر التي تمت إزالتها وإدخالها والنتائج المدعومة والمتأثرة.

التقييم الدوري للمحفظة

- يتلقى مدير المحفظة وفريق المحفظة، وفقًا للنموذج، البيانات من إدارة المراقبة والأحداث، وإدارة مستوى الخدمة، وممارسات الإدارة المالية للخدمة.

- يقوم المالك بتحليل البيانات المدمجة لتقييم أداء المحفظة وصياغة التغييرات المحتملة على المحافظ وعناصر المحفظة.
- تعد تقارير المحفظة والاقتراحات الناتجة لتحسين المحفظة بمثابة مدخلات لمراجعات المحفظة.

مراجعة المحفظة

- يقوم مدير المحفظة بإجراء مراجعات للمحفظة حيث تتم الموافقة على المبادرات الجديدة وإعادة ترتيب أولويات عناصر المحفظة الحالية.
- غالبًا ما تقتصر المؤسسات الكبيرة مثل الهيئات الحكومية على دورات الاستثمار على المستوى التنفيذي والتي يتم تقييمها سنويًا.
- يتيح النهج الأكثر مرونة للمؤسسات الاستفادة من فرص الاستثمار عند ظهورها.
- يمكن مراجعة محفظة Agile وإعادة ترتيب أولوياتها بانتظام للاستفادة من الفرص الجديدة أو التكيف مع احتياجات العمل المتغيرة.
- يتم تحديد مستويات السلطة لمراجعة المحفظة من خلال نهج المحفظة ونموذج المحفظة ذات الصلة.

قرارات مراجعة المحفظة

- الموافقة على المبادرات الجديدة.
- استثمار الأموال أو تجريدها.
- تحديد أولويات وإعادة ترتيب أولويات عناصر المحفظة الموجودة.
- الشروع في تغييرات على النهج والنماذج.
- تعمل تقارير مراجعة المحفظة كمدخل في إدارة نهج المنظمة في عملية المحافظ.

مساهمة إدارة المحفظة في سلسلة قيمة الخدمة

التخطيط:

توفر إدارة المحفظة معلومات مهمة حول حالة المشروعات والمنتجات والخدمات الحالية في خط الأنابيب أو الكتالوج والأهداف الاستراتيجية التي تم تصميمها لتحقيقها.

تتضمن إدارة المحفظة أيضًا مراجعة المحافظ من حيث التقدم وخلق القيمة والتكاليف والمخاطر والفوائد والمساهمة الاستراتيجية.

التحسين:

تعمل إدارة المحفظة على تحديد الفرص لتحسين الكفاءة وزيادة التعاون، والقضاء على التكرار بين المشروعات، وتحديد المخاطر والتخفيف منها.

يتم تحديد أولويات مبادرات التحسين وفي حالة الموافقة عليها يمكن إضافتها إلى المحفظة ذات الصلة.

المشاركة:

عندما تحدد المنظمة الفرص أو الطلب، يتم اتخاذ القرارات بشأن كيفية تحديد أولوياتها بناءً على استراتيجية المنظمة بالإضافة إلى تقييم المخاطر وتوافر الموارد.

التصميم والانتقال والحصول / البناء والتقديم والدعم:

تتحمل إدارة المحفظة مسؤولية ضمان تحديد المنتجات والخدمات بوضوح وربطها بتحقيق نتائج الأعمال بحيث تتوافق أنشطة سلسلة القيمة هذه مع القيمة.

3- ممارسة إدارة بنائية الخدمة

الغرض و الآهداف

- الغرض من ممارسة إدارة البنائية إنشاء العناصر المختلفة التي تشكل أنظمة و بيئات خدمات المنظمة.
- تشرح هذه الممارسة كيفية ترابط العناصر لتمكين المنظمة من تحقيق أهدافها الحالية والمستقبلية بشكل فعال.
- توفر المبادئ والمعايير والأدوات التي تمكن المنظمة من إدارة التغيير المعقد بطريقة منظمة ورشيقة.

أنواع البنائيات

بنائية الأعمال\البيزنس

وصف رسمي لكيفية استخدام المنظمة لمواردها لتحقيق استراتيجيتها وأهدافها. تستكشف هندسة الأعمال كيفية استخدام موارد المؤسسة للمشاركة في خلق القيمة داخل المنظمة ومع أصحاب المصلحة فيها.

تستخدم المؤسسات الموارد لإنشاء المنتجات وتقديم الخدمات وتقديمها بناءً على هذه المنتجات.

بنية المنتج والخدمة

- وصف رسمي لمنتجات وخدمات المنظمة ومكوناتها وعلاقاتها المتبادلة والمبادئ والإرشادات التي تحكم تصميمها وتطورها مع مرور الوقت.
- توفر بنية المنتجات والخدمات نظرة عامة على منتجات وخدمات المؤسسة و تستكشف التفاعلات بين الخدمات والنماذج التي تصف الهيكل مثل كيفية تناسب المكونات معًا، والديناميكيات، مثل الأنشطة، وتدفق الموارد، والتفاعلات، لكل منتج وخدمة.
- يمكن استخدام هذه النماذج كقوالب لمنتجات وخدمات متعددة.
- تعتمد المنتجات والخدمات الرقمية على التطبيقات والبيانات، بالإضافة إلى دعم تقنيات المعلومات والتقنيات التشغيلية وتقنيات الاتصال.
- تمنح بنية الخدمة المنظمة رؤية لجميع الخدمات التي تقدمها بما في ذلك التفاعلات بين الخدمات.
- يتم تصميم نماذج الخدمة التي تصف الهيكل (كيفية توافق مكونات الخدمة معًا) والديناميكيات (الأنشطة، وتدفق الموارد، والتفاعلات) لكل خدمة.
- يمكن استخدام نموذج الخدمة كقالب أو مخطط لخدمات متعددة.

بنائية نظم المعلومات

- وصف رسمي لتطبيقات المنظمة وأصول البيانات وموارد إدارة البيانات. توضح بنية نظم المعلومات كيفية ترابط التطبيقات والبيانات وإدارتها.
- تستخدم أنظمة المعلومات البنية التحتية والمنصات الداعمة التي تتضمن تقنيات المعلومات والتشغيل والاتصالات.
- تتضمن كل التصميمات التوضيحية لبنائيات البيانات والتطبيقات.
- تصف بنائية المعلومات أصول البيانات المنطقية والمادية للمؤسسة وموارد إدارة البيانات وكيفية إدارة موارد المعلومات ومشاركتها لصالح المنظمة.

بنائية التكنولوجيا

تحدد بنية التكنولوجيا البنية التحتية للبرامج والأجهزة اللازمة لدعم مجموعة المنتجات والخدمات.

وصف رسمي للبنية التحتية التكنولوجية للمنظمة بما في ذلك تكنولوجيات المعلومات والتشغيل والاتصالات والعلاقات المتبادلة والطريقة التي تدعم بها أنظمة المعلومات في المنظمة.

بنائية البيئة

تصف البنية البيئية العوامل الخارجية التي تؤثر على المنظمة ودوافع التغيير، بالإضافة إلى جميع جوانب وأنواع ومستويات التحكم البيئي وإدارتها. تشمل البيئة التنموية والتكنولوجية والتجارية والتشغيلية والتنظيمية والسياسية، والتأثيرات الاقتصادية والقانونية والتنظيمية والبيئية والاجتماعية.

نطاق عمل ممارسة إدارة البنائية

- فهم ووصف البنية الحالية للمنظمة.
- تحديد هيكلية بنية المنظمة المستهدفة مع أصحاب المصلحة المعنيين.
- التحسين المستمر للمنظمة لتلبية متطلبات البنية المستهدفة.
- ضمان المراقبة المستمرة للتغييرات الجارية للتأكد من أنها تتماشى مع البنية المستهدفة المتفق عليها.

عوامل نجاح ممارسة إدارة البنية PSF

- التأكد من أن استراتيجية المنظمة مدعومة ببنية مستهدفة.
- التأكد من أن بنية المنظمة تتطور باستمرار إلى الحالة المستهدفة.

عمليات ممارسة إدارة البنائية

- حوكمة البنائية.
- تطوير البنية المستهدفة وخريطة الطريق.
- المراقبة البنائية المستمرة.

حوكمة البنائية

تتضمن هذه العملية عددا من الأنشطة كما فى الشكل رقم (44) وتحول المدخلات إلى مخرجات.

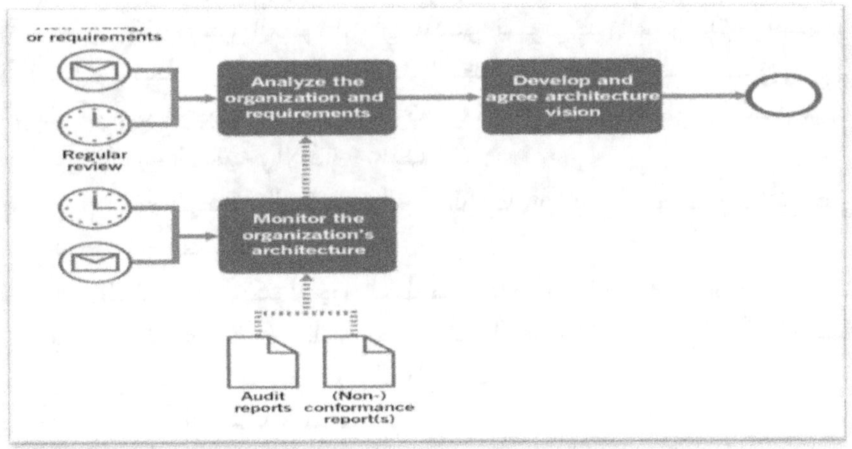

الشكل رقم (44) يبين مسار عملية حوكمة البنائية.
ITIL4 Practices-AXELOS Copyright-2020.

المدخلات

- مبادئ المنظمة وسياساتها ورؤيتها.
- استراتيجية المنظمة.
- العوامل البيئية.
- الهيكل التنظيمي.
- محفظة المنتجات والخدمات.
- محفظة البرامج والمشروعات.
- محفظة العملاء.
- تقارير مراجعة البنية.
- تقارير التدقيق.

المخرجات

رؤية بنائية

مبادئ ومتطلبات البنائية.

الأنشطة

تحليل المنظمة والمتطلبات.

تطوير رؤية بنية المنظمة والموافقة عليها.

مراقبة بنية المنظمة.

تحليل المنظمة والمتطلبات

يحدد القادة التنفيذيون للمنظمة نطاق أنشطة إدارة الهندسة البنائية ويعينون لجنة الهندسة البنائية.

يقوم مدير تكنولوجيا المعلومات ومهندسو تكنولوجيا المعلومات وأصحاب المنتجات ومحللو الأعمال بمراجعة المعلومات المتاحة فيما يتعلق برؤية المنظمة واستراتيجيتها ومتطلباتها، وتعيين لجنة لهندسة تكنولوجيا المعلومات.

تطوير الرؤية البنائية والاتفاق عليها

- تقوم لجنة الهندسة البنائية بتطوير الرؤية البنائية للمنظمة وتوافق على الرؤية مع القادة التنفيذيين.

- تقوم لجنة بنائية تكنولوجيا المعلومات بتطوير الرؤية البنائية للمنتجات والخدمات الرقمية وأنظمة تكنولوجيا المعلومات والتكنولوجيا الداعمة وتوافق على الرؤية مع مدير المعلومات.

مراقبة الهيكلية التنظيمية للمنظمة

استنادًا إلى تقارير المراجعة والتدقيق الدورية للبنائية و وفقا لتقارير الاستثناءات ذات الصلة يقوم القادة التنفيذيون للمؤسسة بمراجعة فعالية ممارسة إدارة البنائية وتقديم مدخلات لنشاط تحليل المنظمة والمتطلبات.

تطوير البنية المستهدفة وخريطة الطريق

تتضمن هذه العملية عددا من الأنشطة كما فى الشكل (45) وتحول المدخلات إلى مخرجات.

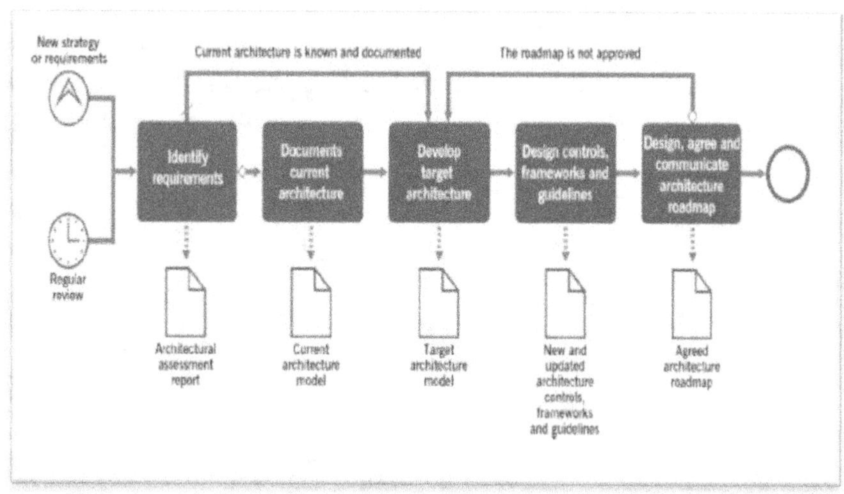

الشكل رقم (45) يبين مسار عمل تطوير البنية المستهدفة.
ITIL4 Practices-AXELOS Copyright-2020.

المدخلات

رؤية البنائية.

مبادئ ومتطلبات البنائية.

بيانات تكوين الخدمة.

سجل الأصول.

عقود الطرف الثالث.

محفظة المنتجات والخدمات.

محفظة البرامج والمشروعات.

محفظة العملاء.

المخرجات

تقرير التقييم البنائى.

نموذج البنية الحالي.

نموذج البنية المستهدف.

ضوابط البنية والأطر والمبادئ التوجيهية.

خريطة طريق البنية المتفق عليها.

الأنشطة

تحديد المتطلبات.

توثيق البنية الحالية.

تطوير البنية المستهدفة.

تصميم المعايير والأطر والمبادئ التوجيهية.

تصميم خارطة طريق البنية والموافقة عليها والتواصل بشأنها.

تحديد المتطلبات

تقوم لجنة الهندسة البنائية بتحليل الرؤية والمتطلبات البنائية.

يقوم مهندسو تكنولوجيا المعلومات بتحليل رؤية ومتطلبات هندسة تكنولوجيا المعلومات.

توثيق البنائية الحالية

إذا لم يتم توثيق البنية الحالية في نطاق المتطلبات أو لم تكن محدثة يقوم مهندسو البنائيات باستكشاف وتوثيق البنية الحالية على جميع المستويات من هندسة البنائية إلى البنية التحتية للتكنولوجيا.

تطوير البنية المستهدفة

يقوم مهندسو البنائيات ومحللو الأعمال ومديرو العلاقات وأصحاب المنتجات بمراجعة البنية الحالية لتحديد القيود وعدم التوافق مع رؤية البنية المتفق عليها

وتطوير نموذج للبنية المستهدفة على جميع المستويات، مما يضمن الاتساق بين المستويات.

معايير التصميم والأطر والمبادئ التوجيهية

استنادًا إلى البنية المستهدفة يقوم مهندسو البنائيات بتطوير المعايير والمبادئ التوجيهية والإجراءات والقوالب والأدوات الداعمة لضمان التكامل الفعال في الممارسات ذات الصلة وتدفقات القيمة.

تتم مناقشة هذه الأمور والاتفاق عليها مع أصحاب المصلحة، بما في ذلك أصحاب الممارسات وأصحاب المنتجات وغيرهم.

تصميم خريطة طريق البنائية والموافقة عليها وإعلانها

- يحدد مهندسو البنائيات الفجوات الأكثر أهمية بين البنية الهدف و البنية الحالية ثم يقترحون نهجًا للإنتقال والتحكم المستمر في البنائية.

- تتضمن خريطة الطريق ضوابط تضمن الالتزام بالبنية المتفق عليها في جميع أنحاء المنظمة.

- يتم دعم هذا العمل من قبل مالكي المنتجات ومديري المخاطر والمديرين الماليين وغيرهم من القادة والخبراء ذوي الصلة.

- تتم مناقشة خارطة الطريق البنائية المقترحة والموافقة عليها من قبل القادة التنفيذيين.

- في حالة عدم الموافقة يتم إرجاع خريطة الطريق إلى الخطوات السابقة.

- يتم إرسال خريطة الطريق المعتمدة مع المعايير والأطر والمبادئ التوجيهية والضوابط الداعمة للتخطيط التفصيلي والتنفيذ إلى الفرق ذات الصلة، بما في ذلك مديري البرامج والمشروعات، والموارد البشرية، والمحفظة والتمويل، وأصحاب المنتجات، وما إلى ذلك.

السيطرة البنائية المستمرة

تركز هذه العملية على تنفيذ خريطة الطريق الخاصة بالهندسة البنائية والحفاظ على البنية المتفق عليها.

تتضمن هذه العملية عددا من الأنشطة كما فى الشكل (46) وتحول المدخلات إلى مخرجات.

المدخلات

الموافقة على خريطة طريق الهندسة البنائية.

تغيير قائمة المهام المتراكمة.

خطط المشروع.

قائمة مهام المنتج المتراكمة.

سجل التحسين المستمر.

بيانات تكوين الخدمة.

سجل الأصول.

عقود الطرف الثالث.

مجموعة المنتجات والخدمات.

المخرجات

تقارير المطابقة (عدم المطابقة) للبنائية.

تقارير مراجعة البنائية.

الأنشطة

تحديد التغييرات والأحداث المهمة من الناحية البنائية.

التحقق من التوافق مع البنية المستهدفة.

تصعيد عدم التوافق.

مراجعة التقدم المحرز في خريطة طريق البنية.

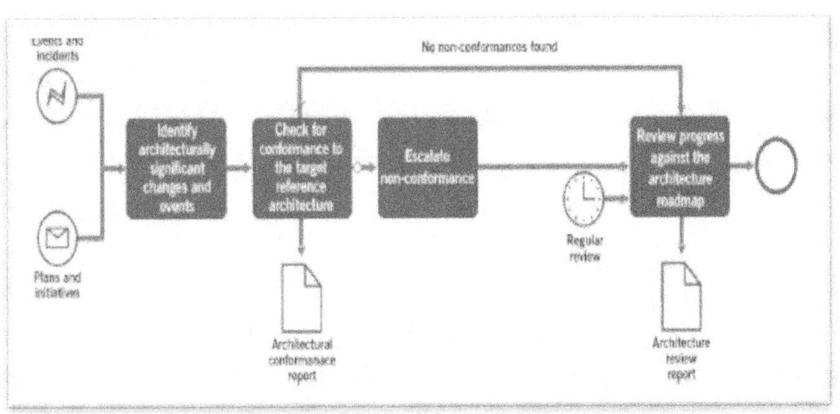

الشكل رقم (46) يبين مسار عمل السيطرة البنائية المستمرة.
ITIL4 Practices-AXELOS Copyright-2020.

تحديد التغييرات والأحداث الهامة بنائيا.

عندما يتم التخطيط لتغيير أو مشروع أو مبادرة تحسين ذات أهمية بنائية، يتم إشراك مهندس بنائى في سير عمل الموافقة.

يتم تحديد الأهمية البنائية من خلال الدور المسؤول عن التخطيط وفق الضوابط البنائية المتفق عليها.

ينطبق هذا النشاط على جميع المبادرات ذات الأهمية البنائية، بما في ذلك تلك التي تم إنشاؤها خصيصًا كجزء من خريطة طريق الهندسة البنائية.

عند تحديد حدث مهم بنائيا(خطأ في التصميم، أو تنفيذ غير صحيح، أو تغيير يتجاوز عنصر تحكم في البنية)، يتم إبلاغه إلى المهندس البنائى للمراجعة.

يمكن تحديد هذه الأحداث بواسطة مالكي المنتجات، والمحققين في المشكلات، ومديري المخاطر، والمدققين، وغيرهم.

التحقق من التوافق مع البنية المستهدفة

- يقوم المهندس البنائى بمراجعة المقترحات والأحداث المبلغ عنها لتقييم التوافق مع نموذج البنية المستهدفة المتفق عليه.
- تتم الموافقة على المقترحات التي تتوافق مع البنية المستهدفة و تشمل مناقشة ما تم طرحها فى خريطة طريق البنية وتستمر معالجتها في تدفق القيمة المستهدف.
- تتم الموافقة على المقترحات التي تتوافق مع البنية المستهدفة وتستمر معالجتها في تدفق القيمة المعني.
- إذا تم تجاوز إجراء الموافقة المتفق عليه يقوم المهندس البنائى بإبلاغ السلطات المختصة بذلك (مالك المنتج، مدير المشروع، مدير التغيير، مدير التحسين المستمر، أو غيرهم).

تصعيد عدم المطابقة

يتم تصعيد حالات عدم المطابقة التي تم تحديدها إلى السلطات ذات الصلة (مالك المنتج، مدير المشروع، سلطة التغيير، مدير التحسين المستمر، رئيس قسم المعلومات، لجنة الهندسة البنائية، أو غيرهم).

يقدم المهندسون البنائيون المعلومات اللازمة لتحديد الحلول البديلة التي تتوافق مع البنية المستهدفة.

مراجعة التقدم المحرز مقارنة بخريطة الطريق البنائية

بعد إجراء تغييرات كبيرة وفترات زمنية محددة، يقوم المهندسون البنائيون بإعداد تقرير مرحلي يشرح تنفيذ وصيانة خريطة طريق البنائية.

يتم إرسال التقرير إلى أصحاب المصلحة المعنيين ويكون بمثابة مدخلات لعملية إدارة البنية.

مساهمة إدارة بنائية الخدمة في سلسلة قيمة الخدمة

التخطيط:

ممارسة إدارة بنائية الخدمة هي المسؤولة عن تطوير والحفاظ على بنية مرجعية تصف البنى الحالية والمستهدفة لوجهات نظر الأعمال والمعلومات والبيانات والتطبيقات والتكنولوجيا والبيئة ويستخدم هذا كأساس لجميع أنشطة سلسلة قيمة الخطة.

تحسين:

يتم تحديد العديد من فرص التحسين من خلال مراجعة الأعمال التجارية والخدمات والمعلومات والهندسة الفنية والبيئية.

المشاركة

ممارسة إدارة بنائية الخدمة تسهل القدرة على فهم مدى استعداد المنظمة للتعامل مع الأسواق الجديدة أو التي تعاني من نقص الخدمات ومجموعة واسعة من المنتجات والخدمات، والاستجابة بسرعة أكبر للظروف المتغيرة.

تعتبر ممارسة إدارة بنائية الخدمة مسؤولة عن تقييم قدرات المنظمة من حيث كيفية توافقها مع جميع الأنشطة التفصيلية المطلوبة للمشاركة في خلق القيمة للمؤسسة وعملائها.

التصميم والانتقال

بمجرد الموافقة على تطوير منتج أو خدمة جديدة أو متغيرة، ستقوم فرق البنائية البنائية والتصميم والبناء بتقييم ما إذا كان المنتج/الخدمة يلبي أهداف الاستثمار باستمرار.

ممارسة إدارة بنائية الخدمة هي المسؤولة عن بنية الخدمة التي يصفها هيكل (كيفية تناسب مكونات الخدمة معًا) وديناميكيات (الأنشطة، وتدفق الموارد، والتفاعلات) للخدمة.

يمكن استخدام نموذج الخدمة كقالب أو مخطط لخدمات متعددة وهو ضروري لنشاط التصميم والانتقال.

الحصول/البناء

تسهل البنى المرجعية (الأعمال والخدمات والمعلومات والتقنية والبيئية) تحديد المنتجات أو الخدمات أو مكونات الخدمة التي يجب الحصول عليها أو بنائها.

التقديم والدعم

يتم استخدام البنى المرجعية باستمرار كجزء من تشغيل المنتجات والخدمات وترميمها وصيانتها.

4ـ ممارسة الإدارة المالية للخدمة

الغرض

- الغرض من ممارسة الإدارة المالية للخدمة هو دعم استراتيجيات المنظمة وخططها لإدارة الخدمة من خلال ضمان استخدام الموارد المالية والاستثمارات للمنظمة بشكل فعال.

- تدعم ممارسة الإدارة المالية للخدمة اتخاذ القرار على العديد من مستويات المنظمة من خلال توفير معلومات مالية موثوقة.

- توفر الممارسة رؤية لأنشطة الميزانية والتكاليف والمحاسبة المتعلقة بالمنتجات والخدمات.

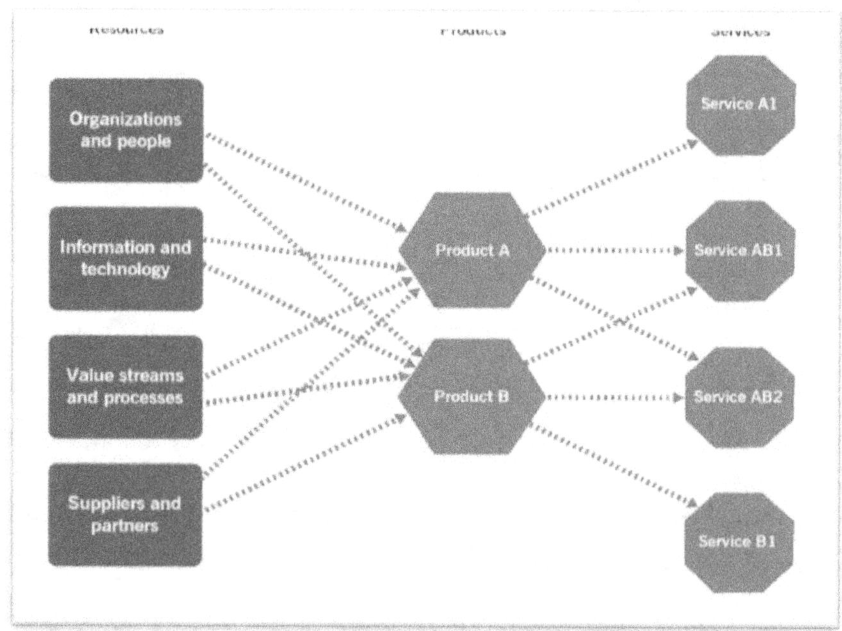

الشكل رقم (47) يبين تكاليف و الموارد و المنتجات و الخدمات.
ITIL4 Practices-AXELOS Copyright-2020.

الإدارة المالية

- المحاسبة الإدارية.
- الميزانية.
- التحليل المالي.
- التمويل (هو اللغة المشتركة التي تسمح للمنظمة بالتواصل بشكل فعال مع أصحاب المصلحة).

أهداف الإدارة المالية

تساعد ممارسة الإدارة المالية للخدمة صناع القرار على فهم تكاليف المنتجات والخدمات الرقمية وتحسينها.

يتطلب ذلك دراسة و تحديد ما يلي:

● تكاليف الموارد المستخدمة لإنشاء وتقديم المنتجات والخدمات.

● توزيع الموارد (وتكاليفها) بين المنتجات والخدمات.

مزايا الإدارة المالية

● تحسين تخطيط وشراء واستخدام الموارد.

● تحسين قرارات المحفظة.

● تخطيط وتحسين ومراقبة الميزانيات.

● تحسين الشحن و التحصيل.

● مواءمة الموارد والمنتجات والخدمات الرقمية وموارد تكنولوجيا المعلومات مع الاستراتيجية التنظيمية.

عوامل نجاح ممارسة الإدارة المالية PSF

● التأكد من أن الإدارة المالية للخدمة تدعم استراتيجية المنظمة الشاملة ومتطلبات أصحاب المصلحة.

● التأكد من توفر المعلومات الموثوقة حسب الحاجة لدعم عملية صنع القرار.

نطاق ممارسة الإدارة المالية للخدمة

● تحديد وإبلاغ نهج المنظمة للإدارة المالية للخدمة.

● تخطيط التكاليف المتعلقة بالمنتجات والخدمات والتمويل وإعلان و إفصاح و نشر والتحكم في الميزانيات.

● مراقبة التكاليف الفعلية وتمويل المنتجات والخدمات.

● تحليل البيانات المالية وتوفير المعلومات لاتخاذ القرار.

عمليات ممارسة الإدارة المالية للخدمة

● إدارة نهج المنظمة في الإدارة المالية للخدمة.

● التخطيط المالي.

● المحاسبة الإدارية.

إدارة نهج المنظمة في الإدارة المالية للخدمات

تركز هذه العملية على تحديد وإقرار وتوصيل نهج المنظمة في إدارة الشؤون المالية للخدمة وتضمين نهج تدفقات القيمة والممارسات الخاصة بالمنظمة. تتضمن هذه العملية عددا من الأنشطة كما فى الشكل رقم (48) وتحول المدخلات إلى مخرجات.

المدخلات

- الهياكل التنظيمية.
- متطلبات أصحاب المصلحة.
- الهيكل التنظيمي.
- محافظ المؤسسة.
- كتالوج خدمات المؤسسة.
- بيانات أصول تكنولوجيا المعلومات.
- بيانات تكوين الخدمة.
- العقود والاتفاقيات مع الموردين ومستهلكي الخدمة.
- سياسات وأساليب وبيانات الإدارة المالية والمحاسبية للمؤسسة.

المخرجات

- نهج إدارة الشؤون المالية للخدمة.
- نماذج التكلفة والميزانية.
- اتصالات إدارة الشؤون المالية للخدمة ومواد إدارة المعرفة.
- طلبات التغييرات ومبادرات التنفيذ.
- تقارير أداء نهج إدارة الشؤون المالية للخدمة.

الأنشطة

- تحليل متطلبات أصحاب المصلحة.
- تحديد وإقرار نهج إدارة الشؤون المالية للخدمة.
- التواصل ودمج نهج إدارة الشؤون المالية للخدمة في تدفقات القيمة للمنظمة.
- مراجعة وتعديل نهج وإجراءات إدارة الشؤون المالية للخدمة.

تحليل متطلبات أصحاب المصلحة

- تحدد قيادة تكنولوجيا المعلومات أصحاب المصلحة المهتمين بمعلومات إدارة الخدمات المالية حول المنتجات والخدمات الرقمية.
- يتم جمع وتحليل متطلبات أصحاب المصلحة و يقرر القائد التنفيذي لمزود خدمة تكنولوجيا المعلومات (مثل مدير المعلومات أو مدير تكنولوجيا المعلومات) مدى حتمية تطوير النهج بشكل أكبر.
- إذا قرروا المضي قدمًا يشكل القائد فريقًا لتطوير وتنفيذ النهج (أو تعديلات على النهج الحالي).

- يضم فريق العمل مديري المنتجات والخدمات والمهندسين البنائيين ومتخصصي الإدارة المالية.

تحديد وإقرار نهج الإدارة المالية للخدمة

- يناقش فريق الإدارة المالية نهج إدارة تكوين الخدمات بما في ذلك نماذج التكلفة ونماذج الميزانية والسياسات والإجراءات وهياكل البيانات والأدوار والمسؤوليات وما إلى ذلك.

- يتم مناقشة النهج والموافقة عليه من قبل أصحاب المصلحة الرئيسيين بما في ذلك خبراء الإدارة المالية وقادة المنظمة.

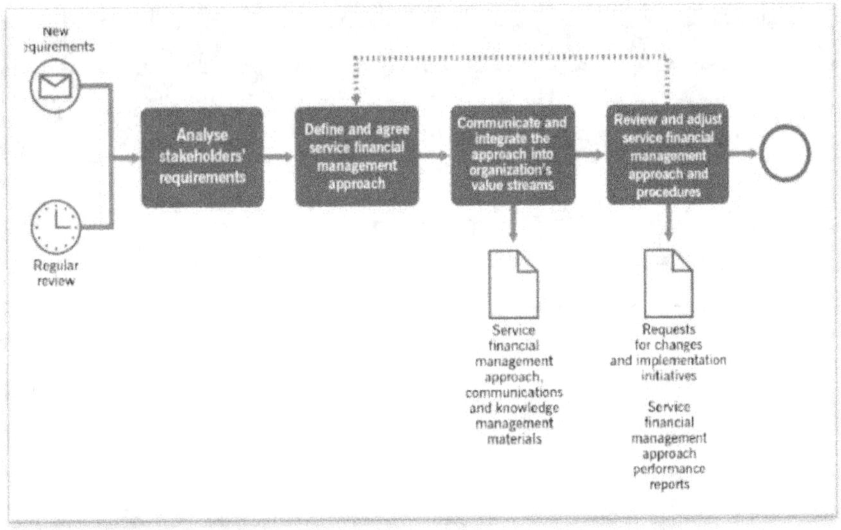

الشكل رقم (48) يبين مسار عمل نهج المنظمة فى الإدارة المالية للخدمات.
ITIL4 Practices-AXELOS Copyright-2020.

التواصل ودمج نهج الإدارة المالية للخدمات في تدفقات القيمة للمنظمة

- يتم إبلاغ نهج الإدارة المالية للخدمات المتفق عليه ومناقشته مع أصحاب المصلحة عبر مزود خدمة تكنولوجيا المعلومات.

- يشمل هؤلاء عادةً الممارسين الذين سيشاركون في أنشطة إدارة الخدمات المالية، والخبراء الفنيين المشاركين في أتمتة الممارسة، والفرق المهتمة أو المتأثرة الأخرى.

- يتم تنفيذ نهج الإدارة المالية للخدمات بالتزامن مع إدارة أصول تكنولوجيا المعلومات، وإدارة تكوين الخدمة، وإدارة الموردين، وتمكين التغيير، وإدارة المشروعات، وإدارة التغيير التنظيمي، وإدارة القوى العاملة

والمواهب، وإدارة البنية الأساسية والمنصات، وممارسات تطوير وإدارة البرمجيات، من بين أمور أخرى.

مراجعة وتعديل نهج وإجراءات الإدارة المالية للخدمات

- يراقب ويراجع مديرو الخدمات المالية ومدير خدمات تكنولوجيا المعلومات تبني وامتثال وفعالية نهج وإجراءات الإدارة المالية المتفق عليها.
- يتم ذلك وفقا للمستجدات (مثل الطلبات غير القياسية للمعلومات، والأخطاء المحددة، والمتطلبات الجديدة) أو على أساس الفاصل الزمني.
- بناءً على المراجعات يتم البدء في إجراء تغييرات النهج و تنفيذه العملي.
- يتم استخدام النتائج والمقترحات كمدخلات للتحسين المستمر لممارسة الإدارة المالية للخدمة.

التخطيط المالي

تركز هذه العملية على تقدير تكاليف خدمات المنظمة وإيراداتها والموافقة على الميزانيات واعتمادها والتأكد من تنفيذ الميزانيات بشكل صحيح.

تتضمن هذه العملية عددا من الأنشطة كما فى الشكل (49) وتحول المدخلات إلى مخرجات.

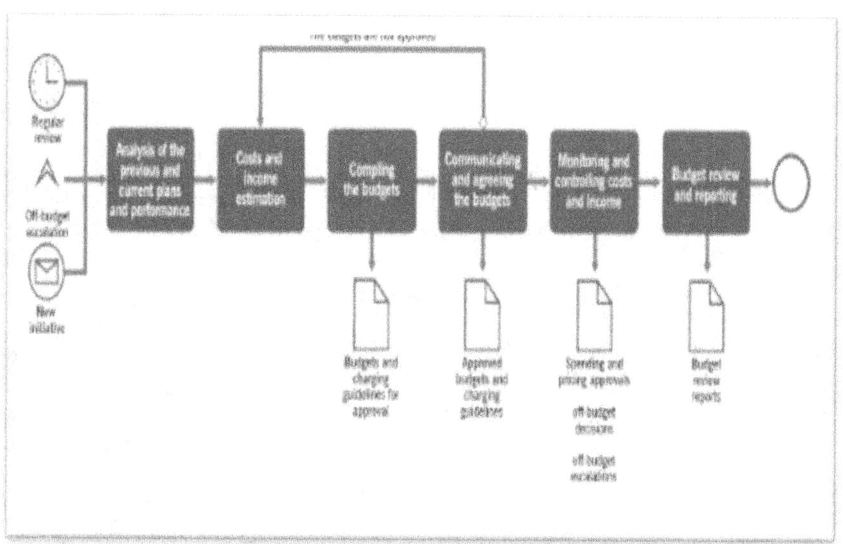

الشكل رقم (49) يبين مسار عمل التخطيط المالى.
ITIL4 Practices-AXELOS Copyright-2020.

المدخلات

نهج الإدارة المالية للخدمات.
الخطط والميزانيات والاتفاقيات والعقود السابقة والحالية.
بيانات الأداء المالية الأخرى ذات الصلة.
سجلات المعاملات المالية.

المخرجات
- الميزانيات.
- تقارير تنفيذ الميزانية الجارية والدورية.
- تقييمات و موافقات قرارات الإنفاق.
- تقارير مراجعة الميزانية.

الأنشطة
- تحليل الخطط والأداء السابقة والحالية.
- تقدير التكاليف والدخل.
- إعداد الميزانيات.
- التواصل والموافقة على الميزانيات.
- مراقبة التكاليف والدخل والتحكم فيهما.
- مراجعة الميزانية وإعداد التقارير عنها.

تحليل الخطط والأداء (سابقا وحاليا)

يقوم فريق الخدمات المالية بتحليل المعلومات المالية المتاحة للخدمة كما يلى:

- خطط العمل الحالية والسابقة وتقارير الأداء.
- الميزانيات الحالية والسابقة وتقارير مراجعة الميزانية.
- السجلات المالية.
- تقارير أداء المنتج والخدمة وتوقعات القدرة.
- تقارير أداء الموردين والعقود والاتفاقيات الحالية والمخطط لها.
- تقارير أداء الخدمة واتفاقيات مستوى الخدمة الحالية والمستقبلية.
- معلومات أخرى ذات صلة.
- يتم استخدام التحليل الناتج لتقدير التكلفة والدخل.

تقدير التكاليف والدخل

- بناءً على التحليل يقوم فريق الخدمات المالية (أو مجموعة الميزانية المخصصة له) بتقدير التكاليف والدخل للمقترحات المخطط لها و فترة العمليات.
- قد تتضمن تقديرات الدخل توصيات الشحن و التحصيل.
- قد تشارك الفرق ذات الصلة في وضع التقديرات أو مراجعتها أو تأكيدها.

تجميع الميزانيات

يقوم الفريق بتجميع التقديرات في الميزانيات وفقًا لنموذج الميزانية.

التواصل والموافقة على الميزانيات

- يتم تقديم الميزانيات الناتجة إلى السلطات المعنية وأصحاب المصلحة.

- يتم مناقشة الميزانيات والموافقةعليها.

- إذا لم تتم الموافقة عليها يتم إرجاع الميزانيات إلى خطوة التقدير مع التعليقات والتوصيات.

- يتم إبلاغ الفرق المعنية بالميزانيات المعتمدة للتنفيذ.

- تتم مناقشة إرشادات الشحن والموافقة عليها أو عدم الموافقة عليها وإعادتها لإعادة التقدير أو إعلانها للتنفيذ.

مراقبة التكاليف والدخل والتحكم فيها

- يراقب مديرو مالية الخدمة ومسئولو الميزانية كيفية تنفيذ الميزانيات.

- وفقًا لنهج الإدارة المالية للخدمة المتفق عليه يتم تحديد طلبات الإنفاق.

- يمكن لمديري مالية الخدمة أو السلطات الأخرى المتفق عليها أيضًا تعديل الميزانيات ضمن التسامح المتفق عليه من خلال الموافقة على الإنفاق أو التسعير خارج الميزانية.

- يقوم مديرو الشؤون المالية للخدمة بتصعيد المخاطر وحالات الخروج عن الحدود المسموح بها فى الميزانية.

مراجعة الميزانية وإعداد التقارير عنها

- في حالة التجاوزات الكبيرة عن الميزانيات المتفق عليها، يقوم فريق الإدارة المالية للخدمة (أو مجموعة الميزانية المخصصة له) بمراجعة الميزانيات المتأثرة وبدء دورة تخطيط جديدة.

- يتم تنفيذ ذلك في نهاية فترات الميزانية وعلى أساس منتظم اعتمادًا على تقلب البيئة ذات الصلة وأداء الميزانيات المتفق عليها.

المحاسبة الإدارية

تركز هذه العملية على توفير معلومات المحاسبة الإدارية لأصحاب المصلحة. تشمل عددا من الأنشطة كما فى الشكل (50) وتحول المدخلات إلى مخرجات.

الأنشطة

- تحديد التكاليف وتسجيلها.
- تحديد نموذج تخصيص التكاليف.
- اتباع نموذج تخصيص التكاليف.
- إدارة الاستثناءات.
- توفير تقارير قياسية ومخصصة.

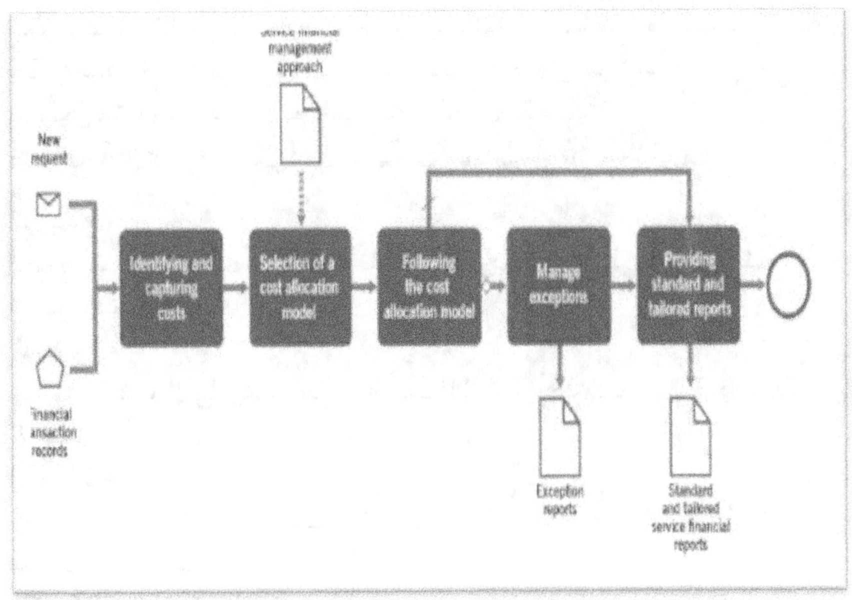

الشكل رقم (50) يبين مسار عمل المحاسبة الإدارية.
ITIL4 Practices-AXELOS Copyright-2020.

أنشطة عملية المحاسبة الإدارية

تحديد التكاليف وتسجيلها

وفقًا لنهج الإدارة المالية للخدمة المتفق عليه يقوم مديرو الخدمات المالية بتحديد البيانات المتعلقة بالتكاليف و تسجيلها.

يمكن أتمتة هذه المهمة وقد تكون المعالجة اليدوية للسجلات المالية مطلوبة.

اختيار نموذج تخصيص التكاليف

يختار مديرو الخدمات المالية نموذج تكلفة من بين النماذج التي حددها نهج الإدارة المالية للخدمة لتناسب متطلبات أصحاب المصلحة.

متابعة نموذج تخصيص التكاليف

وفقًا لنموذج التكلفة المحدد يقوم مديرو الخدمات المالية بتصنيف التكاليف وتخصيصها لإنتاج المعلومات المطلوبة لاتخاذ القرار.

إدارة الاستثناءات

يجوز لمديري الخدمات المالية التجاوز (في حدود التسامح المتفق عليها) عن النموذج المعتمد من أجل تلبية متطلبات أصحاب المصلحة للعلم بشكل أفضل. يتم الإبلاغ عن كل استثناء كمدخلات للتحسين المستمر لنهج الإدارة المالية.

توفير تقارير قياسية ومخصصة

يتم تقديم المعلومات المطلوبة إلى أصحاب المصلحة المعنيين في شكل لوحات معلومات أو تقارير تشغيلية أو تقارير تحليلية بما يتماشى مع نموذج التكلفة.

يمكن أتمتة هذه المهمة إلى حد كبيرولكن قد يكون من الضروري في بعض الأحيان إنشاء تقارير يدوية وخاصة للتقارير التحليلية.

مساهمة الإدارة المالية للخدمة في سلسلة قيمة الخدمة

التخطيط:

تحتاج الخطط على جميع المستويات إلى تمويل يعتمد على المعلومات، و أهمها المعلومات المالية.

التحسين:

يجب ترتيب الأولويات لجميع التحسينات مع أخذ العائد على الاستثمار في الاعتبار.

المشاركة:

تعتبر الاعتبارات المالية مهمة لإنشاء علاقات الخدمة والحفاظ عليها مع مستهلكي الخدمة والموردين والشركاء.

بالنسبة لبعض أصحاب المصلحة (المستثمرين والرعاة) فإن الجانب المالي للعلاقة هو الأكثر أهمية.

تدعم الممارسة نشاط سلسلة القيمة هذا من خلال توفير المعلومات المالية.

التصميم والانتقال:

تساعد إدارة الشؤون المالية للخدمة في الحفاظ على فعالية هذا النشاط من حيث التكلفة من خلال توفير الوسائل اللازمة للتخطيط المالي والتحكم فيه.

تضمن شفافية تكاليف المنتجات والخدمات لمقدم الخدمة مع مراعاة نفقات التصميم والانتقال.

الحصول/البناء:

يتم دعم الحصول على الموارد من كافة الأنواع من خلال الميزانية (لضمان التمويل الكافي) والمحاسبة (لضمان الشفافية والتقييم).

التقديم والدعم:

تشكل تكاليف التشغيل المستمرة جزءًا كبيرًا من نفقات المنظمة.

تشكل أنشطة تقديم الخدمة المستمرة أيضًا مصدرًا للدخل.

تساعد إدارة الخدمات المالية في ضمان الفهم الكافي لكليهما.

تدعم عملية تحصيل الرسوم (إن وجدت) بين مقدم الخدمة ومستهلك الخدمة وإدارة المعاملات المالية بينهما بالفوترة وإعداد التقارير.

5- ممارسة إدارة المشروعات

الغرض و الأهداف

الغرض من ممارسة إدارة المشروعات هو ضمان تنفيذ جميع المشروعات في المنظمة بنجاح.

يتم تحقيق ذلك من خلال التخطيط والتفويض والمراقبة والحفاظ على السيطرة على جميع جوانب المشروع وضمان تحفيز الأشخاص المشاركين.

إدارة البرامج والمشروعات

تلعب دورًا لا يتجزأ في التخطيط وإدخال التغييرات على المنظمة مع تحسين استخدام الموارد وتقدير المخاطر وربط التغييرات بتحقيق القيمة المتوقعة. قد يتألف البرنامج من عدة مشاريع فى مجالات مختلفة من المنظمة.

البرنامج

- هيكل مؤقت ومرن يتم إنشاؤه لتنسيق وتوجيه والإشراف على تنفيذ مجموعة من المشروعات والأنشطة ذات الصلة من أجل تحقيق النتائج والفوائد المتعلقة بالأهداف الاستراتيجية للمنظمة.

- يمكن أن يكون البرنامج برنامجًا مستقلاً، ولكن في أغلب الأحيان يشكل جزءًا من محفظة الخدمات.

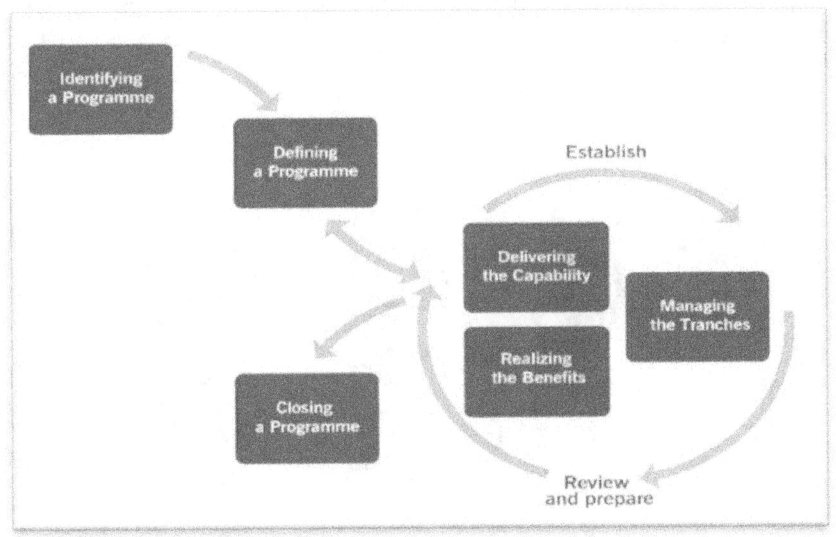

الشكل رقم (51) يبين مسار دورة البرامج الناجحة (MSP).
ITIL4 Practices-AXELOS Copyright-2020.

مزايا البرامج

- تستمر البرامج عادةً لفترة أطول من المشروعات الفردية.
- تركز البرامج على تحقيق النتائج والفوائد وليس المخرجات أو المنتجات. ينسق البرنامج المشروعات داخل حدوده ويهتم أكثر بإشراك أصحاب المصلحة والتواصل والتوجيه مقارنة بالمشروعات.
- يسعى البرنامج إلى تحقيق تغييرات تدريجية في القدرات التنظيمية من خلال المشروعات ذات الصلة التي تعمل ضمن فئته.
- تسمح هذه التغييرات التدريجية للمنظمة بتحقيق الفوائد أثناء البرنامج بدلاً من انتظار انتهاء البرنامج بالكامل.

الشكل رقم (52) يصف دورة الحياة النموذجية أو التدفق التحويلي للبرنامج في إدارة البرامج الناجحة Managing Successful Programmes (MSP).

المشروع

- هيكل وظيفى أو فريق عمل مؤقت يتم إنشاؤه لغرض تسليم منتج أو أكثر وفقًا لحالة عمل متفق عليها.
- يركز المشروع عادةً على تقديم ناتج محدد ويركز البرنامج على نتائج وفوائد تمكين القيمة للمنظمة وأصحاب المصلحة الآخرين.
- تركز المشروعات على تقديم مخرجات (منتجات أو غيرها من المنتجات) ضمن معايير محددة للوقت والتكلفة والجودة ذات قيمة للمنظمة.

يظهر في الشكل (53) دورة الحياة النموذجية للمشروع الخطي التقليدي (الشلال) كما هو موضح في إدارة المشروعات الناجحة باستخدام نموذج PRINCE2®.

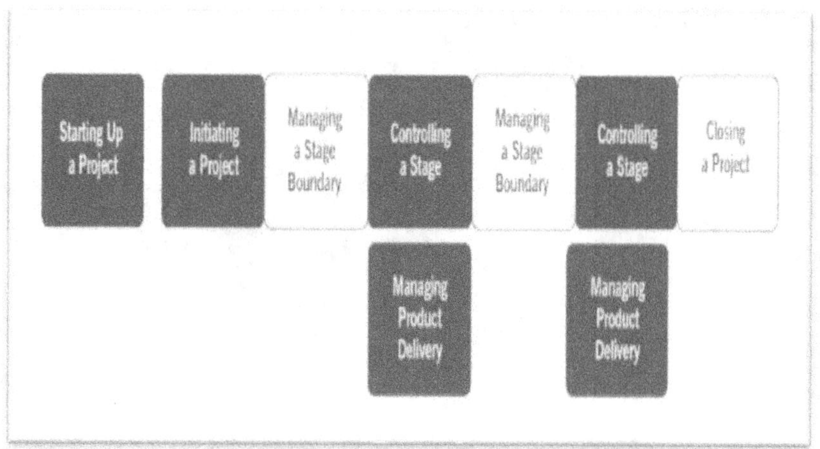

الشكل رقم (52) يبين نموذج PRINCE2® لإدارة المشروع.

ITIL4 Practices-AXELOS Copyright-2020.

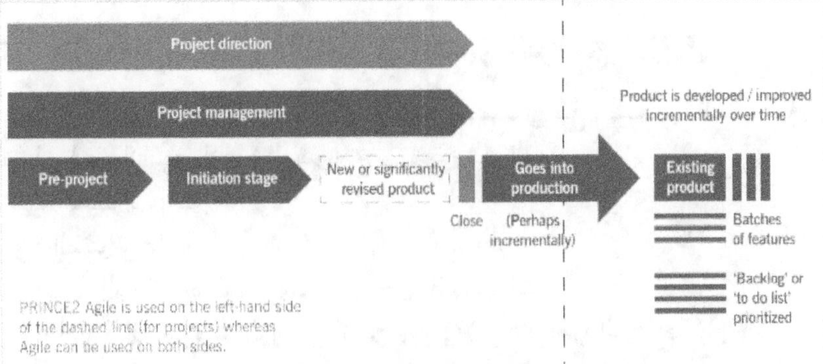

الشكل رقم (53) يبين نموذج أجايل PRINCE2 Agile للإدارة المشروع.
ITIL4 Practices-AXELOS Copyright-2020.

نموذج أجايل PRINCE2 Agile

يعمل النهج الرشيق PRINCE2 Agile بشكل مشابه للبرنامج ولكن في إطار زمني مضغوط للغاية يتم التخطيط للتسليم الرشيق على مراحل، ومن المتوقع أن يتم توليد الفوائد عند نشر كل مرحلة وبالتالي تتلقى المنظمة فوائدها في أقرب وقت ممكن.

يظهر الشكل (54) دورة الحياة النموذجية للمشروع الرشيق كما هو موضح في PRINCE2 Agile®.

مزايا أجايل

على النقيض من الطرق التقليدية لتقديم المنتجات فإن مراحل Agile أقصر وأكثر تكرارية وتدريجية و تحقق التسليم المبكر للفوائد من خلال نشر المنتجات في أقرب فرصة ممكنة كما فى الشكل (54).

على يسار الشكل (55) يسمح نهج Agile التدريجي بنشر متعدد طوال المشروع. يميل التسليم المتتالي على اليمين إلى السماح بتسليم واحد في نهاية المشروع.

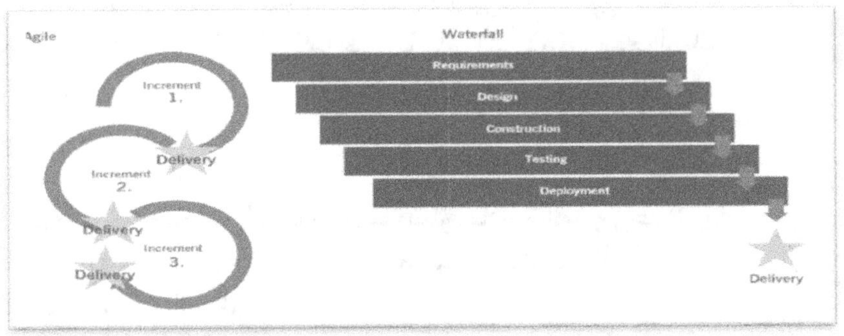

الشكل رقم (54) يبين مزايا طريقة أجايل PRINCE2 Agile®.

نطاق عمل ممارسة إدارة المشروعات و البرامج PPM

- تحديد ومواءمة نهج إدارة المشروع بشكل مستمر مع أصحاب المصلحة.
- ضمان اعتماد نهج إدارة المشروع ودمجه في المنظمة.
- توجيه المشروعات.
- إدارة المشروعات.
- المراجعة المستمرة للممارسة من أجل التحسينات.

ممارسة إدارة المشروعات و البرامج PPM و عوامل النجاح PSF

- إنشاء والحفاظ على نهج فعال لإدارة البرامج والمشروعات.
- ضمان التنفيذ الناجح للبرامج والمشروعات.

عناصر إدارة المشروعات و البرامج PPM practice

هناك ثلاثة مستويات رئيسية للتحكم في ممارسة إدارة المشروعات:

- توجيه المشروعات Directing
- إدارة المشروعات managing
- تسليم المشروعات delivering

عمليات ممارسة إدارة المشروعات و البرامج

- إدارة نهج المنظمة تجاه PPM.
- توجيه المشاريع.
- إدارة المشاريع.
- إدارة تسليم المنتج.

إدارة نهج المنظمة تجاه إدارة المشروعات و البرامج

تركز هذه العملية على تحديد نهج مشترك على مستوى المنظمة لإدارة البرامج والمشروعات والاتفاق عليه وتوصيله وتعزيزه.

تتضمن عددا من الأنشطة كما فى الشكل رقم (55) وتحول المدخلات إلى مخرجات.

المدخلات

- استراتيجية المنظمة.
- متطلبات أصحاب المصلحة فيما يتعلق بإدارة المشروعات.
- الاعتبارات المالية/الميزانية والمعلومات ذات الصلة.
- نهج محفظة المنظمة.
- المتطلبات القانونية والاعتبارات والمعلومات ذات الصلة.

- معلومات حول خدمات المنظمة وعملائها وشركائها ومورديها.

المخرجات

- نهج وإجراءات PPM المحدثة.
- مقالات معرفية حول PPM، ومواد تدريبية وتوعوية.

الأنشطة

- تطوير نهج إدارة المشروعات والموافقة عليه.
- التواصل مع نهج إدارة المشروعات والموافقة عليه.
- مراجعة نهج إدارة المشروعات والموافقة عليه وتعديله.

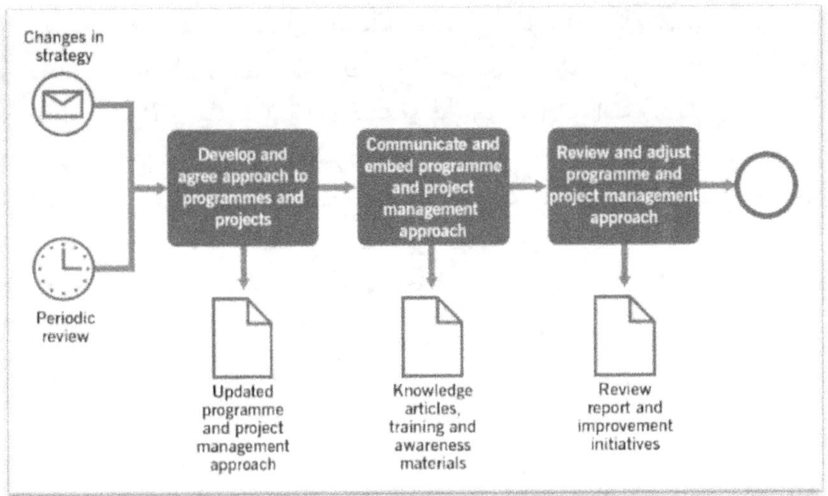

الشكل رقم (55) يبين مسار عمل إدارة المشروعات و البرامج.
ITIL4 Practices-AXELOS Copyright-2020.

تطوير نهج إدارة المشروعات والبرامج و الموافقة عليه

- يحدد نهج إدارة المشروعات والبرامج كيفية تقديم المنظمة للتغيير.
- هناك نماذج مختلفة يمكن استخدامها لمساعدة المنظمة في تقديم التغيير.

المجالات الوظيفية الرئيسية الثلاثة المشتركة بين جميع النماذج هي أنها توفر الخدمات التالية:

دعم القرار و دعم التنفيذ و مركز التميز.

دعم القرار

- يركز على دعم اتخاذ القرارات الإدارية و يتماشى مع الاستراتيجية، وتحديد الأولويات، وإدارة الفوائد، وإعداد التقارير، ومعلومات الإدارة، وتوفير الرقابة والتدقيق.
- تقديم قرارات خدمات رئيسية على مستوى المحفظة تعتمد على المعلومات الداعمة من البرامج والمشروعات.

دعم التنفيذ

يركز هذا المجال الوظيفي على دعم تقديم التغيير وقد يتم تقديم هذه الخدمات من خلال مجموعة موارد مرنة مركزية من موظفي التنفيذ مع تخطيط القدرات وعمليات الموارد البشرية.

مركز التميز

- تركز هذه المنطقة الوظيفية على تطوير الأساليب والعمليات القياسية، وتطوير ممارسات العمل المتسقة وضمان نشرها بشكل مناسب وجيد.
- يشمل دعم القدرات بالتدريب والتوجيه، والاستشارات الداخلية (في المعايير والإرشادات)، وإدارة المعرفة، ودعم الأدوات والضمان المستقل.

التواصل ودمج نهج إدارة المشروعات

- يتم التواصل ومناقشة النهج والإجراءات المتفق عليها مع أصحاب المصلحة في إدارة المشروعات عبر المنظمة.
- يختار مكتب إدارة المشروعات إجراء تدريبات وفعاليات لتبادل المعرفة ولتثقيف الفرق المعنية ودمج النهج والإجراءات.

مراجعة وتعديل نهج إدارة المشروعات

- يراقب ويراجع أصحاب المصلحة في إدارة المشروعات تبني وامتثال وفعالية استراتيجية وإجراءات التوريد المتفق عليها.
- يتم ذلك على أساس المستجدات وعلى أساس الفترات الزمنية (فشل المشروع أو الحوادث المتعلقة بالمشروع، أوالصراعات أوالأزمات، والشكاوى).
- تُستخدم النتائج والمقترحات الناتجة كمدخلات للتحسين المستمر.

عملية توجيه المشروعات Directing projects

الغرض من عملية توجيه المشروعات هو تمكين إدارة المشروع من تحمل المسؤولية عن نجاح المشروع من خلال اتخاذ القرارات الرئيسية وممارسة الرقابة الشاملة مع تفويض الإدارة اليومية للمشروع إلى مدير المشروع.

تتضمن هذه العملية عددا من الأنشطة كما فى الشكل رقم (56) وتحول المدخلات إلى مخرجات.

المدخلات

- نهج إدارة المشروعات الخاصة بالمنظمة.
- ملخص المشروع.
- وصف منتج المشروع.

- حالة العمل.
- خطة المرحلة أو الاستثناء.

المخرجات

- ملخص المشروع المعتمد، وحالة العمل، وخطة المرحلة أو الاستثناء.
- الدروس المستفادة.
- سجل المخاطر.
- أوصاف المنتجات المعتمدة.
- مستندات قبول المستخدم.
- تقارير المشروع.

الأنشطة

- تفويض البدء.
- تفويض المشروع.
- تفويض خطة مرحلة أو استثناء.
- إعطاء توجيهات خاصة.
- تفويض إغلاق المشروع.

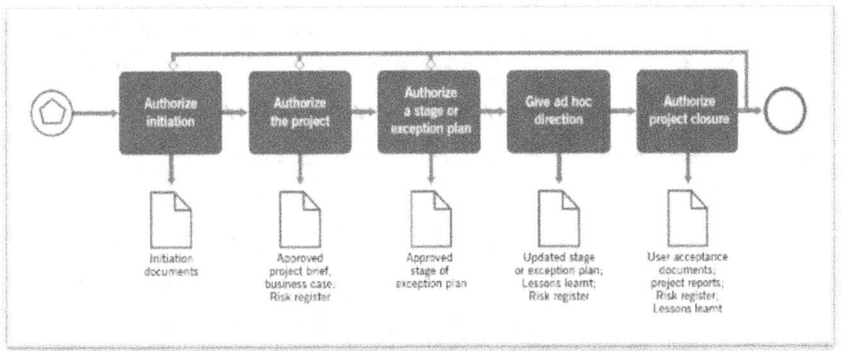

الشكل رقم (56) يبين مسار عمل عملية توجيه المشروع.
ITIL4 Practices-AXELOS Copyright-2020.

تفويض البدء

يتم تزويد إدارة المشروع بمعلومات كافية لتحديد جدية أو جدوى المشروع هل يبدو قابلاً للتطبيق (أو لا).

يتم مراجعة المشروع وتفويض مدير المشروع لإجراء بحث أكثر تفصيلاً أو رفض البدء.

تفويض إستلام المشروع

- تمتلك إدارة المشروع الآن دراسة جدوى كاملة وجديرة بالاهتمام، وخطة تسليم قابلة للتحقيق، وتحليل للمخاطر الرئيسية التي يجب مراجعتها.

- بناءً على هذه المعلومات يتم تفويض مدير المشروع لإستلام المشروع.

تفويض خطة مرحلة أو استثناء

- في فترات زمنية محددة مسبقًا طوال المشروع (عادةً في نهاية كل زيادة)، تحتاج إدارة المشروع إلى إعادة تقييم حالة تقدم المشروع بناءً على دراسة جدوى محدثة وخطة تسليم وموقف المخاطر والقضايا.

- بناءً على هذه المعلومات، قد يقومون أو لا يقومون بتفويض مدير المشروع لمواصلة استلام المشروع.

- يتطلب الاستثناء مزيدًا من التدقيق لضمان أن تكون الإجراءات التصحيحية فعالة ولا تعرض المشروع للخطر بشكل أكبر.

- تكون مراجعة الاستثناء بمثابة مدخلات لمراجعة نهج إدارة المشروعات.

إعطاء توجيهات خاصة

- قد تقوم إدارة المشروع بمراجعة وتقديم توجيهات غير رسمية أو الاستجابة لطلبات المشورة في أي وقت أثناء المشروع.

- قد يكون تحليل هذا التصعيد بمثابة مدخلات لمراجعة نهج إدارة المشروعات والمشروعات.

السماح بإغلاق المشروع

- إن الإغلاق المتحكم فيه للمشروع مهم بقدر أهمية البداية المتحكم فيها.

- يجب أن تكون هناك نقطة يتم فيها مراجعة وتقييم أهداف الإصدارات الأصلية والحالية من وثائق بدء المشروع وخطة التسليم لفهم ما إذا كانت الأهداف قد تحققت أم لا.

- يجب تسجيل الدروس المستفادة، وقد يكون تحليل المشروع بمثابة مدخلات لمراجعة نهج إدارة المشروعات.

عملية إدارة المشروعات Managing projects

الغرض من عملية إدارة المشروعات هو تمكين مدير المشروع من تحمل مسؤولية المهام اليومية لإدارة المشروع نيابة عن إدارة المشروعات. تتضمن هذه العملية عددا من الأنشطة كما فى الشكل رقم (57) وتحول المدخلات إلى مخرجات.

المدخلات

- نهج وإجراءات إدارة المشروعات في المنظمة.
- خطة البرنامج.
- الدروس المستفادة.
- تفويض المشروع.
- وصف منتج المشروع.

المخرجات

- دراسة حالة.
- ملخص المشروع.
- خطة المرحلة.
- فريق المشروع.
- خطة المشروع.
- تقارير حالة المشروع.
- الدروس المستفادة.
- سجل المخاطر.

الأنشطة

- بدء المشروع.
- استهلال المشروع.
- التحكم في المرحلة.
- إدارة حدود المرحلة.
- إغلاق مشروع.

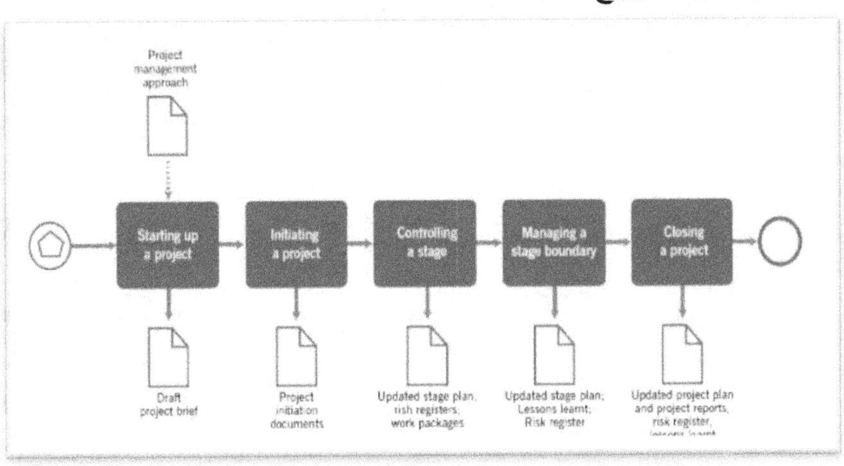

الشكل رقم (57) يبين مسار عمل إدارة المشروعات.
ITIL4 Practices-AXELOS Copyright-2020.

بدء مشروع

التأكد من توافر المتطلبات الأساسية لبدء مشروع ما من خلال الإجابة على السؤال "هل المشروع قابل للتطبيق ويستحق العناء؟"

استهلال مشروع

وضع أسس متينة للمشروع وتمكين المنظمة من فهم العمل الذي يتعين القيام به لتقديم منتج المشروع قبل الالتزام بإنفاق كبير.

التحكم في مرحلة

- لتعيين العمل الذي يتعين القيام به، ومراقبة هذا العمل، والتعامل مع المشكلات، والإبلاغ عن التقدم لإدارة المشروعات، واتخاذ الإجراءات التصحيحية لضمان بقاء المرحلة ضمن التسامح.
- يمكن أن تكون الدروس المستفادة من هذا النشاط بمثابة مدخلات لمراجعة نهج إدارة المشروع.

إدارة حدود المرحلة

تمكين مدير المشروع من تزويد إدارة المشروعات بمعلومات كافية ليكون قادرًا على مراجعة نجاح المرحلة الحالية، والموافقة على خطة المرحلة التالية، ومراجعة خطة التسليم المحدثة، وتأكيد جدوى الحالة التجارية.

إغلاق المشروع

توفير نقطة ثابتة يتم عندها تأكيد قبول منتج المشروع بعد تحقيق الأهداف.

إدارة تسليم المنتج

الغرض من عملية إدارة تسليم المنتج هو تمكين فرق تطوير الحلول من إنشاء حل متطور وفقًا لأولويات العمل والالتزام بالإطارات الزمنية والتكاليف والجودة التي تحددها الشركة.

تتضمن هذه العملية عددا من الأنشطة كما فى الشكل رقم (58) وتحول المدخلات إلى مخرجات.

المدخلات

- نهج وإجراءات إدارة المشروعات في المنظمة.
- حزم العمل.
- سجل المشروع.
- آراء المستخدمين.
- وصف المنتج.

المخرجات

- حزمة العمل التي تم تسليمها وقبولها.
- الدروس المستفادة.
- التحسينات المقترحة.

أنشطة إدارة تسليم المنتج

- قبول حزمة عمل.
- تنفيذ حزمة عمل.
- تسليم حزمة عمل.

تنفيذ الأنشطة

- قد تتخذ حزم العمل الموضحة في الجدول شكل حزمة عمل تقليدية: مجموعة من المعلومات حول منتج مطلوب أو أكثر يجمعها مدير المشروع لتمرير مسؤولية العمل أو التسليم رسميًا إلى مدير فريق أو عضو فريق.

- في ظل نهج Agile، قد تتخذ حزم العمل شكلًا مختلفًا قليلاً ولكن بنفس النتائج المرجوة. في هذه الحالة، ستكون عبارة عن صناديق زمنية منفصلة أو مستهدفات منتجات محددة يجب إكمالها في غضون الصندوق الزمني أو تحقيق المستهدف وفقًا لأولويات العمل الخاصة بهذه المنتجات.

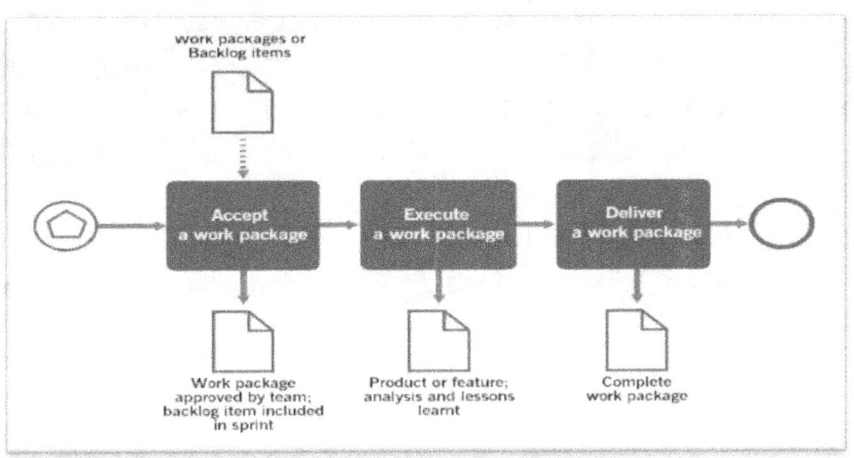

الشكل رقم (58) يبين أنشطة تسليم المنتج.
ITIL4 Practices-AXELOS Copyright-2020.

قبول حزمة العمل

قبل تخصيص حزمة العمل لفريق ما، يجب أن يكون هناك اتفاق بين مدير المشروع وقائد الفريق بشأن ما يجب تسليمه.

تنفيذ حزمة العمل

يتم تنفيذ العمل ومراقبته وفقًا للمتطلبات الواردة في حزمة العمل.

يقوم الفريق بتحليل التنفيذ، وتسجيل الدروس المستفادة، واقتراح تحسينات على العملية أو نهج إدارة المشروعات.

تسليم حزمة العمل

كما تم قبول حزمة العمل من مدير المشروع، يجب إعادة إشعار اكتمالها إلى مدير المشروع.

مساهمة إدارة المشروع في سلسلة قيمة الخدمة

التخطيط:

93

تدعم التخطيط الاستراتيجي والتكتيكي بالأساليب والأدوات.

التحسين:

العديد من مبادرات التحسين كبيرة ومعقدة لذلك إدارة المشروع مناسبة لإدارتها و تنفيذها.

المشاركة:

إدارة المشروع تزود المنظمة بأدوات وتقنيات إدارة أصحاب المصلحة.

التصميم والانتقال:

يمكن إدارة وتصميم عملية أو خدمة كمشروع.

الحصول/البناء:

عادةً ما يتم إعتبار الحصول على موارد جديدة بالإضافة إلى التطوير والتكامل كمشروع.

التقديم والدعم:

تحقق إدارة المشروع عمليات التخطيط والتنفيذ الجيد للتصميم والانتقال والتقديم إلى مستهلكي الخدمة الداخليين أو الخارجيين للإدارة التشغيلية.

6- ممارسة إدارة التغير التنظيمي OCM

الغرض

إن الغرض من ممارسة إدارة التغيير المؤسسي هو ضمان تنفيذ التغييرات في المنظمة بسلاسة ونجاح، وتحقيق فوائد دائمة من خلال إدارة الجوانب الإنسانية للتغييرات.

تهدف إدارة التغيير المؤسسي إلى بناء بيئة قائمة على القيم في جميع أنحاء المنظمة وتمكين التغييرات التنظيمية الناجحة بالنطاق المطلوب.

يجب على جميع أصحاب المصلحة تبني طرق عمل جديدة وفقًا لرؤية المنظمة واحتياجاتها.

التغيير و التحول و التطور

التغيير

هو طريقة مختلفة لتنفيذ المهام ولكن بطريقة أكثر كفاءة وإنتاجية.

يستخدم التغيير التأثير الخارجي لتعديل الإجراءات.

التحول

هو طريقة مختلفة للعمل وهو ينطوي على تغييرات في المعتقدات والقيم والرغبات و ينتج عن التحول تحول في الهيكل التنظيمي وبالتالي في السلوك الشخصي والإدارى و يعتمد التحول على التعلم من الأخطاء السابقة.

التطور

هو حالة من التحسين المستمر من خلال التحول والتغييرو يعتمد التطور على التعديلات المستمرة في القيم والمعتقدات والسلوك، مع استخدام ردود الفعل الداخلية والخارجية.

التغيير التنظيمي القائم على القيم

- القيم هى مبادئ وأفكار ومعتقدات راسخة يستخدمها الناس عند إظهار ردود الفعل أو السلوك.

- القيم تشكل أساسًا مهمًا لاتخاذ القرار وأي تغييرات محتملة.

- إذا كانت ثقافة المنظمة مدعومة بالقيم الشخصية، فإنها تشجع الناس على بذل قصارى جهدهم والتزامهم في العمل.

- إذا كانت القيم الشخصية والتنظيمية متوافقة فسيتم النظر إلى أي مقاومة للتغيير كمصدر إضافي لتحسين المعلومات والموارد ولن تكون هناك حاجة لإدارة المقاومة.

الثقافة التنظيمية

مجموعة من القيم التي يتقاسمها مجموعة من الأشخاص بما في ذلك الأفكار

والمعتقدات والممارسات والتوقعات حول كيفية تصرف الناس.

نطاق ممارسة إدارة التغيير التنظيمي

- تصميم وتنفيذ وتحسين نهج تكيفي بشكل مستمر لبيئة تطوير في المنظمة.
- تخطيط وتحسين مناهج وطرق التغيير التنظيمي.
- جدولة وتنسيق جميع التغييرات الجارية طوال دورة الحياة بالكامل.
- توصيل خطط التغيير والتقدم إلى أصحاب المصلحة المعنيين.
- تقييم نجاح التغيير بما في ذلك المخرجات والنتائج والكفاءة والمخاطر والتكاليف.

عوامل نجاح PSF ممارسة OCM

- إنشاء والحفاظ على ثقافة تمكين التغيير في جميع أنحاء المنظمة.
- إنشاء والحفاظ على نهج شامل والتحسين المستمر لإدارة التغيير التنظيمي.
- ضمان تحقيق التغييرات التنظيمية بطريقة فعالة مما يؤدي إلى رضا أصحاب المصلحة وتلبية متطلبات الامتثال للمعايير.

عمليات ممارسة إدارة التغيير التنظيمى

- إدارة دورة حياة التغيير التنظيمي.
- إدارة البيئة التكيفية للتغيير.

إدارة دورة حياة التغيير التنظيمي

تتضمن هذه العملية عدد من الأنشطة كما فى الشكل (59) وتحول المدخلات إلى مخرجات.

المدخلات

- ◀ طلب التغيير.
- ◀ رؤية المنظمة واستراتيجيتها.
- ◀ المبادئ التوجيهية والقيود المالية.
- ◀ معلومات المخاطر.
- ◀ السياسات والمتطلبات التنظيمية.

المخرجات

- هيكل تنظيمي جديد \سلوك جديد في النظام\ أدوار جديدة.
- قدرات جديدة.
- أوصاف الأدوار.
- مواد إرشادية.
- تقارير مراجعة التغيير.
- الدروس المستفادة.

أنشطة دورة حياة التغيير التنظيمى

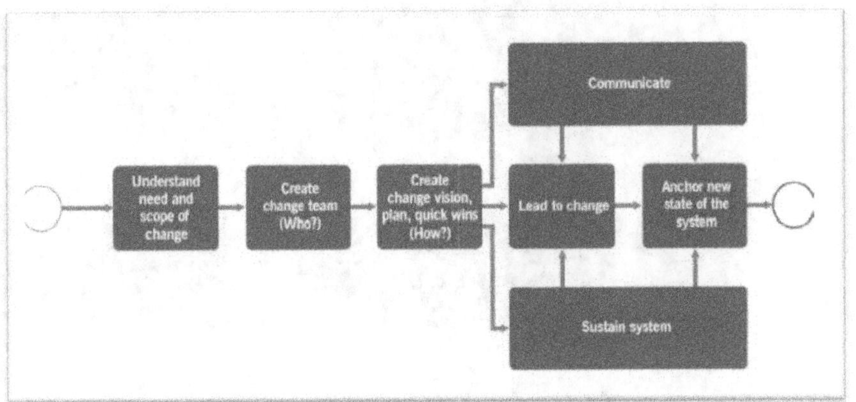

الشكل رقم (59) يبين مسار عمل أنشطة التغيير التنظيمى.
ITIL4 Practices-AXELOS Copyright-2020.

الأنشطة

- فهم الحاجة والنطاق لإنشاء فريق التغيير.
- إنشاء رؤية وخطة التغيير و المكاسب السريعة.
- التواصل بشأن التغيير.
- قيادة التغييرو تمكين التشغيل.
- ترسيخ حالة جديدة للنظام.
- استدامة النظام.

إدارة البيئة المتكيفة والمتوافقة مع التغيير

في المنظمات المتوافقة مع التغيير، لا يُعد التغيير حدثًا قسريًا، بل هو جزء من ثقافة المنظمة.

تتضمن هذه العملية كما فى الشكل رقم (60) عددا من الأنشطة تحول المدخلات إلى مخرجات.

المدخلات

- تقييم قيم الأفراد فى المنظمة.
- تقارير تنفيذ التغييرات التنظيمية.
- نتائج التحسين السابقة \السياسات والمتطلبات التنظيمية \ المبادئ التوجيهية \القيود المالية \استطلاعات رأي الموظفين.
- مقترحات التحسين من ممارسات إدارة العلاقات والقوى العاملة والمواهب.

- التدريبـات الأخيرة وتقارير ونتائج تطوير القدرات.
- معلومات تقييم المخاطر.

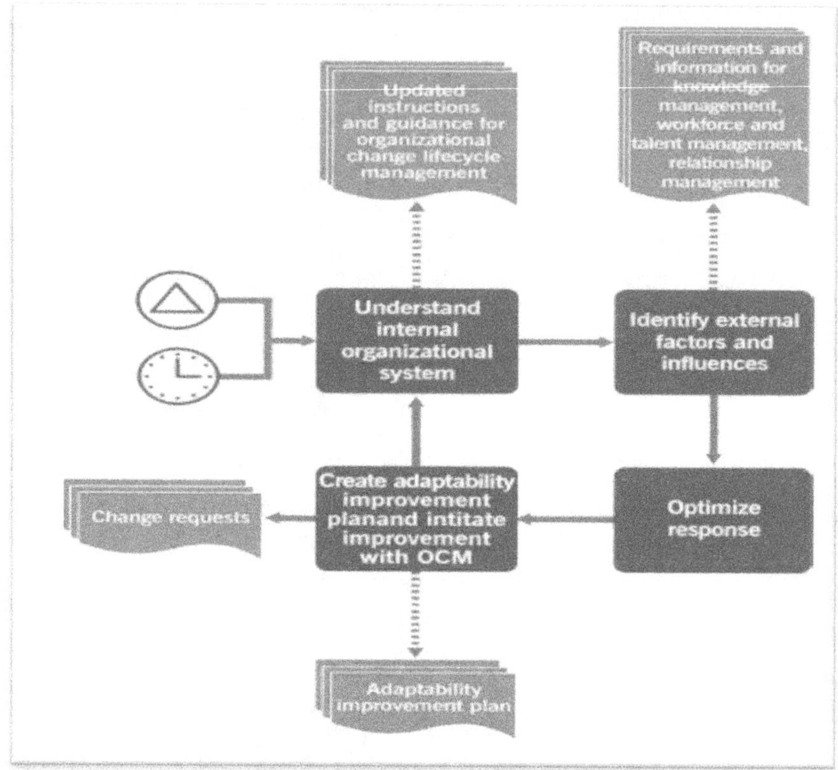

الشكل رقم (60) يبين مسار عمل إدارة البيئة المتوافقة مع التغيير.
ITIL4 Practices-AXELOS Copyright-2020.

المخرجات

- خطة تحسين القدرة على التكيف.
- طلبات التغيير.
- تحديث التعليمات والإرشادات لإدارة دورة حياة التغيير التنظيمي.
- المتطلبات والمعلومات لإدارة المعرفة وإدارة القوى العاملة والمواهب وإدارة العلاقات.

الأنشطة

- فهم النظام التنظيمي الداخلي.
- تحديد العوامل والتأثيرات الخارجية.
- تحسين الاستجابة.
- إنشاء خطة تحسين القدرة على التكيف.

- بدء التحسين داخل OCM إدارة التغيير التنظيمى.

مساهمة إدارة التغيير التنظيمى في سلسلة قيمة الخدمة

التخطيط:
القرارات المتعلقة بالتغيير على مستوى المحفظة تؤدي إلى بدء إدارة التغيير التنظيمي لدعم المقترحات المعتمدة.

التحسين:
بدون إدارة التغيير التنظيمي المناسب، لا يمكن استمرار التحسين.

المشاركة:
خلال التغيير التنظيمى تتم المشاركة مع أصحاب المصلحة في جميع مراحل التغيير.

التصميم والانتقال:
التغيير التنظيمى ضروري لنشر خدمة جديدة أو إجراء تغيير كبير على خدمة موجودة.

الحصول/البناء:
يضمن المشاركة والتعاون داخل المشروعات وعبرها.

التقديم والدعم:
يستمر أثناء العمليات المباشرة والدعم لضمان اعتماد التغيير واستدامته.

7- ممارسة إدارة القوى العاملة والمواهب

الغرض

- ضمان حصول المنظمة على الأشخاص المناسبين ذوي المهارات والمعرفة المناسبة في الأدوار الصحيحة لدعم أهدافها التجارية.
- تغطي هذه الممارسة مجموعة واسعة من الأنشطة التي تركز على التعامل بنجاح مع موظفي المنظمة ومواردها البشرية.
- تتضمن اهتمامات هذه الممارسة التخطيط، والتكليف والتوجيه والتعلم والتطوير وقياس الأداء وتخطيط الترقيات.

السرعة التنظيمية

السرعة والفعالية والكفاءة التي تعمل بها المنظمة تؤثر على وقت الوصول إلى الأهداف الإنتاجية والجودة والسلامة و ضبط التكاليف و تقليل المخاطر.

الكفاءات

هي مزيج من المعرفة والمهارات والقدرات والمواقف التي يمكن ملاحظتها وقياسها والتي تساهم في تعزيز أداء الموظف وتؤدي في النهاية إلى النجاح التنظيمي.

المهارات:

- تطوير الكفاءة أو البراعة في التفكير أو التواصل اللفظي أو العمل الجسدي.
- القدرة على أداء الأنشطة البدنية أو العقلية المتعلقة بالمهنة أو التجارة.

المعرفة :

فهم الحقائق أو المعلومات التي يكتسبها الشخص من خلال الخبرة أو التعليم. الفهم النظري أو العملي للموضوع.

الموقف:

مجموعة من المشاعر والمعتقدات والسلوكيات تجاه شيء أو حدث معين.

نطاق عمل إدارة القوى العاملة والمواهب

- التخطيط التنظيمي الشامل والثقافة والكفاءات وعوامل أخرى.
- إدارة وتحسين هوية المنظمة وصورتها.
- إدارة القوى العاملة في المنظمة.
- إدارة مواهب المنظمة.
- إدارة وتحسين المسارات الوظيفية للموظفين وفقا لخبراتهم.
- ضمان الرقابة المستمرة على أدوار الأشخاص وسلوكياتهم وخبراتهم.

عوامل نجاح ممارسات إدارة القوى العاملة والمواهب PSF

● ضمان المواءمة المستمرة لنهج إدارة القوى العاملة والمواهب مع استراتيجية عمل المنظمة.

● التأكد من أن الأشخاص المتحمسين وذوى الكفاءة يساهمون بشكل فعال في تحقيق أهداف المنظمة.

● التأكد من أن العمليات الإدارية لهذه الممارسة تدعم بشكل فعال استراتيجية المنظمة وأهدافها.

عمليات ممارسة إدارة القوى العاملة و المواهب

● التخطيط التنظيمي.
● إدارة المسار الوظيفى للموظفين.
● إدارة المواهب.

عملية التخطيط التنظيمي

تركز هذه العملية على تحديد وتنفيذ نهج واستراتيجية على مستوى المنظمة فيما يتعلق بممارسة إدارة القوى العاملة والمواهب وصيانتها المستمرة بما يتماشى مع تطور المنظمة واتجاهها المتغير.

تتضمن هذه العملية عددا من الأنشطة كما فى الشكل (61) وتحول المدخلات إلى مخرجات.

المدخلات

● مبادئ المنظمة وسياساتها ورؤيتها.
● استراتيجية عمل المنظمة.
● محافظ خدمات المنظمة.
● العوامل الخارجية بما في ذلك المخاطر والفرص.
● تقارير أداء القوى العاملة وإدارة المواهب.

المخرجات

■ تقارير تحليل سلسلة القيمة الاستراتيجية والخدمية.
■ استراتيجية إدارة القوى العاملة والمواهب في المنظمة بما في ذلك القيم التنظيمية والبنية الإدارية والثقافة.
■ إرشادات إدارة القوى العاملة والمواهب.
■ التغييرات التنظيمية ومبادرات التحسين.
■ تقارير أداء إدارة القوى العاملة والمواهب.

الأنشطة

- التحليل الاستراتيجي.
- تحليل سلسلة قيمة الخدمة.
- التصميم التنظيمي.
- بدء ومراقبة التغييرات التنظيمية.
- مراقبة ومراجعة المنظمة.

التحليل الاستراتيجي

يقوم القادة التنفيذيون لتكنولوجيا المعلومات والموارد البشرية بتحليل استراتيجية المنظمة والاتفاق على المتطلبات الوظيفية لإدارة تكنولوجيا المعلومات والأهداف المرتبطة بها.

يجب أن يتضمن التقرير الناتج المبادئ والأهداف والمتطلبات الخاصة بممارسة إدارة القوى العاملة والمواهب في إدارة تكنولوجيا المعلومات.

تحليل سلسلة قيمة الخدمة

- يقوم مديرتكنولوجيا المعلومات ومديرالموارد البشرية وقادة الفرق التنظيمية الرئيسية بتحليل سلسلة القيمة وتدفقات القيمة الرئيسية والحلول التنظيمية الداعمة للمنظمة.

- بناءً على هذا التحليل يتم تحديد التوصيات الخاصة بالشكل التنظيمي لتكنولوجيا المعلومات.

- يجب أن يتضمن التقرير الناتج المتطلبات والتوصيات الخاصة بقوة العمل في إدارة تكنولوجيا المعلومات وإدارة المواهب لضمان التوافق والدعم الفعال لسلسلة القيمة.

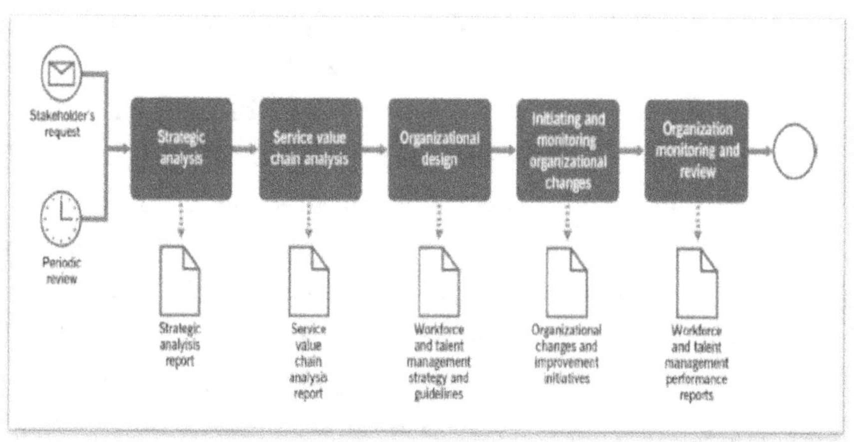

الشكل رقم (61) يبين مسار عمل عملية التخطيط التنظيمى.
ITIL4 Practices-AXELOS Copyright-2020.

التصميم التنظيمي

- يخطط مدير تكنولوجيا المعلومات وشركاء الأعمال في مجال الموارد البشرية لتصميم الهيكل التنظيمى لتكنولوجيا المعلومات.
- يتم وضع استراتيجية ونهج إدارة القوى العاملة والمواهب في مجال تكنولوجيا المعلومات و توثيق المبادئ التوجيهية الداعمة.
- يتضمن برنامج التغييرات الناتج تغييرات تنظيمية ومبادرات تحسين ونماذج مسار ترقى الموظف ودورات اتصال للقيم والمبادئ وعوامل التنافس ومبررات الإختيار و عوامل أخرى ذات صلة.

بدء التغييرات التنظيمية ومراقبتها

- يتم التخطيط للتغييرات التنظيمية المعتمدة والمقترحات الأخرى وتنفيذها من خلال ممارسات أخرى (إدارة التغيير التنظيمي، وإدارة المشروعات، وإدارة الموردين، وإدارة العلاقات، وممارسات تمكين التغيير وغيرها).
- يقوم مديرو الموارد البشرية وتكنولوجيا المعلومات في السلطة المعنية ببدء طرح هذه المقترحات والموافقة عليها والإشراف عليها ورعايتها.
- يتم إصدار تقارير عن التقدم وإجراء التعديلات عند الحاجة.

مراقبة ومراجعة المنظمة

يقوم قادة تكنولوجيا المعلومات والموارد البشرية بتحليل القوى العاملة في تكنولوجيا المعلومات وإدارة المواهب وعند الحاجة يتم اتخاذ إجراءات تصحيحية.

عملية إدارة المسار الوظيفى للموظفين

- تركز هذه العملية على مسار ترقى الموظفين من البداية إلى النهاية عبر المؤسسة بدءًا من نشر الطلب على القوى العاملة وحتى إنهاء الخدمة.
- تصف العملية الأنشطة التي تهدف إلى ضمان نجاح توصيف جميع مسارات الموظفين وفقا لإرتباطها باحتياجات المؤسسة وضمان تحقيق تجربة إيجابية للموظفين.

تتضمن هذه العملية عددا من الأنشطة كما فى الشكل رقم (62) وتحول المدخلات إلى مخرجات.

المدخلات

- مبادئ المنظمة وسياساتها ورؤيتها.
- إستراتيجية المنظمة وإرشاداتها لإدارة القوى العاملة والمواهب.
- العوامل البيئية.
- الطلب الجديد على القوى العاملة.

- التغيرات في القوى العاملة.

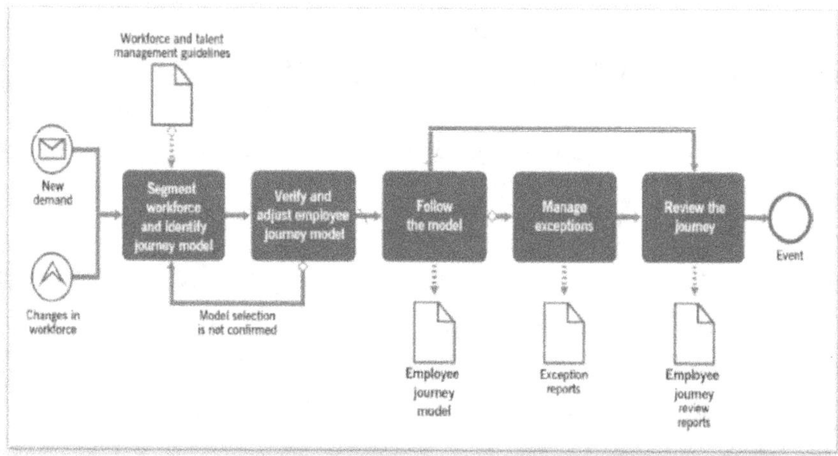

الشكل رقم (62) يبين مسار عملية إدارة المسار الوظيفى.
ITIL4 Practices-AXELOS Copyright-2020.

المخرجات

- سجلات المسار الوظيفى للموظف.
- تقارير الاستثناءات.
- تقارير مراجعة المسار الوظيفى للموظف.

الأنشطة

- تقسيم القوى العاملة وتحديد نموذج مسار وظيفى لموظف.
- التحقق من نموذج مسار الموظف وتعديله.
- اتباع النموذج.
- إدارة الاستثناءات.
- مراجعة المسار الوظيفى.

تقسيم القوى العاملة وتحديد نموذج مسار وظيفى لموظف

عند طلب موظف جديد أو تغيير في مسار الموظف الحالي يحدد مدير تكنولوجيا المعلومات و مدير الموارد البشرية نوع المنصب ونموذج وصف المسار الوظيفى للموظف المطلوب.

التحقق من نموذج مسار الموظف وتعديله

يقوم مدير تكنولوجيا المعلومات و مدير الموارد البشرية بمراجعة النموذج المحدد والتأكد من ملاءمته للموقف.

يمكن تعديل المسار الفردي بناءً على النموذج المحدد ليتناسب مع التفاصيل.

متابعة النموذج

يتابع مدير الموارد البشرية ومدير تكنولوجيا المعلومات النموذج المحدد مع

104

التعديلات المتفق عليها ويتضمن هذا عادةً (حسب نقطة بداية المسار الوظيفى):

- متطلبات الدور/الوظيفة.
- ملف تعريف الكفاءة.
- إجراءات نقاط الاتصال الرئيسية في كل خطوة من مسار التوظيف.
- التطوير المهني وخيارات المهنة.
- توصيات أخرى ذات صلة.

إدارة الاستثناءات

- إذا حدث استثناء للترقيات أثناء مسار عمل الموظف فإن مديري الموارد البشرية وتكنولوجيا المعلومات يتعاملون معه بما يتماشى مع قيم المنظمة وثقافتها وممارساتها المعمول بها.
- عندما يكون ذلك الإستثناء معقولاً فمن الممكن التجاوز عن الإجراءات طالما أنها تتبع القيم والمبادئ، وتتيح إرساء القيمة لأصحاب المصلحة.
- يتم توثيق الاستثناءات بعد مراجعتها للدراسة المستقبلية والدروس المستفادة.

مراجعة المسار الوظيفى

في حالة وجود استثناءات كبيرة، أو بشكل منتظم، يقوم مديرو الموارد البشرية وتكنولوجيا المعلومات بمراجعة نماذج مسار الموظف لتأكيدها أو تحديثها بناءً على الملاحظات المجمعة والمتطلبات التي تمت مراجعتها وسجلات مسار الموظف والفرص الجديدة.

عملية إدارة المواهب

تتضمن هذه العملية عددا من الأنشطة كما فى الشكل رقم (63) وتحول المدخلات إلى مخرجات.

المدخلات

- استراتيجية إدارة القوى العاملة والمواهب في المنظمة، بما في ذلك القيم التنظيمية والبنية الإدارية والثقافية.
- إرشادات إدارة القوى العاملة والمواهب.
- التغييرات التنظيمية ومبادرات التحسين.
- عوامل بيئة العمل.
- نماذج كفاءة الصناعة وأفضل الممارسات.

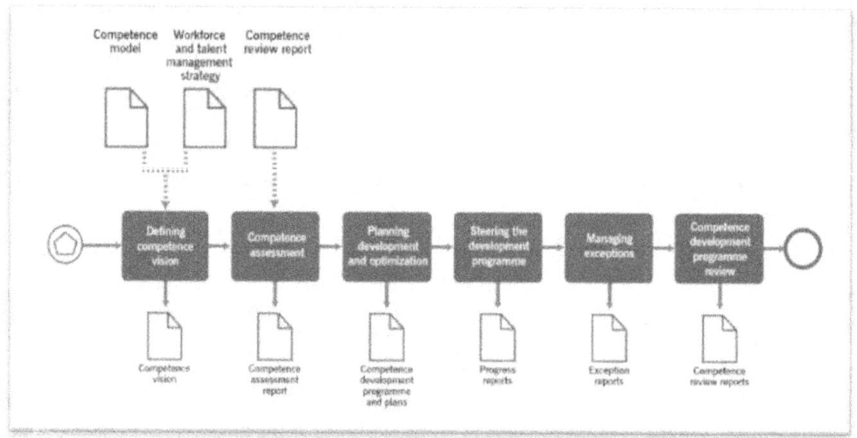

الشكل رقم (63) يبين مسار عمل إدارة المواهب.
ITIL4 Practices-AXELOS Copyright-2020.

المخرجات

- رؤية الكفاءة.
- تقرير تقييم الكفاءة.
- برنامج وخطط تطوير الكفاءة بما في ذلك خطط التعلم والتطوير.
- تقارير التقدم.
- تقارير الاستثناءات.
- تقارير مراجعة الكفاءة.

الأنشطة

- تحديد رؤية الكفاءة.
- تقييم الكفاءة.
- تخطيط التطوير والتحسين.
- توجيه برنامج التطوير.
- إدارة الاستثناءات.
- مراجعة برنامج تطوير الكفاءة

تحديد رؤية الكفاءة

- يقوم مديرو الموارد البشرية ومديرو الإدارات بتحديد رؤية المنظمة لتقارير و احتياجات الكفاءات الرئيسية والداعمة.
- يمكن أن يستند هذا إلى نماذج الكفاءة الصناعية ولكن يجب التعامل معها دائمًا كمصدر تكميلي للتوصيات.
- المصدر الرئيسي هو رؤية المنظمة واستراتيجيتها.

تقييم الكفاءة

- يقوم مديرو الموارد البشرية ومديرو الإدارات بتقييم الكفاءات الحالية لموظفي المنظمة وتحديد الفجوات والمخاطر والفرص.
- يمكن أن يقتصر التقييم في حالة وجود موارد و فرص محدودة على الموظفين والكفاءات الرئيسية فقط ويوصى باتباع نهج شامل لاحق.

تخطيط التطوير والتحسين

- يخطط مديرو الموارد البشرية ومديرو الإدارات لبرنامج تطوير الكفاءة فى المنظمة بناءً على تقييم الكفاءة.
- يجب دمج البرنامج في نماذج المسار الوظيفى للموظف ودعم نهج المنظمة في التطوير المهني.

توجيه برنامج التطوير

- يشرف مديرو الموارد البشرية على تنفيذ برنامج التطوير ويوجهونه، بما في ذلك التدريب، والتطوير، والاستشارات الداخلية والخارجية، والتوجيه والتدريب، والتقييم الدوري، والتناوب، والمقترحات الأخرى المتفق عليها.
- يجب الاحتفاظ بالسجلات، وجمع الملاحظات ومعالجتها، لتكون بمثابة مدخلات لمراجعة وتحديث رؤية الكفاءة.

إدارة الاستثناءات

- إذا حدث استثناء أثناء تنفيذ برنامج التطوير، فإن مديري الموارد البشرية و مدير تكنولوجيا المعلومات يتعاملون معه بما يتماشى مع قيم المنظمة وثقافتها والممارسات المعمول بها.
- في حالة وجود سبب معقول تكون التجاوزات عن الإجراءات ممكنة طالما أنها تتبع القيم والمبادئ وتمكن القيمة لأصحاب المصلحة.
- يتم توثيق الاستثناءات ومراجعتها للدراسة المستقبلية والدروس المستفادة.

مراجعة برنامج تطوير الكفاءات

يقوم مديرو الموارد البشرية وكدير تكنولوجيا المعلومات بمراجعة برنامج تطوير الكفاءات والرؤية لتأكيدها أو تحديثها بناءً على الملاحظات المجمعة والمتطلبات التي تمت مراجعتها وسجلات مسار الموظف والفرص الجديدة.

مساهمة القوى العاملة وإدارة المواهب في سلسلة قيمة الخدمة

التخطيط:

يعد تخطيط القوى العاملة أحد المخرجات المحددة لنشاط سلسلة القيمة.

التحسين:

تتطلب جميع التحسينات أشخاصًا ماهرين ومتحمسين بدرجة كافية و إدارة القوى العاملة و المواهب توفر ذلك البعد.

المشاركة:

التنسيق مع إدارة العلاقات وإدارة طلبات الخدمة ومكتب الخدمة لفهم متطلبات طلب الخدمة المتغيرة والتنبؤ بها.

التصميم والانتقال:

يتم التركيز بشكل خاص على المعرفة والمهارات والقدرات المتعلقة بالأنظمة والتفكير التصميمي.

الحصول/البناء:

التركيز بشكل خاص على المعرفة والمهارات والقدرات المتعلقة بالتعاون والتركيز على العملاء والجودة والسرعة وإدارة التكلفة.

التقديم والدعم:

يتم التركيز بشكل خاص من قبل إدارة المواهب على المعرفة والمهارات والقدرات المتعلقة بخدمة العملاء وإدارة الأداء وتفاعلات العملاء والعلاقات.

8- ممارسة إدارة الموردين

الغرض و الأهداف

الغرض من ممارسة إدارة الموردين هو ضمان إدارة موردي المنظمة وأدائهم بشكل مناسب لدعم التوفير السلس للمنتجات والخدمات عالية الجودة.

يشمل هذا إنشاء علاقات أوثق وأكثر تعاونًا مع الموردين الرئيسيين لاكتشاف وتحقيق قيمة جديدة والحد من خطر الفشل.

توجهات ممارسة إدارة الموردين

● تقييم الموردين واختيارهم وإدراجهم في النظام، والحفاظ على معلوماتهم في أنظمة معلومات إدارة الموردين.

● التفاوض على العقود والتأكد من التزام الموردين بها، وتلبية جميع الالتزامات التعاقدية والمنتجات النهائية وإدارة العقود خلال دورة حياتها

● قياس أداء الموردين وتتبعه وإعداد التقارير عنه وتفعيل جوانب المكافأة أو العقوبة في العقد، وضمان حصول المنظمة على قيمة مقابل المال من العقود.

أنشطة ممارسة إدارة الموردين

● وضع سياسة إدارة الموردين.

● إنشاء وصيانة معايير وإجراءات اختيار الموردين وتقييم الأداء.

● إنشاء وصيانة استراتيجية التوريد ومعايير تصنيف الموردين وفقًا لاستراتيجية التوريد.

● تحديد متطلبات التوريد ومعايير التقييم لاختيار الموردين.

● إنشاء وصيانة شروط وأحكام العقد القياسية.

● تقييم الموردين واختيارهم.

● تطوير العقود والتفاوض عليها والموافقة عليها.

● مراجعة العقود وتجديدها وإنهائها.

● تدقيق التزام الموردين بالعقود.

● قياس أداء الموردين وإعداد التقارير عن الأداء.

● إنشاء وصيانة واستخدام إجراءات ضم الموردين أوإستبعادهم.

● إنشاء وصيانة معايير قياس أداء الموردين.

● التعاون وحل النزاعات مع الموردين.

● تحديث البيانات في أنظمة معلومات إدارة الموردين.

● تصنيف الموردين وإدارة المخاطر.

● تحديد وتتبع وإعداد التقارير عن تدابير التحسين المستمر المتعلقة بالمورد ممارسات الإدارة أو الموردين.

أنواع التوريد

تحديد المصادر والاستراتيجية والعلاقات مع الموردين بإختلاف أنواعهم كالتالى:

- الاستعانة بمصادر داخلية.
- الاستعانة بمصادر خارجية.
- مصدر واحد أو الشراكة.
- مصادر متعددة.

عوامل نجاح ممارسة إدارة الموردين PSF

- التأكد من أن استراتيجية التوريد والمبادئ التوجيهية تدعم بشكل فعال استراتيجية المنظمة.

- ضمان إدارة علاقات الخدمة مع جميع الموردين والشركاء بشكل فعال وبما يتماشى مع اللوائح الداخلية والخارجية.

- ضمان التكامل الفعال لخدمات الطرف الثالث في منتجات وخدمات المنظمة.

عمليات إدارة الموردين

تتكون أنشطة ممارسة إدارة الموردين من عمليتين رئيسيتين:

- إدارة نهج مشترك لإدارة الموردين.
- إدارة مسار وظيفة الموردين.

إدارة نهج مشترك لإدارة الموردين

تركز هذه العملية على تحديد وإقرار وتعزيز نهج على مستوى المنظمة لإدارة الموردين.

تتضمن الممارسة عددا من الأنشطة كما فى الشكل رقم (64) وتحول المدخلات إلى مخرجات.

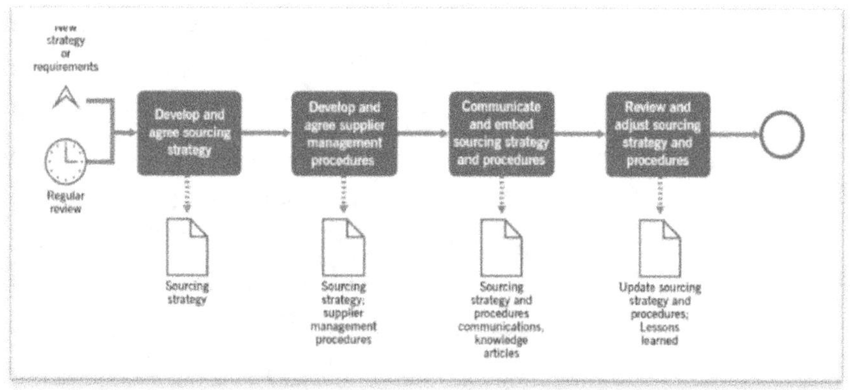

الشكل رقم (64) يبين مسار عملية إدارة نهج مشترك لإدارة الموردين.
ITIL4 Practices-AXELOS Copyright-2020.

المدخلات
- استراتيجية المنظمة.
- نوع علاقة الخدمة.
- الاعتبارات الميزانية/المالية والمعلومات ذات الصلة.
- المتطلبات القانونية والاعتبارات والمعلومات ذات الصلة.
- سياسة إدارة الموردين.

المخرجات
- سياسة إدارة الموردين.
- سياسة التوريد.
- إجراءات البحث عن موردين جدد.
- معايير تقييم الموردين واختيارهم.
- إطار العمل التعاقدي.
- معايير الامتثال والتدقيق.
- إطار العمل التعاوني.
- مصفوفة اعتماد الموردين.

الأنشطة
- تطوير استراتيجية التوريد والموافقة عليها.
- تطوير إجراءات إدارة الموردين والموافقة عليها.
- التواصل ودمج استراتيجية التوريد والإجراءات.
- مراجعة وتعديل استراتيجية التوريد والإجراءات.

تطوير استراتيجية التوريد والموافقة عليها
- فئة الموردين وعلاقات الخدمة المعمول بها.
- معايير اختياروتقييم الموردين.
- الامتثال للعقود واللوائح ومعايير التدقيق ودوريتها.
- آليات التعاقد والمكافأة والعقوبة.
- خيارات دمج/تفكك الخدمة.
- مبادئ توجيهية للتعاون و الإبلاغ والاتصال.
- معايير قياس الأداء.

تطوير إجراءات إدارة الموردين والموافقة عليها
- تحديد الموردين المتاحين.
- التواصل مع الموردين والتواصل بشأن الطلب.

- تقييم الموردين واختيارهم.
- التعاقد مع الموردين.
- ضم الموردين وإخراجهم.
- إدارة الاستهلاك ومراقبة أداء الموردين.
- تقييم الموردين ومراجعتهم.
- إدارة حوكمة الموردين والمخاطر والامتثال طوال رحلة المورد.

التواصل وتضمين استراتيجية التوريد والإجراءات

يجب إعداد ونشر الاتصالات الخارجية حول استراتيجية التوريد وإجراءات إدارة الموردين ونهج تكامل الخدمة والمبادئ والثقافة التنظيمية في القنوات المتفق عليها في الاستراتيجية.

يجب أيضًا صياغة ونشر التفاصيل الفنية لضم و قيد الموردين المحتملين و يتضمن ذلك المعايير الفنية وطرق القيد التي تستخدمها المنظمة.

مراجعة وتعديل استراتيجية التوريد والإجراءات

يراقب أصحاب المصلحة استراتيجية إدارة الموردين ويراجعون تبني وامتثال وفعالية استراتيجية التوريد والإجراءات المتفق عليها.

إدارة مسار وظيفة الموردين

تركز هذه العملية على إدارة الموردين خلال مسار قيدهم.

تتضمن عددا من الأنشطة كما فى الشكل رقم (65) وتحول المدخلات إلى مخرجات.

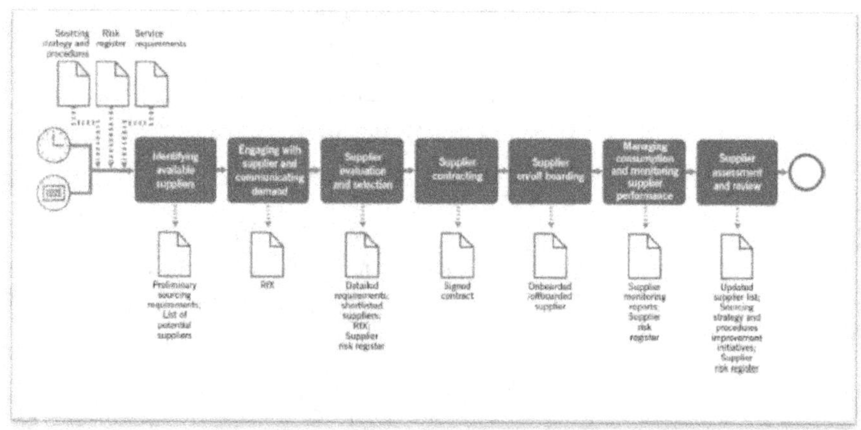

الشكل رقم (65) يبين إدارة مسار وظيفة الموردين.
ITIL4 Practices-AXELOS Copyright-2020.

المدخلات

- متطلبات العمل للتوريد.

- مواصفات الخدمة.
- متطلبات مستوى الخدمة.
- متطلبات استمرارية الخدمة.
- مقاييس وتقارير أداء الموردين.
- المتطلبات المالية/الميزانية.
- المتطلبات القانونية.
- تصنيف الموردين ومعايير اختيارهم.
- إطار العقد.
- معايير قياس أداء الموردين.
- مقاييس الأداء.
- منهجية القياس.
- منهجية إعداد التقارير.
- معايير الامتثال والتدقيق.
- متطلبات العقد الجديد أو التعديل.

المخرجات

- نماذج الطلبات RfX بأنواعها.
- المورد المدرج في القائمة المختصرة
- العقد الموقّع
- مصفوفة اعتماد المورد المحدثة
- معالجة نزاع المورد
- مصفوفة اعتماد المورد المحدثة
- كتالوج الخدمة المحدث
- أعضاء فريق المورد المدرجين/المستبعدين
- سجل المخاطر المحدث
- منظمات الحوكمة
- تقارير الأداء والالتزام والنزاعات وغيرها من التقارير المتعلقة بالموردين
- النزاع المحلول

الأنشطة

- تحديد الموردين المتاحين
- التواصل مع الموردين والتواصل بشأن الطلب
- تقييم الموردين واختيارهم
- التعاقد مع الموردين
- إضافة الموردين وإلغاء التعاقد معهم
- إدارة الاستهلاك ومراقبة أداء الموردين

● تقييم الموردين ومراجعتهم

مساهمة إدارة الموردين في سلسلة قيمة الخدمة

التخطيط:
توفير المصادر المعتمدة لمخططات التوريد للمنظمة.

التحسين:
تحديد فرص التحسين مع الموردين الحاليين.

المشاركة:
إجراءات التعامل مع جميع الموردين وعن تقييم واختيار الموردين.

التصميم والانتقال:
الإدارة مسؤولة عن تحديد متطلبات العقود والاتفاقيات.

الحصول/البناء:
دعم شراء أو الحصول على المنتجات والخدمات.

التقديم والدعم:
إدارة أداء الموردين للخدمات المباشرة من خلال هذه الممارسة.

9- ممارسة إدارة العلاقات

الغرض من ممارسة إدارة العلاقات هو إنشاء وتعزيز الروابط بين المنظمة وأصحاب المصلحة على المستويات الاستراتيجية والتكتيكية.
يشمل ذلك تحديد وتحليل ورصد والتحسين المستمر للعلاقات مع أصحاب المصلحة وفيما بينهم.

نطاق ممارسة إدارة العلاقات

- تطوير نهج على للعلاقات ودمج هذا النهج في ثقافة المنظمة.
- تحديد أصحاب المصلحة وإدارتهم.
- منع الصراعات وحلها.
- مراقبة والحفاظ على علاقات فعالة وصحية داخل المنظمة.
- مراقبة والحفاظ على علاقات فعالة وصحية بين المنظمة والأطراف الثالثة.

أهداف ممارسة إدارة العلاقات

- فهم احتياجات أصحاب المصلحة والدوافع.
- أن يكون رضا أصحاب المصلحة مرتفع.
- تحديد أولويات العملاء بالنسبة للمنتجات والخدمات الجديدة أو المتغيرة، بما يتماشى مع نتائج الأعمال المرغوبة.
- يتم التعامل مع أي شكاوى أوتصعيدات من أصحاب المصلحة بشكل جيد.
- يتم التوسط في متطلبات أصحاب المصلحة المتضاربة بشكل مناسب.

عوامل نجاح ممارسة إدارة العلاقات PSF

- إنشاء وتحسين مستمر لنهج فعال لممارسة إدارة العلاقات عبر المنظمة.
- ضمان علاقات فعالة وصحية داخل المنظمة.
- ضمان علاقات فعالة وصحية بين المنظمة وأصحاب المصلحة الخارجيين.

عمليات ممارسة إدارة العلاقات

تشكل أنشطة ممارسة إدارة العلاقات عمليتين رئيسيتين:

- إدارة نهج مشترك للعلاقات
- إدارة مسارات علاقات الخدمة.

عملية إدارة نهج مشترك للعلاقات

ترتكز هذه العملية على تحديد وإقرار وتعزيز نهج مشترك على مستوى المنظمة للعلاقات بين مختلف أصحاب المصلحة.

تتضمن عددا من الأنشطة كما فى الشكل رقم (66) وتحول المدخلات إلى مخرجات.

المدخلات
- استراتيجية المنظمة.
- تقييم ثقافة المنظمة وأنماط سلوك العلاقات.
- معلومات أصحاب المصلحة.

المخرجات
- خرائط أصحاب المصلحة.
- تحليل الثقافة.
- المتطلبات الاستراتيجية.
- مبادئ العلاقات.
- نماذج العلاقات.
- مواد التخطيط والتدريب والتوعية.
- تقرير مراجعة العلاقات.
- مبادرات التحسين.

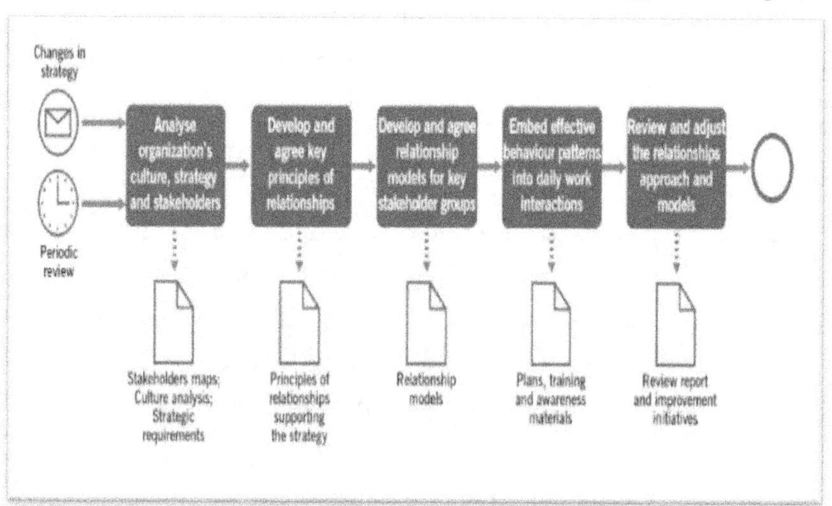

الشكل رقم (66) يبين مسار عملية إدارة العلاقات.
ITIL4 Practices-AXELOS Copyright-2020.

الأنشطة
- تحليل ثقافة المنظمة واستراتيجيتها وأصحاب المصلحة
- تطوير المبادئ الأساسية للعلاقات والموافقة عليها.
- تطوير نماذج العلاقات للمجموعات الرئيسية لأصحاب المصلحة والموافقة عليها.
- تضمين أنماط السلوك الفعّالة في التفاعلات اليومية في العمل.

- مراجعة وتعديل نهج ونماذج العلاقة.

تحليل ثقافة المنظمة واستراتيجيتها وأصحاب المصلحة

- يقوم قادة المنظمة بتحليل ثقافة المنظمة وكيفية دعمها للاستراتيجية.
- يتم تحليل أصحاب المصلحة الداخليين والخارجيين الرئيسيين.
- تتم مناقشة تقارير التحليل الناتجة وخرائط أصحاب المصلحة مع أعضاء الإدارة للتحقق من صحة النتائج وزيادة الوعي بالمقترحات.

تطوير المبادئ الأساسية للعلاقات والموافقة عليها

- يقوم قادة المنظمة ومديروها بتطوير المبادئ الأساسية للعلاقات الداخلية والخارجية للمنظمة والموافقة عليها.
- تحدد المبادئ الخصائص الأساسية للعلاقات مع مجموعات أصحاب المصلحة الرئيسيين.

تطوير نماذج العلاقات والموافقة عليها لمجموعات أصحاب المصلحة الرئيسيين

بالنسبة لكل مجموعة من أصحاب المصلحة الرئيسيين، يتم تطوير نموذج العلاقة والموافقة عليه.

يتضمن نموذج العلاقة: مستوى المجتمع، وخطوات مسار العلاقة، والأنشطة الرئيسية، والمسؤوليات، والمخاطر، والفرص في كل خطوة من العلاقة، وأنماط السلوك الموصى بها.

تضمين أنماط السلوك الفعالة في تفاعلات العمل اليومية

- يتم توصيل المبادئ والنماذج المتفق عليها ومناقشتها عبر المنظمة.
- يمكن القيام بذلك كإجراء رسمي للعلاقات مع العملاء والمستخدمين ووسائل الإعلام والمراجعين اعتمادًا على النموذج المستخدم.
- يمكن استخدام برامج التوعية الثقافية والتطوير الأوسع نطاقًا (للعلاقات الداخلية).
- عادةً ما تشارك إدارة القوى العاملة والمواهب، وإدارة التغيير التنظيمي، وإدارة الاستراتيجية، ومكتب الخدمة، وإدارة مستوى الخدمة، وممارسات إدارة الموردين في هذا النشاط (اعتمادًا على نموذج العلاقة الذي يتم الترويج له).

مراجعة وتعديل نهج ونماذج العلاقة

- يراقب قادة المنظمة ومديروها ويراجعون تبني وفعالية مبادئ ونماذج العلاقة المتفق عليها.

- يتم ذلك على أساس قائم على المستجدات (حوادث العلاقة والصراعات والأزمات) وعلى أساس الفاصل الزمني (عادةً سنويًا) و تُستخدم النتائج والمقترحات الناتجة كمدخلات للتحسين المستمر.

إدارة مسارات علاقات الخدمة

تركز هذه العملية كما فى الشكل رقم (67)على الإدارة الفعالة المستمرة للعلاقات مع أصحاب المصلحة، بما يتماشى مع نماذج العلاقات المتفق عليها.

المدخلات

- مبادئ ونماذج العلاقات.
- مواد التدريب والتوعية.
- الأدوار والمسؤوليات.
- التواصل مع أصحاب المصلحة.

المخرجات

- الدروس المستفادة ومبادرات التحسين.
- سجلات العلاقات وفقًا للنموذج.

الأنشطة

- تحديد أصحاب المصلحة ونموذج العلاقة.
- التحقق من نموذج العلاقة وتعديله بما يتناسب مع الموقف.
- اتباع نموذج العلاقة.
- إدارة الاستثناءات.
- مراجعة العلاقة.

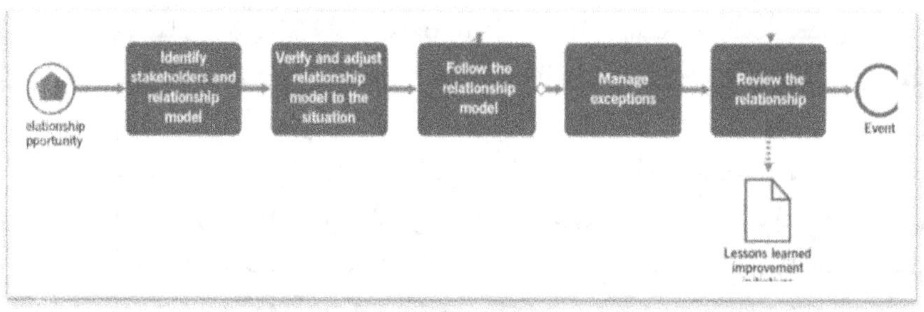

الشكل رقم (67) يبين مسار عملية إدارة مسارات علاقات الخدمة.
ITIL4 Practices-AXELOS Copyright-2020.

تحديد أصحاب المصلحة ونموذج العلاقة

عندما ينضم عضو جديد إلى فريق، أو يتم إنشاء فريق جديد، يتعرف الأفراد على بعضهم البعض. في بعض الحالات، يبلغ قائد الفريق بمبادئ العلاقة، وفي حالات أخرى تكون المبادئ ضمنية.

التحقق من نموذج العلاقة وتعديله وفقًا للموقف

نادرًا ما يتم إبلاغ نموذج العلاقة صراحةً، ولكن وفقا للمعايير والقيم.

في بعض الحالات يستخدم نهج أكثر رسمية لخريطة مسار العلاقة وفقا لتقدم المعاملات.

اتباع نموذج العلاقة

يتم مراقبة مسار معاملات العلاقة وعند الحاجة يتم التوجيه من قبل قادة الفريق ومديري المنظمة المعنيين.

إدارة الاستثناءات

عندما تنشأ النزاعات، أو لا يثبت نموذج العلاقة فعاليته، يساعد المديرون والموارد البشرية في حل المشكلة، واقتراح تحديث للنموذج عند الاقتضاء.

مراجعة العلاقة

- يقوم المديرون وقادة الفريق (في علاقة تعاونية مع أعضاء الفريق بمراجعة حالات العلاقة (بعد التغييرات\ عند انتهاء العلاقة\ أو بشكل دوري).

- يتم إعلان النتائج و الدروس المستفادة ومبادرات التحسين، إلى الأطراف المعنية واستخدامها للتحسين المستمر.

مساهمة إدارة العلاقات في سلسلة القيمة الخدمية

التخطيط:

توفر إدارة العلاقات معلومات حول متطلبات وتوقعات العملاء الداخليين والخارجيين.

تساعد في التقييم الاستراتيجي وتحديد الأولويات عبر المحافظ الاستثمارية فضلاً عن تقييم مساحات السوق الحالية والمستقبلية والتي تعد جوانب أساسية للتخطيط.

التحسين:

تسعى إلى تنسيق وتعاون و تنمية العلاقات التنظيمية المختلفة.

المشاركة:

الممارسة المسؤولة عن التعامل مع العملاء الداخليين والخارجيين.

التصميم والانتقال:

تلعب إدارة العلاقات دورًا رئيسيًا في تنسيق ردود الفعل من العملاء الداخليين والخارجيين كجزء من التصميم.

تضمن أيضًا منع أو تقليل التأثيرات السلبية على العملاء أثناء الانتقال.

الحصول/البناء:

توفر متطلبات العملاء وأولوياتهم للمساعدة في اختيار المنتجات والخدمات.

التقديم والدعم:

الإدارة مسؤولة عن ضمان إنشاء والحفاظ على مستوى عالٍ من رضا العملاء والعلاقة البناءة بين المنظمة وعملائها.

10- ممارسة إدارة أمن المعلومات

الغرض

الغرض من ممارسة إدارة أمن المعلومات هو حماية المعلومات التي تحتاجها المنظمة لإدارة أعمالها.

يشمل ذلك فهم وإدارة المخاطر التي تهدد سرية المعلومات وسلامتها وتوافرها فضلاً عن جوانب أخرى من أمن المعلومات مثل المصادقة وعدم الإنكار.

نطاق ممارسات إدارة أمن المعلومات

- أنظمة وخدمات تكنولوجيا المعلومات.
- البنية الأساسية والمنصات لتكنولوجيا المعلومات.
- البرامج والتطبيقات.
- البنية الأساسية لشبكات تكنولوجيا المعلومات والصوت واللاسلكي.
- أجهزة العملاء مثل الهواتف وأجهزة الكمبيوتر المحمولة والأجهزة اللوحية و جميع الأجهزة والبرامج الثابتة والبرامج والتطبيقات.
- أجهزة إنترنت الأشياء والتي لديها اتصال بالشبكة وقدرات معالجة وتحتوي على أجهزة استشعار ومشغلات تتفاعل مع العالم المادي.
- البنية الأساسية المادية مثل المباني أو مراكز البيانات أو مرافق التصنيع
- الأشخاص و فهم المخاطر التي يشكلونها وكيفية إدارة هذه المخاطر.
- الشركاء والموردين والمشاركون في توفير الخدمات أو إدارتها أو دعمها.
- البيانات والمعلومات سواء تم تخزينها أو معالجتها أو توصيلها.

أهمية أمن المعلومات للمؤسسة

- إدارة أمن المعلومات هي ممارسة تشمل المؤسسة بأكملها و الغرض منها هو حماية المعلومات التي تحتاجها المنظمة للقيام بأعمالها.
- يجب أن توازن ممارسة إدارة أمن المعلومات بين حماية المؤسسة واتباع نهج عملي للحفاظ على أمنها.
- يتضمن أمن المعلومات فهم وإدارة المخاطر المتعلقة بسرية المعلومات وسلامتها وتوافرها بالإضافة إلى الجوانب الأخرى لأمن المعلومات.

عوامل فعالية أمن المعلومات

- تحديد الأصول التي تحتاج إلى الحماية.
- تحديد المخاطر التي قد تؤثر على هذه الأصول وتحليلها.
- اتخاذ التدابير المناسبة لإدارة هذه المخاطر.
- وضع المراقبة والتحسين المستمر لضمان استمرار إدارة مخاطر أمن

المعلومات بشكل مناسب.

عناصر الممارسة الفعالة لأمن المعلومات

- سياسات
- عمليات
- سلوكيات
- إدارة المخاطر
- ضوابط

الضوابط و الوعى

- إذا تم النظر إلى الضوابط المطبقة على أنها تقييدية فسوف يتجنبها الموظفون بشكل فعال.
- يخلق ذلك خطرًا أكبر مما قد تشكله الضوابط الأكثر مرونة قليلاً ولكن الأشخاص وسلوكهم هم مجال التركيز الأكثر أهمية.
- ترتبط العديد من الخروقات الأمنية بالسلوك وغالبًا ما تُستخدم الهندسة الاجتماعية في اختبارات الأمان وتجارب التخطيط.

هدف الضوابط التي وضعتها الإدارة

- الوقاية و المنع والتأكد من عدم وقوع حوادث أمنية.
- المراقبة و الكشف عن الحوادث التي لا يمكن منعها بسرعة وبشكل موثوق.
- التصحيح والتعافي من الحوادث.

الوقاية و منع الخطر

الوقاية هي العلاج الحقيقي الذي يضمن أن التهديدات التى تم التعرف عليها لم تعد مشكلة ويمكن اعتبار الوقاية حلا دائما لأن الإجراء التصحيحي يوفر إصلاحًا لمرة واحدة، أما الإجراء الوقائي فلا يوفر أى فرص لظهور التهديدات.

المراقبة و الإكتشاف

تتم مراقبة التهديدات الأمنية على عدة وسائل بيانات مثل مراقبة رسائل البريد الإلكتروني، وصفحات الإنترنت، والبرامج الضارة ، ومنع فقدان البيانات، والتسلل ولكل مجال من هذه المجالات هناك العديد من الأدوات التنافسية التي تصبح قوية يومًا بعد يوم.

أدوات الإكتشاف

- تلعب العديد من برمجيات أدوات الكشف دور التصحيح بمجرد الكشف فهى قادرة على تصحيح التهديد ذاتيًا من خلال تسلسل إجراءات التصحيح.

- عندما يتعلق الأمر بأمن المعلومات فالوقت هو جوهر المسألة.
- يجب تحديد التهديدات وتصحيحها في الوقت المناسب بطريقة تضمن عدم وصول الفيروسات وهجمات التسلل إلى فرصة لتنفيذ أى إختراق.

مجالات أمن المعلومات

- أمن المعلومات هو مجال الممارسة الآخذ في التوسع.
- تطورات التكنولوجيا تعنى تطور التهديدات.
- تلعب مجالات أمن المعلومات دورا حيويا فى اللحاق بتطور التهديدات.
- يتم تطوير و تحديد وتشديد الضوابط لجميع الجوانب التكنولوجية.

تطور التهديدات

كانت مهام الأمن في المقام الأول معنية بالفيروسات ولكن امتدت مهام الأمن إلى زوايا مختلفة على سبيل المثال لا الحصر:-

- مستخدمي التصيد الاحتيالي.
- هجمات الإختراق المتعددة من بينها البرامج الضارة.
- برامج الإعلانات المتسللة.
- برامج التجسس وأحصنة طروادة وغيرها.
- آليات تستهدف تهديدات أمن المعلومات بأنظمة مختلفة.
- يختلف نهج القراصنة فيما يتعلق بما يستهدفونه وكيفية القيام بذلك.

التعامل مع التهديدات

يمكن التعامل مع التهديدات بخماسية أمن المعلومات التالية:-

- السرية Confidentiality
- النزاهة Integrity
- التوفر Availability
- المصادقة Authentication
- عدم الإنكار Nonrepudiation

السرية Confidentiality

- هي حماية المعلومات من الوصول اليها عن طريق غير المصرح لهم.
- هذه المعلومات تحتاج إلى تأمين من خلال الأساليب المعروفة لدى متخصصي أمن المعلومات مثل التشفير.
- يجب التأكد من تواجد ضوابط إمكانية الوصول مع الصرامة للتأكد من أن المتصل يمكنه فعل المسموح به فقط.
- تصنيف المعلومات ضروري لحماية السرية.

النزاهة Integrity

النزاهة هي حماية المعلومات من التعديل بدون حق فى ذلك.
يتكامل هذا بإحكام مع السرية ويتجاوزها بخطوة أبعد في حماية مصالح جميع المعنيين بتأمين وحماية المعلومات.

التوفر Availability

- منع الوصول إلى المعلومات بهجمات المتسللون من خلال عمليات رفض الخدمة الموزعة.

- الحرمان من الوصول إلى المعلومات طريقة لاختراق أمن المعلومات وهو انتهاك تحقيق أهداف أمن المعلومات.

- يضمن التوفر حصول الأطراف المصرح لها على إمكانية الوصول إلى المعلومات عندما يحتاجون إليها.

- يجب توفير المستوى المناسب من التشفيرمن خلال السرية وضمان النزاهة.

المصادقة Authentication

المصادقة هي عملية تحديد الكيان المناسب لتوفير الوصول إلى البوابات ومداخل الموارد لأنها منطقة معرضة للخطر تمامًا لكثرة استخدامها في المقام الأول من قبل المستخدمين وحمايتها مطلوب حتى تكون في أيدي مقدم الخدمة فقط و لا يسمح للغير بالوصول الغير مرغوب.
يمكن لمزود الخدمة ضمان قيام النظام بالمصادقة بالمستوى الصحيح.

نظام المصادقة

- فرض تعقيد معين أو مزدوج لكلمات المرور حتى يمكن حماية الأنظمة من الهجمات.

- جعل كلمة المرور متبوعة بكلمة مرور سارية المفعول لمرة واحدة يتم إرسالها إلى الهواتف المحمولة أو تطبيقات الموثقين التي توفر طبقة إضافية من الأمان.

- استخدام الماسحات الضوئية لبصمات الأصابع والتعرف على الوجه.

- طُرق أخرى للتأكد من أن الشخص المناسب فقط هو الذي يستطيع المصادقة والتحرك بعد عتبة النظام.

عدم الإنكار Nonrepudiation

- التيقن من تحديد الجهة التي قامت بعمل يتعلق بالمعلومات وعدم القدرة على إنكار قيامها فعلا بهذا العمل.

- تتوفر حجة إثبات بأن التصرفات تمت من جهة محددة في وقت معين.

- هناك وسائل عديدة تؤمن القدرة على اظهار سلامة ومنشأ البيانات المتداولة إلكترونيا والتأكيد على أن وسائل إثبات ذلك لا يمكن دحضها كالتوقيع الإلكتروني والمصادقة الإلكترونية.

علاقة ممارسة أمن المعلومات بالممارسات الأخرى

- تصميم الأمن في خدمات تكنولوجيا المعلومات الجديدة والمتغيرة هو جزء من ممارسة تصميم الخدمة.
- دمج عناصر التحكم في الأمن في التطبيقات هو جزء من ممارسة تطوير وإدارة البرامج
- ضمان أحقية الأشخاص في استخدام الخدمة قبل منحهم حق الوصول هو جزء من ممارسة إدارة طلب الخدمة.

عوامل نجاح ممارسة إدارة أمن المعلومات PSF

- تطوير وإدارة سياسات وخطط أمن المعلومات
- التخفيف من مخاطر أمن المعلومات
- ممارسة واختبار خطط إدارة أمن المعلومات
- دمج أمن المعلومات في جميع جوانب نظام قيمة الخدمة.

عمليات ممارسة إدارة أمن المعلومات

- إدارة حوادث أمن المعلومات.
- التدقيق والمراجعة.

إدارة حوادث أمن المعلومات

- هناك العديد من الأنواع المختلفة للحوادث الأمنية.
- يتراوح الحادث من جهاز عميل واحد يتأثر بفيروس إلى هجوم يتسبب في أضرار بالغة للبنية الأساسية أو خرق كبير لمعلومات شديدة الحساسية.
- تتم إدارة الحوادث الأمنية باتباع دليل ممارسات إدارة الحوادث .
- قد تتطلب الحوادث الأمنية الأكثر أهمية إدارة متخصصة .
- يجب على كل منظمة تحديد ما إذا كان الحادث يتطلب إدارة متخصصة للحوادث الأمنية أو يمكن إدارته باستخدام عملية التعامل العادية.

تتضمن هذه العملية عددا من الأنشطة كما فى الشكل رقم (68) وتحول المدخلات إلى مخرجات.

المدخلات

- سياسة أمن المعلومات.
- معلومات الخدمة والأصول.

- أدوات المراقبة والأحداث.
- أدوات إدارة الحوادث والأحداث الأمنية (SIEM)
- التصعيدات من مكتب الخدمة.
- مصادر البيانات والتطبيقات الجيدة المعروفة.

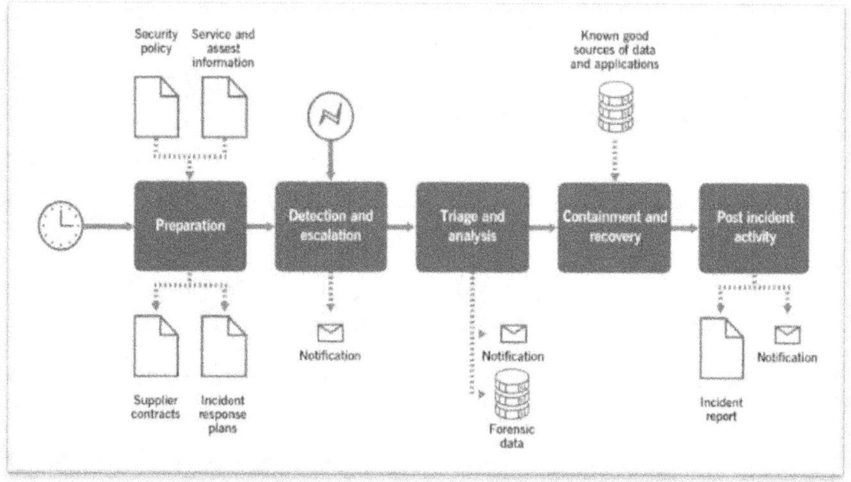

الشكل رقم (68) يبين مسار عملية إدارة أمن المعلومات.
ITIL4 Practices-AXELOS Copyright-2020.

المخرجات

- خطط الاستجابة للحوادث
- عقود الموردين
- إخطار الجهات التنظيمية أو هيئات الحوكمة أو الأطراف الأخرى بالحوادث
- استعادة المعلومات والخدمات
- تقارير الحوادث
- اقتراحات التحسين

الأنشطة

- التحضير.
- الكشف والإبلاغ و التصعيد.
- الفرز والتحليل.
- الاحتواء والتعافي.
- الأنشطة بعد الحادث.

التحضير

- قبل وقوع حادث أمني يجب على المنظمة:

- تنفيذ إجراءات للتحضير لحوادث أمنية محتملة في المستقبل.
- الإتفاق على الاتصالات التي ستتم أثناء وقوع حادث أمني بما في ذلك الاتصالات مع: الهيئات الحاكمة، والهيئات التنظيمية، ووكالات إنفاذ القانون، والصحافة، والعملاء، والموظفين الداخليين، والمستخدمين، والموردين، وأي أصحاب مصلحة آخرين متأثرين.

- تحديد ونشر السياسات والإجراءات لإدارة الحوادث الأمنية.
- تحديد الخدمات والأصول الحرجة التي تحتاج خطط استجابة محددة لها.
- تحديد كيفية الإبلاغ عن الحوادث الأمنية والاختراقات.
- تحديد التهديدات والثغرات التي تحتاج إلى إدارة أمنية خاصة.
- توثيق خطط الاستجابة للحوادث لسيناريوهات محددة.
- إشراك الشركاء والموردين لتوفير المنتجات والخدمات التي قد تكون مطلوبة لدعم سيناريوهات محددة.
- اختبار خطط الاستجابة للحوادث.

الكشف والتصعيد

- يتم الكشف عن حوادث أمن المعلومات من خلال أدوات المراقبة.
- يتم دعمها من خلال أدوات الارتباط، و أدوات إدارة الحوادث والأحداث الأمنية (SIEM).
- قد يتم الكشف عن الحوادث أيضًا من قبل الأشخاص
- قد يتم الإبلاغ عنها إلى مكتب الخدمة أو إلى فريق الاستجابة للحوادث الأمنية اعتمادًا على من اكتشف الحادث وطبيعته.
- يتم تصعيد الحادث إلى الشخص أو الفريق المناسب اعتمادًا على خطة الاستجابة للحادث المحددة.
- يتضمن ذلك تجميع فريق الاستجابة لحوادث أمن الكمبيوتر (CSIRT).
- يتم إرسال إشعار أولي إلى السلطات التنظيمية أو الحوكمة المناسبة.

الفرز والتحليل

- قد تكون هناك حاجة إلى الحفاظ على الأدلة لاستخدامها في إجراءات مستقبلية.
- يجب جمع البيانات الجنائية قبل إجراء أي تحليل لمنع التلوث.
- يتم التأكد من طبيعة وخطورة الحادث الأمني من خلال فحص الأنظمة ونقاط النهاية والتطبيقات وملفات السجل وما إلى ذلك.
- يمكن إرسال إشعار إضافي إلى السلطات التنظيمية أو الحوكمة، عندما يتم فهم طبيعة وخطورة الحادث.

الاحتواء والاسترداد

- يتم عزل الأنظمة والخدمات المتأثرة عن الإنترنت و عن بقية المؤسسة.
- إجراء المزيد من التحليل و في الوقت نفسه الحد من خطر حدوث المزيد من الضرر.
- يمكن استعادة الخدمات إذا كان ذلك ممكنًا باستخدام أنظمة بديلة.
- بعد اكتمال التحليل يتم إيقاف تشغيل الأنظمة المتأثرة، ومسح التخزين، وإعادة بناء الأنظمة من مصادر معروفة وموثوقة.
- تعتبر العمليات التجارية متعافية عندما يمكن القيام بالمهام بدون تهديد بحادث آخر أو المزيد من الضرر من الحادث الأصلي.

النشاط بعد الحادث

- يتم مراقبة الأنظمة والخدمات للتأكد من إزالة التهديد.
- يتم إجراء تحليل الدروس المستفادة لتحديد فرص التحسين.
- يتم إنشاء تقرير الحادث ومشاركته حسب الاقتضاء.

عملية التدقيق والمراجعة

- يتم إجراء التدقيق والمراجعة بشكل منتظم وفقًا لجدول زمني.
- قد يتم أيضًا إجراء التدقيق بسبب حادث كبير أو من خلال النتائج المستمدة من تقييم التهديد أو تقييم نقاط الضعف.

تتضمن هذه العملية عددا من الأنشطة كما فى الشكل رقم (69) وتحول المدخلات التالية إلى مخرجات.

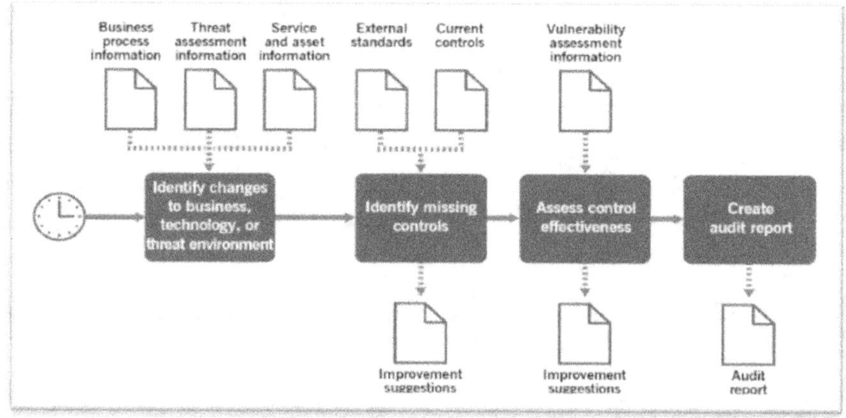

الشكل رقم (69) يبين مسار عملية التدقيق و المراجعة الأمنية.
ITIL4 Practices-AXELOS Copyright-2020.

المدخلات

- معلومات حول عملية العمل
- معلومات حول تقييم التهديدات

- معلومات حول الخدمة والأصول
- المعايير الخارجية
- الضوابط الحالية
- معلومات حول تقييم الثغرات الأمنية

المخرجات

- اقتراحات التحسين
- تقرير التدقيق

الأنشطة

- تحديد التغييرات التي تطرأ على بيئة العمل أو التكنولوجيا أو التهديدات.
- تحديد عناصر التحكم المفقودة.
- تقييم فعالية عناصر التحكم.
- إنشاء تقرير تدقيق.

تحديد التغييرات التي تطرأ على بيئة العمل أو التكنولوجيا أو التهديد

- يتم تقييم العمليات التجارية لتحديد التغييرات التي قد تؤثر على متطلبات أمن المعلومات.

- يتم تقييم التغييرات في نقاط الضعف المتعلقة بالتكنولوجيا.

- يتم تقييم جميع عناصر التكنولوجيا التي تستخدمها المنظمة وليس فقط تكنولوجيا المعلومات (IT).

- يتم تحديد التغييرات التي تطرأ على بيئة التهديد من خلال تقييم التهديد.

تحديد عناصر التحكم المفقودة

- يتم تحليل بيئات العمل والتكنولوجيا والتهديد، وتحديد عناصر التحكم الموصى بها.

- تحديد قائمة عناصر التحكم المقترحة التي يجب أن تكون موجودة.

- قد يحدد ناتج تقييم نقاط الضعف عناصر التحكم المفقودة.

- تتم مقارنة قائمة عناصر التحكم الموصى بها بعناصر التحكم الحالية ويتم التوصية بالتحسينات.

تقييم فعالية عناصر التحكم

- يتم تقييم كل عنصر تحكم موجود لتحديد نقاط الضعف المحتملة في عمله.

- قد تتعلق هذه الثغرات بنطاق التحكم أو بتكوين التحكم و ما إذا كان يوفر المستوى المناسب من الحماية.

- تعتمد الطريقة المستخدمة لتقييم الفعالية على نوع التحكم.

- يوصى بالضوابط الجديدة بناءً على النتائج المستخلصة من تقييم الفعالية.

عناصر التقييم

● تقييم الضوابط الفنية باستخدام تقييم الثغرات.

● تقييم ضوابط السياسة والعملية من خلال مراجعة السجلات ومقابلة الموظفين.

● مراجعة حقوق الوصول من خلال مقارنة معلومات الدليل بسجلات طلبات الوصول الممنوحة.

● تحليل قيمة التدريب من خلال اختبار معرفة الموظفين.

● التأكد من خضوع الأطراف الثالثة والموردين لتقييم مناسب رسمى.

● تحديد الضوابط غير الفعّالة من خلال تقييم مخرجات تقييم الثغرات.

إنشاء تقرير تدقيق

يتم إنشاء تقرير تدقيق بناءً على النتائج المستخلصة من المراحل السابقة.

يتضمن هذا التقرير معلومات عالية المستوى يمكن تقديمها إلى الهيئة الحاكمة للمنظمة، بالإضافة إلى توصيات مفصلة لضوابط جديدة ومحسّنة.

علاقة أمن المعلومات بسلسلة قيمة الخدمة

التخطيط:-

أمن المعلومات ليس فكرة لاحقة و لا تؤجل بل من المفترض ان أن تكون مدعمة ومدروسة من مراحل التخطيط.

التصميم و الإنتقال:-

فى ممارسة التصميم والانتقال يجب أن يوضع في الاعتبار الجوانب الأمنية أثناء تصميم المنتجات والخدمات، ويجب أن تكون الضوابط المناسبة محددة بدقة و أثناء فترة الانتقال يراعى أن يتم النقل الفعال للضوابط الأمنية التي يتعين القيام بها على العمليات.

الحصول و البناء:-

إعتمادا على المدخلات من مرحلة التصميم يجب أن تترجم وتطبق ضوابط أمن المعلومات فى تطوير المنتجات و الخدمات خاصة المكونات الموردة من الخارج.

التنسيق:-

أمن المعلومات يكون ناجحا إذا كان جميع الأطراف من أصحاب المصالح مشاركين و متوافقين مع توجهات أمن المعلومات خاصة فى المتطلبات و العمليات و التطوير و التصميم.

تقديم و دعم:-

يجب أن تكون آليات مراقبة حوادث أمن المعلومات ذات أولوية قصوى و فى حالة الإبلاغ عن حوادث لابد من التعامل معها بصرامة و جدية.

التحسين:-

أثناء عمليات تحسين الخدمات من البديهى أن توضع توجهات أمن المعلومات جنبا إلى جنب مع التحسينات المقترحة.

11- ممارسة إدارة المخاطر

الغرض و الأهداف

- الغرض من ممارسة إدارة المخاطر هو ضمان فهم المنظمة للمخاطر ومعالجتها بفعالية.
- تعد إدارة المخاطر ضرورية لضمان الاستدامة المستمرة للمنظمة وخلق القيمة لعملائها.

تعريف الخطر:-

- حدث محتمل يسبب ضررًا أو خسارة يجعل تحقيق الأهداف أكثر صعوبة.
- يمكن تعريفه أيضًا بأنه عدم اليقين بشأن النتيجة.
- يمكن استخدامه في سياق قياس احتمالية النتائج الإيجابية والسلبية.

القدرة على تحمل المخاطر

- يتم تحديد القدرة على تحمل المخاطر من خلال حوكمة المنظمة.
- يجب أن تضمن أنشطة إدارة المخاطر أن تظل المخاطر أقل من القدرة على تحمل المخاطر.
- إذا كان مستوى المخاطر في المنظمة مرتفعًا للغاية فقد يكون لهذا تأثير كبير على قدرة المنظمة على الاستمرار في العمل.
- القدرة على تحمل المخاطر في المنظمة هي الحد الأقصى من المخاطر التي يمكن للمنظمة تحملها.
- تستند القدرة إلى عوامل مثل الضرر الذي يلحق بالسمعة والأصول.

شهية المخاطرة

- يتم تحديد شهية المخاطرة من خلال حوكمة المنظمة ويتم استخدامها لتسهيل اتخاذ القرار وأنشطة إدارة المخاطر.
- تختار بعض المنظمات تحمل مخاطر كبيرة لتحقيق مكاسب كبيرة.
- تفضل منظمات أخرى تحمل مخاطر قليلة، ولكن هذا يقلل أيضًا من فرصها. شهية المخاطرة لدى المنظمة هي مقدار المخاطرة التي تكون المنظمة على استعداد لقبولها.
- يجب أن يكون هذا المقدار دائمًا أقل من قدرة المنظمة على تحمل المخاطر.

تأثير المخاطر

- يحتاج مستهلك الخدمة إلى الوعي بالمخاطر التي تؤثر على الخدمة.
- هناك مخاطر قد يقلل منها مقدم الخدمة أو يزيلها من الخدمة.

- هناك مخاطر قد يواجهها المستخدم مثل فقد بيانات اتصال المستخدم.
- هناك مخاطر مصاحبة لحالات معينة من الخدمة و يشعر مستهلك الخدمة بتأثيرها على الخدمات.

مشاركة المستخدم

- تخليق القيمة مشترك بين مقدم الخدمة و المستخدم وكذلك المخاطر.
- إدارة المخاطر تقع على عاتق مقدم الخدمة و المستخدم قد يتحمل الكثير من المسؤولية في هذه العملية.
- يشارك المستخدم ليكون شريكًا نشطًا في الحد من المخاطر.
- عند تحديد المتطلبات يتم أيضًا تحديد المخاطر المصاحبة التي يمكن توقعها و التي يمكن إدارتها.
- توضيح مدى تقبل المخاطر وطرق مواجهتها.
- عندما يتم صياغة النتائج المرجوة يتم أيضًا مناقشتها والموافقة عليها من قبل العميل ومقدم الخدمة.
- أثناء تحديد المتطلبات والنتائج المرجوة قد يحتاج العميل إلى توضيح عوامل النجاح الحاسمة والقيود التي يتم وضعها مثل الوقت المناسب كعامل نجاح حاسم.
- يتم تحديد الإجراءات التي يتم تطبيقها باعتبار تجاوز القيود الموضوعة خطر و سيتعين على إدارة الخدمة العمل على منع الخطر.
- يجب على العميل أن يكون واضحًا من خلال ذكر جميع العوامل وتوفير الوصول إلى جميع الموارد الممكنة لجعل تقديم الخدمة ناجحًا
- يجب على العميل تقديم جميع المعلومات ذات الصلة بالخدمة المطلوبة.

عناصر إدارة المخاطر الفعّالة

يجب أن يكون الهدف إجراء تقييم دقيق للمخاطر وتحليل الفوائد المحتملة و يجب تحديد المخاطر والفرص التي يقدمها كل مسار عمل لتحديد الاستجابات المناسبة.

تحديد المخاطر

عدم اليقين الذي قد يؤثر على تحقيق الأهداف في سياق نشاط تنظيمي معين يجب النظر في عدم اليقين هذا ثم وصفه لضمان وجود فهم مشترك

تقييم المخاطر

يجب تقدير احتمالية وتأثير وتقارب المخاطر الفردية حتى يمكن تحديد أولوياتها وفهم المستوى العام للمخاطر ودرجة التعرض للمخاطر المرتبطة بالنشاط التنظيمي.

معالجة المخاطر

يجب التخطيط للاستجابات المناسبة للمخاطر وتعيين أصحابها والمستفيدين منها ثم تنفيذها ومراقبتها والتحكم فيها.

مبادئ إدارة المخاطر

هناك بعض المبادئ التي تنطبق على إدارة المخاطر على وجه التحديد:-

المخاطر جزء من العمل

- ينبغي للمنظومة أن تضمن إدارة المخاطر بشكل مناسب.
- يجب تجنب جميع المخاطرولكن تحمل المخاطر مطلوب لضمان الاستدامة على المدى الطويل.
- يجب تحديد المخاطر وفهمها وتقييمها مقابل مستويات المخاطر التي ترغب المؤسسة في تحملها بدون مخاطرة وإدارتها ومراقبتها بشكل مناسب.

إدارة المخاطر و المؤسسة.

- من الضروري أن تتم إدارة ممارسات إدارة المخاطر بشكل شامل لتحقيق الاتساق في جميع أنحاء المؤسسة.
- لضمان الفعالية يجب أن يكون هناك تشاور مستمر مع أصحاب المصلحة والمرونة المناسبة لإدارات المؤسسة المختلفة.
- تسمح المرونة بتطوير إجراءات إدارة المخاطر بحيث يتم التعامل مع جميع الوحدات التنظيمية و الظروف الخاصة بفئات المستخدمين المتعددة.

ثقافة وسلوكيات إدارة المخاطر

- إن الثقافة والسلوكيات المناسبة التي يتبناها جميع مستويات موظفي المنظمة تشكل أهمية بالغة ويجب أن تكون جزءًا من الطريقة التي ندير بها الأمور.
- يجب نشر فهم أن إدارة المخاطر الفعّالة أمر حيوي لاستدامة المنظمة ودعم تحقيق أهداف العمل.

استخدام سلوكيات إدارة المخاطر الاستباقية.

- ضمان الشفافية والوضوح في إجراءات إدارة المخاطر و تحديد المهام و الأدوار والمسؤوليات والمساءلة عند وقوع خطر.
- تشجيع ومتابعة الإبلاغ عن المخاطر والحوادث والفرص و الخطر الكامن بشكل فعال.

- ضمان دعم لوائح المكافآت و الجزاءات للسلوكيات المرغوبة و غير المرغوبة و لا ينبغي أن يقلل ذلك الإبلاغ عن الحوادث ولا يشجع على الإفراط في الإبلاغ.
- تشجيع التعلم والنمو في النضج بشكل نشط من تجارب المؤسسة وتجارب المنظومات الأخرى.

عوامل نجاح ممارسة إدارة المخاطر PSF

- إرساء حوكمة إدارة المخاطر
- رعاية ثقافة إدارة المخاطر وتحديد المخاطر
- تحليل وتقييم المخاطر
- معالجة المخاطر ومراقبتها ومراجعتها.

عمليات إدارة المخاطر

تكون أنشطة إدارة المخاطر من ثلاث عمليات:

- حوكمة إدارة المخاطر.
- تحديد المخاطر وتحليلها ومعالجتها.
- مراقبة المخاطر ومراجعتها.

حوكمة إدارة المخاطر

تتضمن هذه العملية عددا من الأنشطة كما فى الشكل رقم (70) وتحول المدخلات التالية إلى مخرجات.

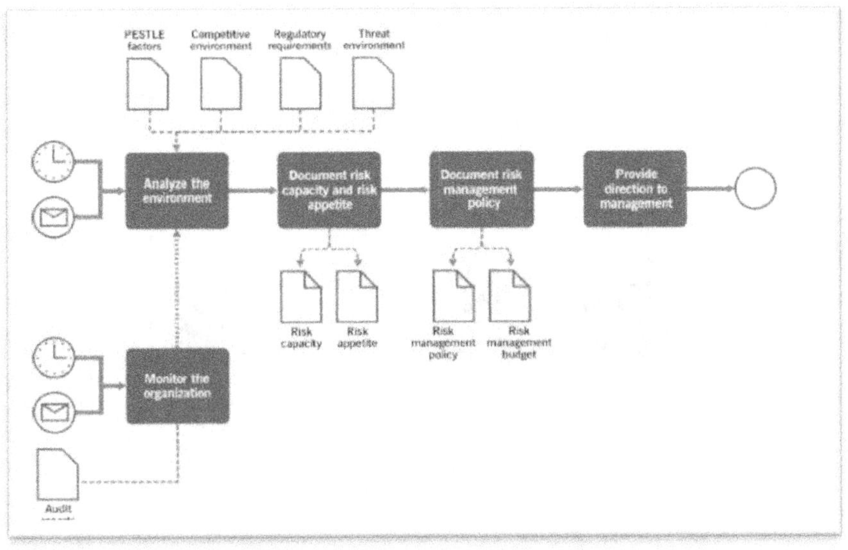

الشكل رقم (70) يبين مسار عملية حوكمة إدارة المخاطر.
ITIL4 Practices-AXELOS Copyright-2020.

المدخلات

- تحليل العوامل البيئية (PESTLE).
- البيئة التنافسية.
- بيئة التهديد.
- المتطلبات التنظيمية.
- استراتيجية المنظمة.

المخرجات

- القدرة على تحمل المخاطر.
- الرغبة في المخاطرة.
- سياسة إدارة المخاطر.
- الميزانية اللازمة لإدارة المخاطر.
- التوجيه المقدم للإدارة.

الأنشطة

- تحليل البيئة.
- توثيق القدرة على تحمل المخاطر والرغبة في المخاطرة.
- توثيق سياسة إدارة المخاطر.
- تقديم التوجيهات للإدارة.
- مراقبة المنظمة.

تحديد المخاطر وتحليلها ومعالجتها

تتضمن هذه العملية عددا من الأنشطة كما فى الشكل رقم (72) وتحويل المدخلات إلى مخرجات.

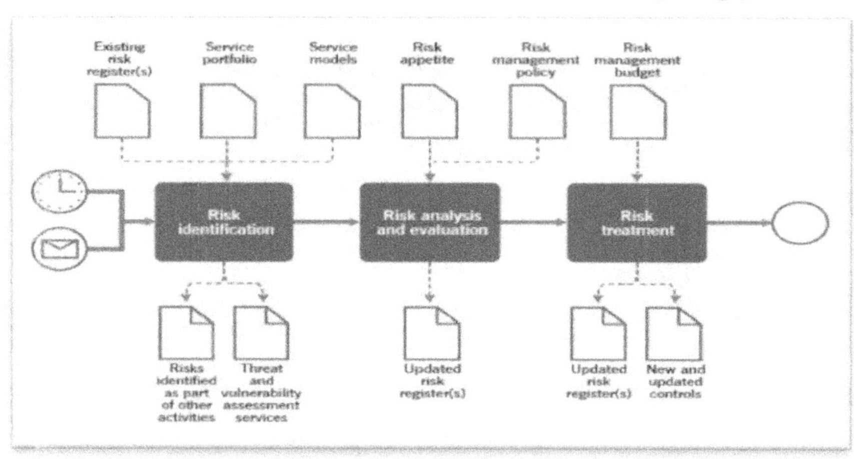

الشكل رقم (72) يبين مسار عملية تحديد المخاطر و تحليلها.
ITIL4 Practices-AXELOS Copyright-2020.

المدخلات

- سياسة إدارة المخاطر.
- الرغبة في المخاطرة.
- ميزانية إدارة المخاطر.
- سجلات المخاطر الحالية.
- محفظة الخدمات.
- نماذج الخدمات.
- المخاطر التي تم تحديدها كجزء من أنشطة أخرى.
- المعايير والأطر.
- خدمات تقييم التهديدات وتقييم نقاط الضعف من أطراف ثالثة.

المخرجات

- تحديث سجلات المخاطر.
- ضوابط جديدة ومحدثة.

الأنشطة

- تحديد المخاطر.
- تحليل المخاطر وتقييمها.
- معالجة المخاطر.

مراقبة المخاطر ومراجعتها

تتضمن هذه العملية عددا من الأنشطة كما فى الشكل رقم (73) وتحول المدخلات إلى مخرجات.

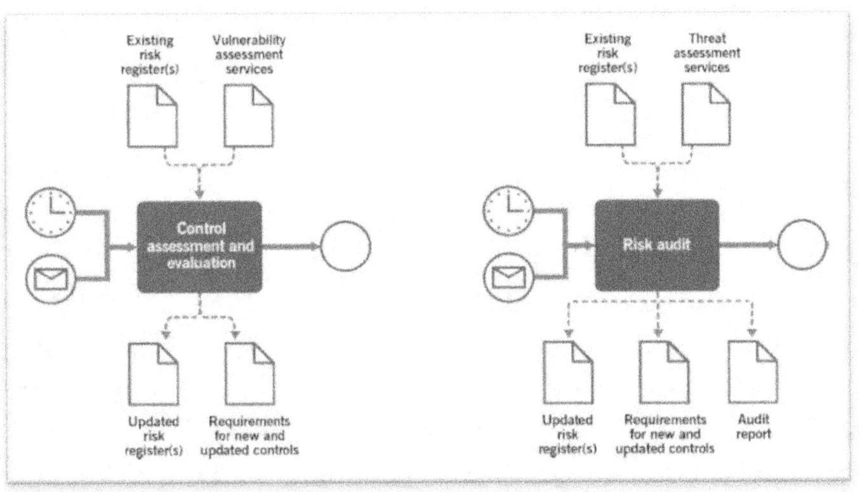

الشكل رقم (73) يبين مسار عملية مراقبة المخاطر و مراجعتها.
ITIL4 Practices-AXELOS Copyright-2020.

المدخلات
- سياسة إدارة المخاطر
- سجلات المخاطر
- خدمات تقييم التهديدات والثغرات

المخرجات
- تحديث سجلات المخاطر
- تقارير التدقيق
- متطلبات الضوابط الجديدة والمحدثة

الأنشطة
- تقييمات الرقابة والتقييم
- عمليات تدقيق ومراجعة المخاطر

مساهمة إدارة المخاطر فى سلسلة قيمة الخدمة

تساهم ممارسة إدارة المخاطر فى نشاطات سلسلة قيمة الخدمة كما يلى:-

التخطيط:-

توفر إدارة المخاطر مدخلات أساسية لاستراتيجية المنظمة وتخطيطها مع التركيز على المخاطر التي يمكن أن تؤدي إلى تباين النتائج وتشمل :-

- التحولات في الطلب والأولويات.
- التغييرات القانونية والتنظيمية.
- المنافسين.
- الاعتماد على الموردين والشركاء.
- التغييرات التكنولوجية.
- متطلبات أصحاب المصلحة المتضاربة.

التحسين:-

يجب تقييم جميع مبادرات التحسين والتحكم فيها بشكل مستمر من قبل إدارة المخاطر وتؤسس هذه الممارسة منظورًا مهمًا لتحديد أولويات التحسين والتخطيط والمراجعة.

المشاركة:-

تساعد ممارسة إدارة المخاطر في تحديد أصحاب المصلحة الرئيسيين وتحسين المشاركة استنادًا إلى معلومات مثل الرغبة في المخاطرة وملفات تعريف المخاطر.

التصميم و الإنتقال:-

يجب تصميم المنتجات والخدمات بحيث تعالج المخاطر ذات الأولوية على سبيل المثال يجب أن تكون قابلة للتطوير لتدعم التغييرات في الطلب بمرور الوقت.

تمثل الخدمات الجديدة أو المتغيرة بالنسبة للمنظومة مستويات متفاوتة من المخاطر والتي يجب تحديدها وتقييمها قبل الموافقة على التغيير في حالة الموافقة يجب أن تكون إدارة المخاطر جزء هام من عملية التغيير بما في ذلك الإصدارات والنشر والمشروعات.

حصول و بناء:-

يجب أن تساعد إدارة المخاطر في اتخاذ القرارات بشأن الحصول على المنتجات أو الخدمات أو مكونات الخدمة أو بنائها.

التقديم و الدعم:-

تقديم و دعم:-

تساعد إدارة المخاطر على ضمان استمرارية تسليم المنتجات والخدمات على المستوى المتفق عليه وإدارة جميع الأحداث وفقًا للمخاطر التي تفرضها.

12- ممارسة إدارة القياس والتقارير

الغرض

- الغرض من ممارسة القياس والتقارير هو دعم اتخاذ القرارات الجيدة والتحسين المستمر من خلال تقليل مستويات عدم اليقين.
- يتحقق ذلك من خلال جمع البيانات ذات الصلة حول مختلف الكائنات المُدارة والتقييم الصحيح لهذه البيانات في سياق مناسب.

المؤشرات

- يمكن تعريف عوامل النجاح الحرجة التشغيلية (CSFs) بناءً على هذه العوامل.
- يمكن الاتفاق على مجموعة من مؤشرات الأداء الرئيسية ذات الصلة (KPIs) والتي يمكن قياس النجاح من خلالها.
- عامل النجاح الحرج (CSF) شرط أساسي ضروري لتحقيق النتائج المقصودة.
- مؤشر الأداء الرئيسي (KPI) مقياس مهم يستخدم لتقييم النجاح في تحقيق هدف.

مؤشرات الأداء الرئيسية والسلوك

- يمكن أن تعمل مؤشرات الأداء الرئيسية للأفراد كمحفز تنافسي، وهذا من شأنه أن يؤدي إلى نتائج إيجابية.
- يمكن أن يكون لتحديد الأهداف للأفراد جانب سلبي أيضًا، مما يؤدي إلى سلوكيات غير مناسبة.
- من الأفضل أن يتم تحديد مؤشرات الأداء الرئيسية التشغيلية للفرق بدلاً من التركيز بشكل وثيق على الأفراد.

التقارير

الغرض من التقارير هو دعم اتخاذ القرارات الجيدة لذا يجب أن يكون محتواها ذا صلة بمتلقي المعلومات ومرتبطًا بالموضوع المطلوب.

نطاق عمل ممارسة القياس وإعداد التقارير

- تحديد نهج القياس وإعداد التقارير.
- ضمان اتباع النهج المتفق عليه في جميع أنحاء المؤسسة.
- دمج أنشطة القياس وإعداد التقارير بشكل متسق في تدفقات القيمة.
- الحفاظ على جودة تقارير الإدارة وتلبية احتياجات المؤسسة ومتطلباتها.

● مراجعة وتحسين القياسات والتقارير بشكل مستمر في جميع أنحاء المؤسسة.

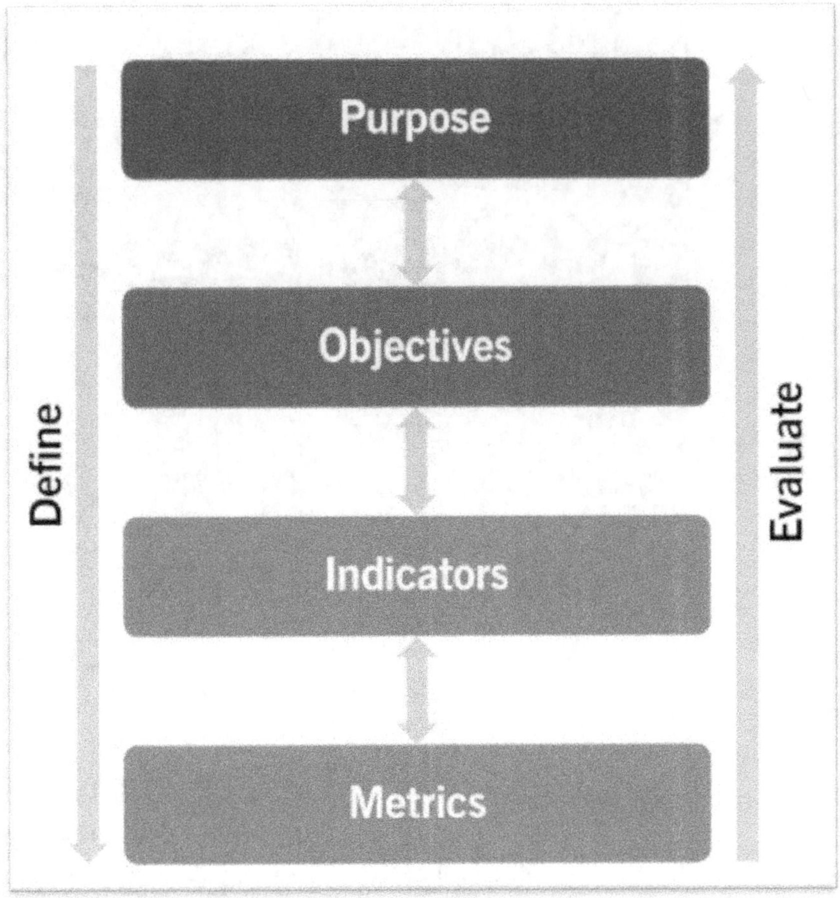

الشكل رقم (74) يبين نموذج التخطيط و التقييم.
ITIL4 Practices-AXELOS Copyright-2020.

عوامل نجاح ممارسة القياس وإعداد التقارير PSF

● التأكد من أن القياسات مدفوعة بالأهداف

● ضمان جودة وتوافر بيانات القياس

● ضمان تقديم تقارير فعالة لدعم عملية صنع القرار.

عمليات ممارسة القياس و إعداد التقارير

● تصميم نظام القياس وإعداد التقارير.

● إعداد التقارير والتقييم.

تصميم نظام القياس وإعداد التقارير

تتضمن هذه العملية عددا من الأنشطة كما في الشكل (75) وتحويل المدخلات

إلى مخرجات.

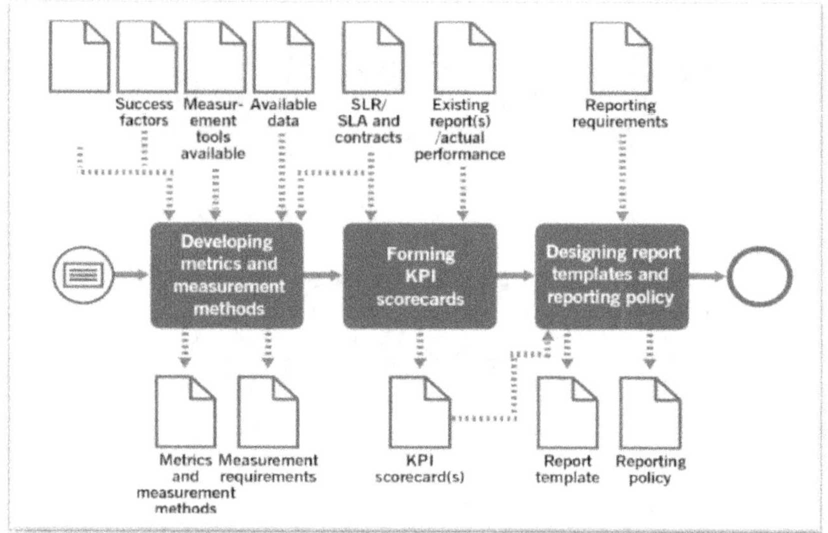

الشكل رقّم (75) يبين مسار عملية تصميم نظام القياس.
ITIL4 Practices-AXELOS Copyright-2020.

المدخلات
الغرض والأهداف
عوامل النجاح
أدوات وإمكانات القياس
البيانات المتاحة
مستندات الإتفاقيات SLRs / SLAs والعقود
التقرير (التقارير) الحالي/الأداء الفعلي
متطلبات تقديم التقارير
المخرجات
المقاييس.
متطلبات القياس.
طرق القياس.
بطاقة (بطاقات) أداء مؤشرات الأداء الرئيسية.
نموذج (نماذج) التقرير.
سياسة الإبلاغ و التقارير.
الأنشطة
تطوير المقاييس وطرق القياس.
تشكيل بطاقات الأداء KPI

تصميم قوالب التقارير وسياسة إعداد التقارير.

إعداد التقارير والتقييم

تتضمن هذه العملية عددا من الأنشطة كما فى الشكل (76) وتحول المدخلات إلى مخرجات.

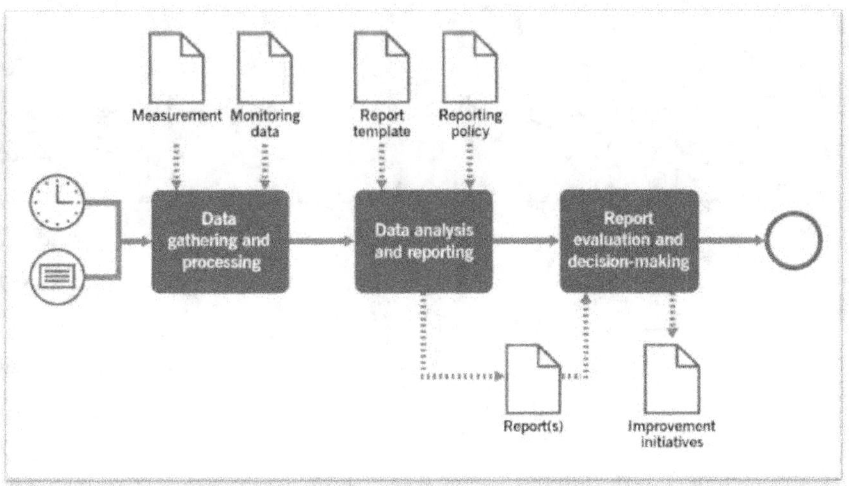

الشكل رقم (76) يبين مسار إعداد التقارير و التقييم.
ITIL4 Practices-AXELOS Copyright-2020.

المدخلات
قياسات
بيانات الرصد
قالب التقرير
سياسة الإبلاغ
المخرجات
التقارير التشغيلية
التقارير التحليلية
مبادرات التحسين
الأنشطة
جمع البيانات ومعالجتها
تحليل البيانات وإعداد التقارير
تقييم التقرير واتخاذ القرار

مساهمة ممارسة القياس والتقارير في سلسلة قيمة الخدمة

التخطيط:
تمكين اتخاذ القرارات المتعلقة بالإستراتيجية ومحفظة الخدمات من خلال توفير تفاصيل حول الأداء الحالي للمنتجات والخدمات.

التحسين:
يتم مراقبة الأداء وتقييمه باستمرار لدعم التحسين المستمر.

المشاركة:
يعتمد التواصل مع أصحاب المصلحة على المعلومات الصحيحة والمحدثة والكافية.

التصميم والانتقال:
يوفر المعلومات لقرارات الإدارة في كل مرحلة قبل بدء التشغيل.

الحصول/البناء:
يضمن شفافية جميع أنشطة التطوير والمشتريات.

التقديم والدعم:
تعتمد الإدارة المستمرة للمنتجات والخدمات على معلومات الأداء الصحيحة والمحدثة والكافية.

13- ممارسة إدارة المعرفة

الغرض و الأهداف

- الغرض من ممارسة إدارة المعرفة هو الحفاظ على وتحسين الاستخدام الفعال والناجح والمريح للمعلومات والمعرفة في جميع أنحاء المنظمة.
- توفر ممارسة إدارة المعرفة نهجًا منظمًا لتحديد وبناء وإعادة استخدام ومشاركة المعرفة (أي المعلومات والمهارات والممارسات والحلول والمشاكل) في أشكال مختلفة.

نطاق عمل ممارسة إدارة المعرفة

- إنشاء بيئة على مستوى المنظمة لتبادل المعلومات و المعرفة بشكل فعال، بما في ذلك الثقافة والتقنيات والإجراءات والأدوات والمهارات.
- فهم الأصول المعرفية وتقديم توصيات لإدارتها واستخدامها بشكل فعال.
- رصد وتحسين فعالية استخدام المعرفة في جميع أنحاء المنظمة.
- اكتشاف وتوفير المعلومات عند الطلب حينما لا تتوفر المعرفة بسهولة.

عوامل نجاح ممارسة إدارة المعرفة PSF

- إنشاء والحفاظ على المعرفة القيمة ونقلها واستخدامها عبر المؤسسة.
- استخدام المعلومات بشكل فعال لتمكين اتخاذ القرار عبر المؤسسة.

عمليات أنشطة إدارة المعرفة

- إنشاء وصيانة بيئة إدارة المعرفة.
- اكتشاف المعلومات عند الطلب.
- إدارة أصول المعرفة.

عملية إنشاء وصيانة بيئة إدارة المعرفة

تضمن العملية كما في الشكل رقم (77) وجود وتحسين البيئة حيث يفهم جميع أصحاب المصلحة طبيعة المعرفة ويكونوا على استعداد لإنشائها واستخدامها.

أهداف العملية

- تغيير الأنماط القديمة لاستخدام المعرفة.
- البناء والتحسين المستمر للثقافة التنظيمية التي تمكن من استخدام المعرفة.
- تمكين بيئة التعلم داخل المنظمة.
- التحسين المستمر لممارسة إدارة المعرفة بشكل عام.
- تحديد الأصول المعرفية داخل المنظمة.

● التعرف على طريقة إنشاء ونقل المعرفة وإدارة الأصول المعرفية (الضمنية والصريحة والمنظمة وغير المنظمة).

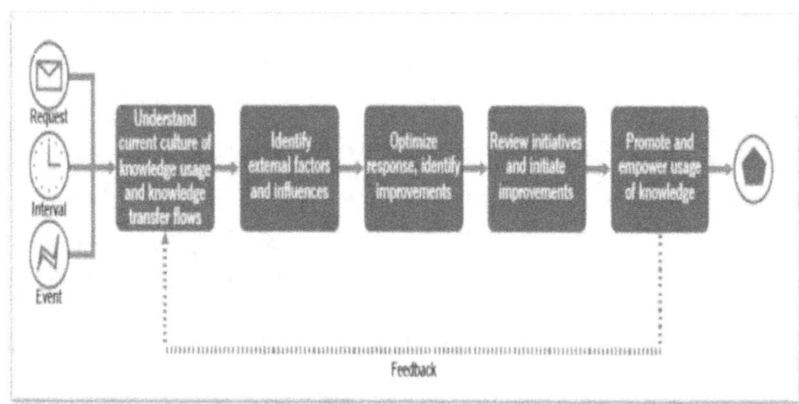

الشكل رقم (77) يبين مسار إنشاء و صيانة بيئة إدارة المعرفة.
ITIL4 Practices-AXELOS Copyright-2020.

المدخلات

- تقييم رضا أصحاب المصلحة في إدارة المعرفة.
- نتائج التحسين السابقة والسياسات والمتطلبات التنظيمية والمبادئ التوجيهية والقيود المالية.
- مقترحات التحسينات من إدارة العلاقة وممارسات إدارة القوى العاملة والمواهب والتغيير التنظيمي والممارسات الأخرى.
- معلومات المخاطر.

المخرجات

- نهج إدارة المعرفة.
- نطاق أصول إدارة المعرفة.
- خطة تحسين ممارسات إدارة المعرفة.
- القوالب والتعليمات والإرشادات لإدارة دورة حياة إدارة المعرفة.
- التوصيات والنهج لبناء وصيانة نظام المعرفة.
- المبادئ التوجيهية لجودة البيانات والمعلومات.
- طلبات التغيير.
- مواد للتدريب على إدارة المعرفة وتمكين بيئة التعلم.
- المتطلبات والمعلومات لإدارة التغيير التنظيمي، وإدارة القوى العاملة والمواهب، وإدارة العلاقات.

الأنشطة

- فهم الثقافة الحالية لاستخدام المعرفة وتبادل المعرفة.
- مراجعة المتطلبات الخارجية والداخلية وعوامل التأثير.
- تحسين الاستجابة وتحديد التحسينات.
- تعزيز وتمكين استخدام ممارسات إدارة المعرفة في جميع أنحاء المنظمة.
- مراجعة تطبيق ممارسة إدارة المعرفة وبدء التحسينات.

عملية اكتشاف المعلومات عند الطلب

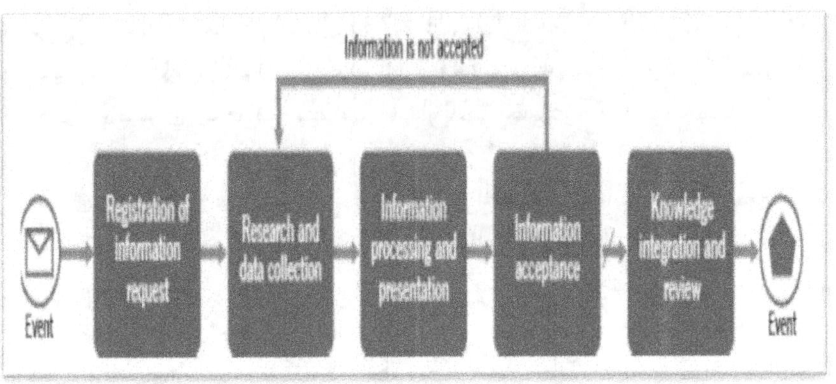

الشكل رقم (78) يبين عملية اكتشاف المعلومات عند الطلب.
ITIL4 Practices-AXELOS Copyright-2020.

تتضمن السيناريوهات كما فى الشكل (78) التي يتم فيها استخدام هذه العملية:

- تحليل الأعمال غير القياسية للتحقق من صحتها.
- تقييم دور التكنولوجيا الناشئة و ممارسة الأعمال التجارية.
- تقييم التأثيرات الخارجية الأخرى مثل اللوائح الجديدة.
- الطلبات المعقدة والنادرة والتى لم يتم توحيدها أو تشغيلها تلقائيًا.

مدخلات

- طلب معلومات.
- الوصول إلى مصادر المعلومات الداخلية والخارجية.
- سياسات أمن المعلومات.
- المبادئ التوجيهية والقيود المالية.
- السياسات والمتطلبات التنظيمية.

مخرجات

- مجموعة من المعلومات بالتنسيق المطلوب.
- تحديث مخازن المعرفة الداخلية.
- تقارير استخدام المعلومات.

الأنشطة

- تسجيل طلب المعلومات.
- البحث وجمع البيانات.
- معالجة المعلومات وعرضها.
- قبول المعلومات.
- تكامل المعرفة ومراجعتها.

عملية إدارة أصول المعرفة

- تركز العملية كما فى الشكل (79) على إدارة أصول المعرفة طوال دورة حياتها والتكامل الفعال لأصول المعرفة في بيئة ممارسة إدارة المعرفة.
- تمثل الأصول المعرفية بيانات ومعلومات جماعية وفردية، منظمة وغير منظمة، ضمنية وصريحة.
- تشمل الأمثلة سجلات الحوادث، والتعليمات البرمجية المصدرية للتطبيقات، واتفاقيات مستوى الخدمة، والوثائق الفنية.
- يتم تحديد نطاق ومستوى مواصفات الأصول المعرفية كجزء من عملية "إنشاء وصيانة بيئة إدارة المعرفة" جنبًا إلى جنب مع إدارة البنية وإدارة أمن المعلومات وإدارة تكوين الخدمة والممارسات الأخرى.

المدخلات

- أصول المعلومات التي تستخدمها المنظمة.
- سياسات أمن المعلومات.
- المبادئ التوجيهية لجودة البيانات والمعلومات.
- معلومات عن الأخطاء في نظام المعرفة.
- ردود فعل أصحاب المصلحة وبيانات الرضا.

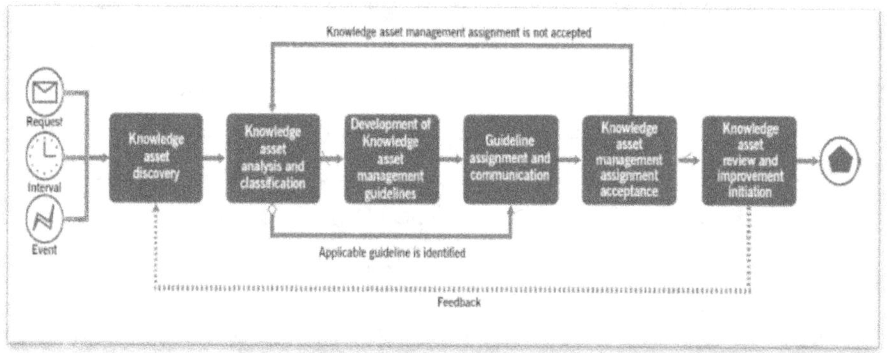

الشكل رقم (79) يبين مسار عملية إدارة الأصول المعرفية.
ITIL4 Practices-AXELOS Copyright-2020.

المخرجات

- الأصول المعرفية الجديدة والمحدثة.
- المبادئ التوجيهية لإدارة أصول المعرفة.
- مهام إدارة أصول المعرفة.
- تقارير إدارة أصول المعرفة.

الأنشطة

- اكتشاف أصول المعرفة.
- تحليل الأصول المعرفية وتصنيفها.
- تطوير المبادئ التوجيهية لإدارة الأصول المعرفية.
- مهمة التوجيه والتواصل.
- قبول مهمة إدارة أصول المعرفة.
- مراجعة الأصول المعرفية وبدء التحسين.

مساهمة إدارة المعرفة في سلسلة قيمة الخدمة

التخطيط:

تساعد المنظمة على اتخاذ قرارات سليمة بشأن المحفظة وتحديد استراتيجيتها.

التحسين:

توفر سياقًا لتقييم الإنجازات وتخطيط التحسين.

المشاركة:

تساعد على فهم أصحاب المصلحة بشكل أفضل.

التصميم والانتقال:

تجعل معرفة الحلول والتقنيات متاحة وإعادة استخدام المعلومات نشاط سلسلة القيمة هذا أكثر فعالية

الحصول/البناء:

يمكن تحسين العملية بشكل كبير مع المعرفة الكافية بالحلول والتقنيات المتاحة.

التقديم والدعم:

إعادة استخدام الحلول في المواقف القياسية وفهم أفضل لسياق المواقف غير القياسية التي تتطلب التحليل.

14- ممارسة التحسين المستمر

الغرض

الغرض من ممارسة التحسين المستمر هو مواءمة ممارسات المنظمة وخدماتها مع احتياجات العمل المتغيرة من خلال التحسين المستمر للمنتجات أو الخدمات أو الممارسات أو أي عنصر مشارك في إدارة المنتجات والخدمات.
الحفاظ على القيمة الناتجة عن نظام قيمة الخدمة وزيادتها.
تحسين القدرة الإجمالية على تقديم الخدمات وإدارتها بكفاءة.

التحسين

تغيير يتم تقديمه يؤدي إلى زيادة القيمة لواحد أو أكثر من أصحاب المصلحة.

الرؤية

طموح محدد لما ترغب المنظمة في أن تصبح عليه في المستقبل.

العمل كالمعتاد

المهام الروتينية المتكررة التي يمكن تنفيذها من قبل أشخاص يتمتعون بالمهارات الفنية المناسبة دون الحاجة إلى إدارتها كمشروع.

سجل التحسين

قاعدة بيانات أو مستند منظم يستخدم لتسجيل وإدارة مبادرات التحسين طوال دورات حياتها.

آليات التغذية الراجعة و التحسين المستمر

- تصور المستخدم النهائي والعميل للقيمة التي تم إنشاؤها.
- كفاءة وفعالية أنشطة سلسلة القيمة.
- فعالية حوكمة الخدمة بالإضافة إلى ضوابط الإدارة.
- الواجهات بين المنظمة وشبكة شركائها والموردين.
- الطلب على المنتجات والخدمات.
- بمجرد تلقي التغذية الراجعة، يمكن تحليلها لتحديد فرص التحسين أو المخاطر أو المشكلات والتحقق منها.

نطاق عمل ممارسة التحسين المستمر

- إنشاء ورعاية ثقافة التحسين المستمر.
- التخطيط والحفاظ على مناهج وطرق التحسين في جميع أنحاء المنظمة.
- التخطيط وتسهيل التحسينات المستمرة طوال دورات حياتها.
- تقييم فعالية التحسينات و المخرجات والنتائج والكفاءة والمخاطر والتكاليف.
- توليد ودمج الملاحظات حول تنفيذ التحسينات ونتائجها.

عوامل نجاح ممارسة التحسين المستمر PSF
- إنشاء والحفاظ على نهج فعال للتحسين المستمر.
- ضمان التحسين الفعال والناجح في جميع أنحاء المنظمة.

نموذج التحسين المستمر

- يوفر نموذج التحسين المستمر ITIL إرشادات عالية المستوى تدعم مبادرات التحسين.
- يزيد استخدام هذا النموذج من احتمالية نجاح مبادرات التحسين.
- يركز النموذج على قيمة العميل ويربط جهود التحسين بالرؤية التنظيمية.
- يعزز النموذج نهجًا تكراريًا للتحسين حيث يتم تقسيم العمل إلى أجزاء قابلة للإدارة لها أهداف محددة يمكن تحقيقها تدريجيًا.
- عند استخدام هذا النموذج، من المهم استخدام المنطق والحس السليم.
- لا يلزم تنفيذ الخطوات بطريقة خطية وقد يكون من الضروري إعادة التقييم والعودة إلى خطوة سابقة في نقاط مختلفة.

نموذج السبع خطوات

كل خطوة تعني سياقات مختلفة وبالتالي وجهات نظر و إجراءات مختلفة و يتم تحديد الإجراءات نفسها بناءً على الصناعة و نوع التحسين استراتيجي أو تكتيكي أو تشغيلي وما هو ثابت هو تدفق الخطوات الواجب اتباعها متتالية كما بالشكل رقم (80).

يعتبر النموذج أكثر أهمية لأنه يتوافق مع التنظيم والرؤية والرسالة ويتكامل بسلاسة مع تدفقات العمليات التجارية وبالتالي فإن النتائج تتماشى أيضًا مع ما تتوقعه المؤسسة.

1) ما هى الرؤية؟ يجب تحديد رؤية و مهمة و أهداف و غايات.
2) أين نحن الآن؟ تقييم الوضع الحالى.
3) إلى أين نرغب؟ تحديد أهداف مقاسة.
4) كيف؟ تحديد خطة التحسين.
5) بدء العمل و التنفيذ.
6) هل تحقق الهدف؟ قياسات التقييم.
7) كيف نحافظ على الإستمرارية؟ العودة إلى الخطوة الأولى.

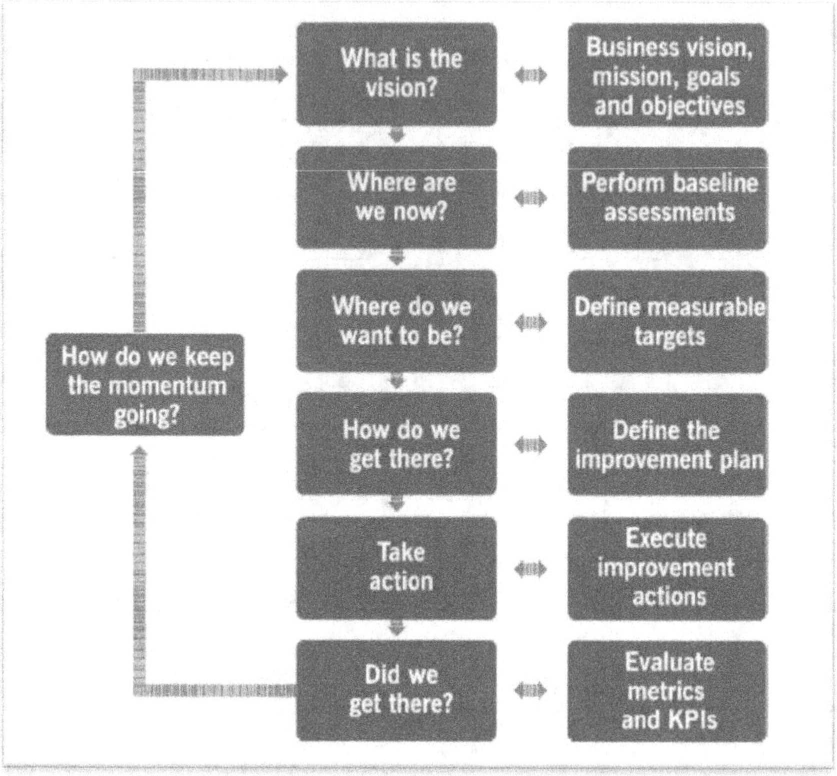

الشكل رقم (80) يبين نموذج التحسين المستمر من أيتل4.
ITIL4 Practices-AXELOS Copyright-2020.

عملية إدارة مبادرات التحسين المستمر

تتضمن هذه العملية عددا من الأنشطة كما فى الشكل (81) وتحول المدخلات إلى مخرجات.

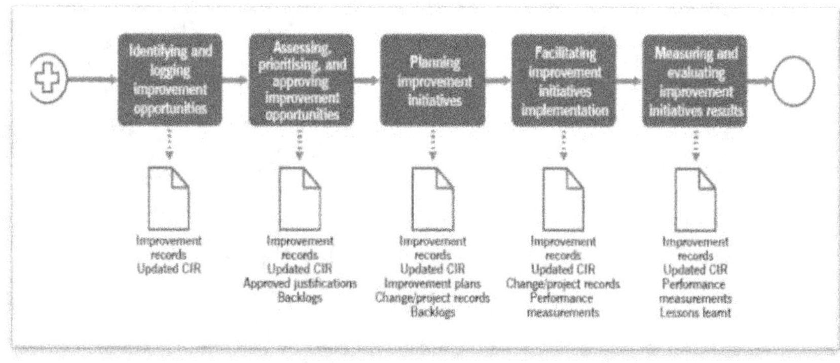

الشكل رقم (81) يبين مسار عملية إدارة مبادرات التحسين المستمر.
ITIL4 Practices-AXELOS Copyright-2020.

المدخلات

- رؤية المنظمة ورسالتها وأهدافها.
- مراجعة ما بعد الحادث.
- نتائج المشكلة.
- المقاييس الأساسية.
- مقاييس هدف الممارسة والإنجاز.
- مقاييس رضا العملاء.
- مراجعة ممارسات إدارة دورة حياة المنتج.
- ملاحظات المستخدمين والعملاء.
- تقارير التقييم.
- تقارير التدقيق.
- سجل التحسين.
- سجل التحسين المستمر.

المخرجات

- سجل التحسين.
- تحديث سجل التحسين المستمر CIR.
- مسودة مبرر العمل.
- مبرر العمل المعتمد.
- خطط التحسين.
- قياسات الأداء.
- سجلات التغيير والمشروع.
- مقاييس محدثة.
- الدروس المستفادة.

الأنشطة

- تحديد فرص التحسين وتسجيلها.
- تقييم مبادرات التحسين وإعطائها الأولوية والموافقة عليها.
- تخطيط مبادرات التحسين.
- تسهيل تنفيذ مبادرات التحسين.
- قياس وتقييم نتائج مبادرات التحسين.

مساهمة إدارة التحسين المستمر في سلسلة قيمة الخدمة

التخطيط

تُطبَّق ممارسة التحسين المستمر على أنشطة التخطيط والأساليب والتقنيات للتأكد من أنها ذات صلة بأهداف المنظمة وسياقها الحالي.

التحسين

تُعَد ممارسة التحسين المستمر مفتاحًا لنشاط سلسلة القيمة فهي تعمل على هيكلة الموارد والأنشطة، وتمكين التحسين على جميع مستويات المنظمة ونظام القيمة المستدامة.

المشاركة والتصميم والانتقال والحصول/البناء والتسليم والدعم

تخضع كل من أنشطة سلسلة القيمة هذه للتحسين المستمر، وتُطبَّق ممارسة التحسين المستمر على جميع هذه الأنشطة.

الفصل السادس ممارسات إدارة الخدمة

SERVICE MANAGEMENT ممارسات إدارة الخدمة PRACTICES

Service Catalogue Management

Service Request Management

Business Analysis

Service Design

Service Configuration Management

Release Management

Service Validation and test

Service Level Management

Availability Management

Capacity and Performance Management

IT Asset Management

Monitoring and Event Management

Incident Management

Problem Management

Change Control

Service Continuity Management

Service Desk

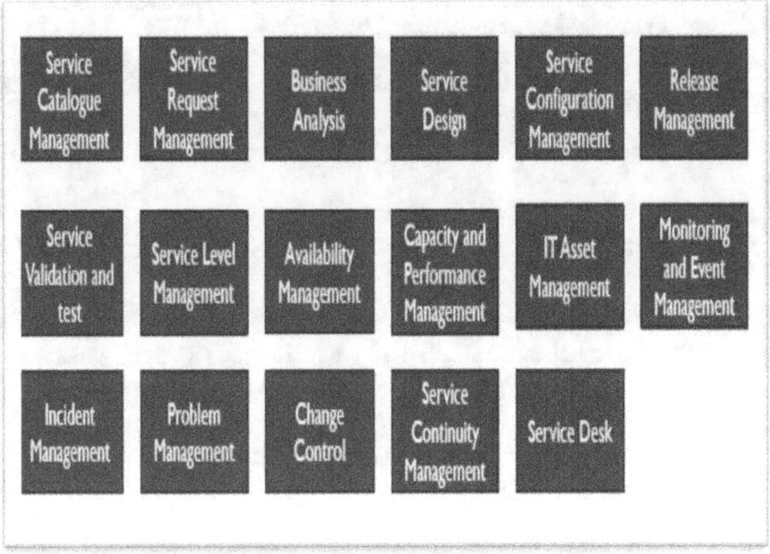

الشكل رقم (82) يبين قائمة ممارسات إدارة الخدمة

ITIL 4 FOUNDATION-MORWAN ELGASIM

- إدارة كتالوج الخدمة Service Catalogue Management
- إدارة طلبات الخدمة Service Request Management
- تحليل الأعمال Business Analysis(BA)
- تصميم الخدمة Service Design (SD)
- إدارة تكوين الخدمة
- Service Configuration Management (Cong M)
- إدارة الإصدار Release Management (RM)
- التحقق من صحة الخدمة واختبارها Service Validation and test
- إدارة مستوى الخدمة Service Level Management (SLM)
- إدارة التوفر Availability Management (AvM)
- إدارة القدرات والأداء Capacity and Performance Management
- إدارة أصول تكنولوجيا المعلومات IT Asset Management
- المراقبة وإدارة الأحداث Monitoring and Event Management
- إدارة الحوادث Incident Management
- إدارة المشاكل Problem Management
- تغيير التحكم Change Control
- إدارة استمرارية الخدمة Service Continuity Management
- مكتب الخدمات Service Desk

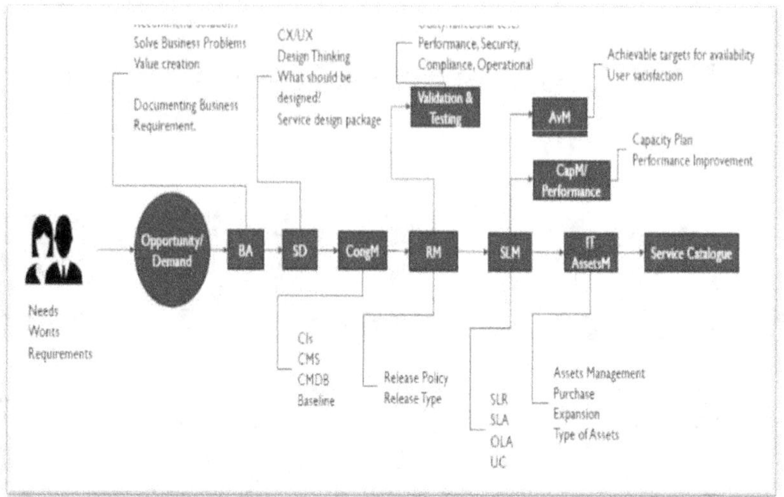

الشكل رقم (83) يبين سيناريو رقم 1 طلب جديد متطلبات جديدة.
ITIL 4 FOUNDATION-MORWAN ELGASIM

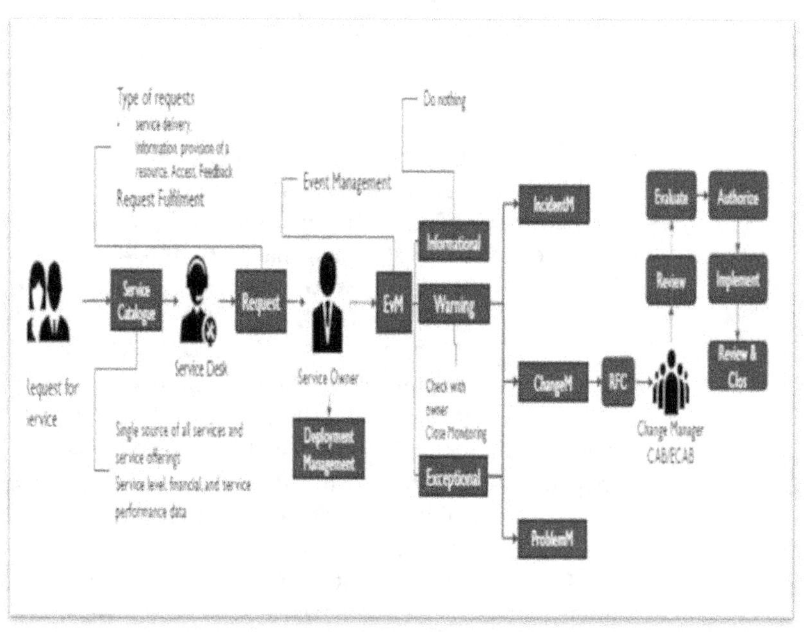

الشكل رقم(84) يبين سيناريو رقم 2 طلب جديد و الخدمة موجودة.
ITIL 4 FOUNDATION-MORWAN ELGASIM

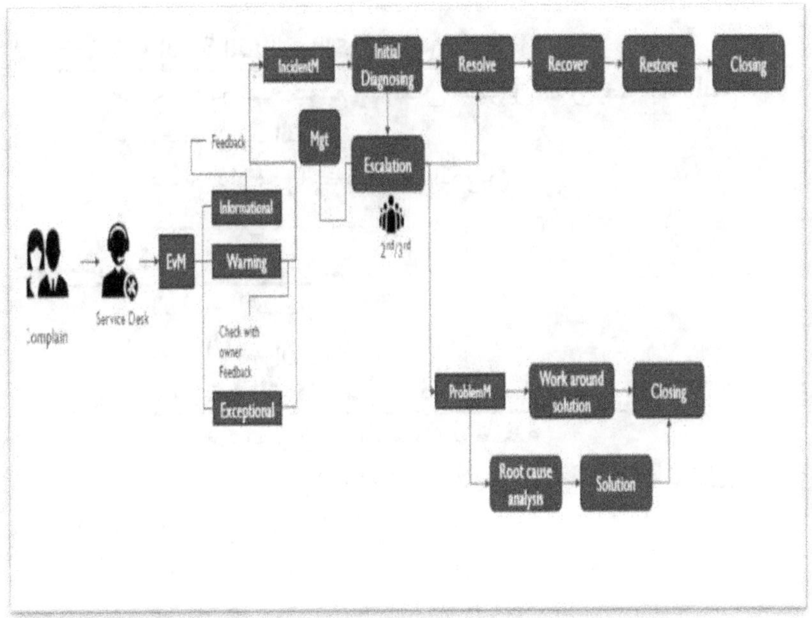

الشكل رقم(85) يبين سيناريو رقم 3 شكوى من خدمة موجودة.
ITIL 4 FOUNDATION-MORWAN ELGASIM

سيناريوهات إدارة الخدمة

سيناريو رقم(1) طلب جديد و متطلبات جديدة

يبين اشكل رقم(83) مراحل تنفيذ الطلب من خلال تتابع الممارسات كما يلى:

1- إحتياج \ طلب \ متتطلبات (فرصة).

2- <u>يوجه الطلب إلى تحليل الأعمال</u>
- التوصية بالحلول.
- حل مشاكل الأعمال.
- دراسة تخليق القيمة.
- توثيق متطلبات الأعمال.

3- <u>ممارسة تصميم الخدمة</u>

- دراسة وفقا لتجربة العميل) CX و (تجربة المستخدم) UX
- التفكير في التصميم.
- ما الذي يجب تصميمه.
- حزمة تصميم الخدمة.

157

4- ممارسة إدارة التكوين\الكونفجيوريشن

- CIs دراسة جميع عناصر التكوين المرتبطة بالطلب.
- نظام إدارة التكوين
- نظام إدارة قواعد بيانات التكوين
- خط أساس بدء العمل

5- ممارسة إدارة الإصدار

- سياسة الإصدار
- نوع الإصدار

a. ممارسة التحقق من صحة الخدمة واختبارها

- اختبارات المنفعة/الوظيفية
- أختبارات الأداء والأمن والامتثال والتشغيل.

6- ممارسة إدارة مستوى الخدمة

- اتفاقية مستوى الخدمة (SLA)
- اتفاقية مستوى التشغيل (OLA)
- اتفاقية مستوى الخدمة (SLA)
- العقد الأساسي (UC)

a. ممارسة إدارة التوفر

- أهداف قابلة للتحقيق لتوافرها
- رضا المستخدمين

b. ممارسة إدارة القدرة\السعة

- خطة الإستيعاب
- تحسين الأداء

7- ممارسة إدارة اصول تكنولوجيا المعلومات

- إدارة الأصول
- شراء المستلزمات و المتطلبات
- توسع بالإضاقات اللازمة
- تحديد نوع الأصول المضافة.

8- ممارسة كتالوج الخدمة.

إضافة الخدمة الجديدة فى كتالوج الخدمة

تحديث ما يلزم من بيانات.

سيناريو رقم 2 طلب جديد و الخدمة موجودة.

يبين اشكل رقم(84) مراحل تنفيذ الطلب من خلال تتابع الممارسات كما يلى:

1- اختيار الخدمة من كتالوج الخدمة

- مصدر واحد لجميع الخدمات وعروض الخدمات.
- مستوى الخدمة المطلوبة.
- البيانات المالية و الشروط.
- بيانات أداء الخدمة و المواصفات.

2- مكتب الخدمة

- تقديم الطلب
- أنواع الطلبات تقديم خدمة، طلب معلومات, توفير الموارد، الوصول الخ. ردود الفعل من طالب الخدمة
- انجاز الطلب.

3- توجيه الطلب إلى مالك الخدمة فى الإدارة.

- إحالة الطلب إلى إدارة ألإصدار و النشر
- أو إعتبار الطلب حادث يوجه إلى إدارة الأحداث.

4- **إدارة الأحداث** تصنف الحادث.

- إشعار و إعلام لا يتخذ أى إجراء و يسجل.
- تحذير يتم التحقق مع مالك العملية و \أو مراقبة وثيقة.
- حالة استثنائية توجه إلى **إدارة الحوادث.**
- التحذير و الحال الإستثنائية توجه إلى **إدارة المشكلات.**

5- قد يتطلب الأمر تغيير من **إدارة التغيير.**

6- يتم إصدار طلب RFC إجراء تغيير.

7- مدير التغيير و متطلبات إجراءات التغيير

- مدير التغيير
- المجلس الاستشاري للتغيير (CAB)
- المجلس الاستشاري للتغيير في حالات الطوارئ (ECAB)

8- إجراءات إدارة التغيير

- مراجعة.
- تقييم.
- الإذن و الموافقة و التصريحات بالعمل.
- التنفيذ.
- مراجعة وإغلاق.

1- ممارسة إدارة كتالوج الخدمة

الغرض و الأهداف

الغرض من ممارسة إدارة كتالوج الخدمة هو توفير مصدر واحد للمعلومات المتسقة حول جميع الخدمات وعروض الخدمات والتأكد من إتاحتها للجمهورذي الصلة من العملاء و المستخدمين بأنواعهم.

نطاق عمل ممارسة إدارة كتالوج الخدمة

➢ تحديد هيكل وصف الخدمة المناسب لكتالوج الخدمة ليكون منظمًا بشكل جيد ويلبي احتياجات أصحاب المصلحة، بما في ذلك السمات والعلاقات الإلزامية المتفق عليها.

➢ تسجيل معلومات الخدمة وتحديثها باستمراروضمان جودة البيانات في كتالوج الخدمة.

➢ تحديد وجهات النظر المختلفة المخصصة لكتالوج الخدمة للمجموعات ذات الصلة من أصحاب المصلحة.

➢ تنفيذ وجهات النظر والتغييرات على هيكل كتالوج الخدمة.

➢ نشر كتالوج الخدمة وإدارة وجهات النظر المختلفة لمختلف أصحاب المصلحة.

عروض إدارة كتالوج الخدمة

طرق عرض مخصصة:
يجب أن تكون مرنة فيما يتعلق بتفاصيل الخدمة والسمات التي تقدمها.

عروض المستخدم
توفر معلومات عن عروض الخدمة التي يمكن طلبها وعن تفاصيل التزويد.

عروض العملاء
توفير بيانات مستوى الخدمة والبيانات المالية وأداء الخدمة.

عروض زملاء تكنولوجيا المعلومات
توفير المعلومات الفنية والأمنية والعملية لاستخدامها في تقديم الخدمة.

كتالوج الطلب
عرض لكتالوج الخدمة يوفر تفاصيل حول طلبات الخدمات الحالية والجديدة التي يتم إتاحتها للمستخدم.

عوامل نجاح ممارسة إدارة كتالوج الخدمة PSF

التأكد من أن هيكل ونطاق كتالوجات خدمات المنظمة يلبي المتطلبات التنظيمية.

التأكد من أن المعلومات الموجودة في كتالوجات الخدمة تلبي احتياجات أصحاب المصلحة الحالية والمتوقعة.

عمليات أنشطة إدارة كتالوج الخدمة

- تحديد وصيانة بيانات كتالوج الخدمة وطرق عرض كتالوج الخدمة القياسية.
- توفير والحفاظ على عروض كتالوج الخدمة المحدثة للجمهور المستهدف المتفق عليه.

عملية تحديد وصيانة بيانات كتالوج الخدمة وطرق عرض كتالوج الخدمة القياسية

تركز هذه العملية على تحديد هيكل كتالوج الخدمة والبيانات وطرق العرض القياسية والموافقة عليها والحفاظ عليها وفقًا لمتطلبات أصحاب المصلحة. تتضمن عددا من الأنشطة كما فى الشكل (86) وتحول المدخلات إلى مخرجات.

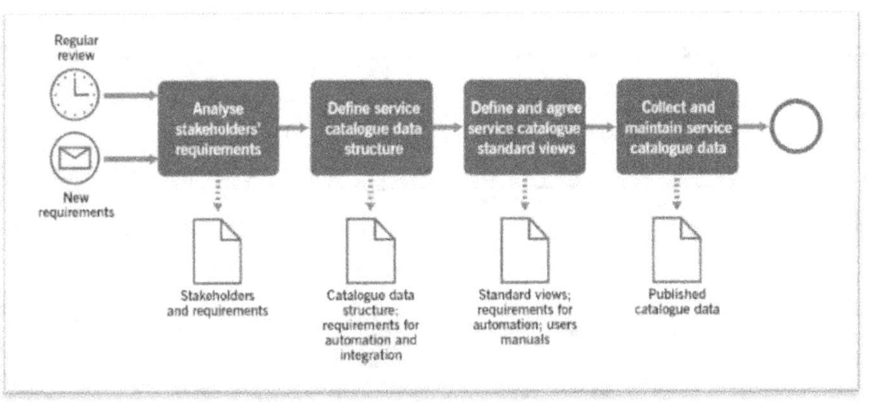

الشكل رقم (86) يبين مسار عملية تحديد بيانات كتالوج الخدمة.
ITIL4 Practices-AXELOS Copyright-2020.

المدخلات

- ⟶ بنية المنظمة
- ⟶ استراتيجية المنظمة
- ⟶ محفظة خدمات المنظمة
- ⟶ متطلبات العملاء والمستخدمين

➢ العقود والاتفاقيات مع العملاء والموردين
➢ مصادر البيانات الخارجية حسب الاقتضاء
➢ ردود الفعل على كتالوج الخدمة
➢ سجل التحسين المستمر

المخرجات

- قائمة بمجموعات أصحاب المصلحة في كتالوج الخدمة الرئيسية
- متطلبات أصحاب المصلحة المتفق عليها
- هيكل بيانات كتالوج الخدمة
- طرق عرض كتالوج الخدمة القياسية وأدلة المستخدم
- نموذج لبيانات الخدمة الجديدة
- متطلبات أدوات إدارة الكتالوج
- متطلبات تكامل البيانات
- طلبات التغييرات
- تم نشر بيانات الكتالوج

الأنشطة

- تحليل متطلبات أصحاب المصلحة لكتالوج الخدمة
- تحديد بنية بيانات كتالوج الخدمة
- تحديد العروض القياسية لكتالوج الخدمة والموافقة عليها لمجموعات أصحاب المصلحة الرئيسيين
- جمع والحفاظ على بيانات كتالوج الخدمة.

عملية توفير والحفاظ على عروض كتالوج الخدمة المحدثة للجمهور المستهدف المتفق عليه

- تركز هذه العملية على عمليات كتالوج الخدمة.
- تضمن تلبية الطلبات المقدمة من مستخدمي الكتالوج لعرض الكتالوج المتفق عليه بسرعة وبشكل صحيح.
- هذه العملية مؤتمتة بالكامل أو إلى حد كبير.
- يتم الاتفاق على قنوات الطلب وقواعد الوصول والبيانات المقدمة وتصورها كجزء من تصميم كتالوج الخدمة وأتمتته.
- قد تتضمن هذه العملية أنشطة يدوية بسبب طلبات غير عادية أو أتمتة غير مكتملة.

تتضمن هذه العملية عددا من الأنشطة كما فى الشكل رقم (87) وتحول المدخلات التالية إلى مخرجات.

المدخلات

- بيانات كتالوج الخدمة
- تعليقات المستخدمين والعملاء، بما في ذلك الثناء والشكاوى
- طلبات مستخدمي الكتالوج لعرض الكتالوج
- قواعد الوصول والضوابط
- البيانات الخارجية ذات الصلة

المخرجات

- طرق عرض كتالوج الخدمة
- بيانات ردود الفعل
- استعلامات البيانات الخارجية

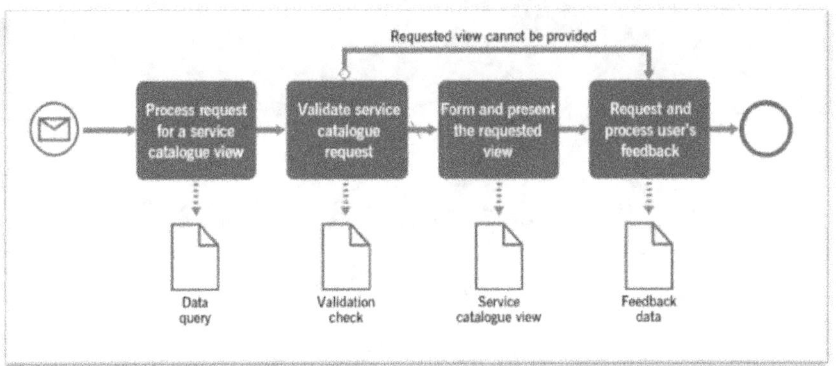

الشكل رقم (87) يبين مسار عمليات تحديث كتالوج الخدمة.
ITIL4 Practices-AXELOS Copyright-2020.

الأنشطة

- معالجة طلب لعرض كتالوج الخدمة
- التحقق من صحة طلب كتالوج الخدمة
- تشكيل وتقديم العرض المطلوب
- طلب ومعالجة تعليقات المستخدمين

مساهمة إدارة كتالوج الخدمة في سلسلة قيمة الخدمة

التخطيط:

مساعدة على اتخاذ القرارات الاستثمارية المتعلقة بالاستراتيجية ومحفظة الخدمات.

التحسين:

تتم مراقبة وتقييم أوصاف كتالوج الخدمة وأنماط الطلب باستمرار لدعم التحسين المستمر.

المشاركة:

163

تمكين العلاقات الإستراتيجية والتكتيكية والتشغيلية مع العملاء والمستخدمين.

التصميم والانتقال:

يضمن مراعاة ونشر جوانب المنفعة والضمان للخدمات.

الحصول/البناء:

توفير عروض كتالوج الخدمة لشراء المكونات والخدمات.

تقديم ودعم:

يوفر سياقًا لكيفية تقديم الخدمة ودعمها.

2- ممارسة إدارة طلب الخدمة

الغرض و الأهداف

الغرض من ممارسة إدارة طلب الخدمة هو دعم الجودة المتفق عليها للخدمة من خلال التعامل مع جميع طلبات الخدمة المحددة مسبقًا والتي يبدأها المستخدم بطريقة فعالة وسهلة الاستخدام.

طلب الخدمة

طلب من مستخدم أو ممثل معتمد للمستخدم يبدأ إجراء الخدمة الذي تم الاتفاق عليه كجزء عادي من تقديم الخدمة.

أنواع الطلبات

- طلب إجراء تقديم الخدمة.
- طلب للحصول على المعلومات.
- طلب توفير مورد أو خدمة.
- طلب الوصول إلى مورد أو خدمة.
- ردود الفعل والمجاملات والشكاوى.

معايير إدارة طلب الخدمة

- ينبغي توحيد طلبات الخدمة وتنفيذها بدقة و أمانة و سرعة.
- يجب أن تكون مؤتمتة إلى أقصى درجة ممكنة ويجب تحديد فرص التحسين وتنفيذها للوصول إلى أوقات إنجاز أسرع.
- يجب وضع السياسات المتعلقة بطلبات الخدمة التي سيتم تلبيتها بموافقات محدودة أو أخرى بدون موافقات إضافية حتى يمكن تبسيط التنفيذ.
- يجب تحديد توقعات المستخدمين فيما يتعلق بأوقات التنفيذ بشكل واضح، بناءً على ما يمكن للمنظمة تقديمه بشكل واقعي.
- هناك حاجة إلى السياسات وسير العمل لإعادة توجيه طلبات الخدمة التي يجب إدارتها فعليًا كأحداث أو تغييرات.
- تتطلب بعض طلبات الخدمة الحصول على تصريح وفقًا للمعايير المالية و معايير أمن المعلومات أو سياسات الأخرى.

تنفيذ الطلبات

- تعتمد إدارة طلبات الخدمة على عمليات وإجراءات مصممة بشكل جيد، والتي يتم تفعيلها من خلال أدوات التتبع والأتمتة.
- قد تحتوي طلبات الخدمة على مسارات عمل بسيطة أو مسارات عمل معقدة للغاية.

- يجب أن تكون خطوات تلبية الطلبات معروفة ومثبتة.
- يمكن لمزود الخدمة الموافقة على أوقات التنفيذ وتقديم اتصالات إفادات واضحة بالحالة للمستخدمين.
- يمكن توفير تجربة الخدمة ذاتية لبعض طلبات الخدمة يتم تحقيقها بالكامل من خلال الأتمتة و بدون تدخل أفراد الدعم و المساعدة.
- يجب الاستفادة من نماذج سير العمل المرنة السهلة كلما أمكن إذا تبين مساهمتها فى تحسين الكفاءة وقابلية الصيانة.

نطاق ممارسة إدارة طلب الخدمة

- إدارة نماذج طلب الخدمة.
- معالجة طلبات الخدمة المقدمة من المستخدمين أو ممثليهم.
- إدارة تنفيذ طلبات الخدمة حسب النماذج المتفق عليها.
- المراجعة والتحسين المستمر لمعالجة الطلب وأداء التنفيذ.

عوامل نجاح ممارسة إدارة طلب الخدمة PSF

- التأكد من تحسين إجراءات استيفاء طلب الخدمة لجميع الخدمات
- التأكد من تلبية جميع طلبات الخدمة حسب الإجراءات المتفق عليها وبما يرضي المستخدمين.

عمليات أنشطة إدارة طلب الخدمة

- مراقبة استيفاء طلب الخدمة.
- مراجعة طلب الخدمة والتحسين.

مراقبة استيفاء طلب الخدمة

تتضمن هذه العملية عددا من الأنشطة كما فى الشكل (88) وتحول المدخلات إلى مخرجات.

المدخلات

- استعلامات طلب الخدمة
- نماذج طلب الخدمة
- اتفاقيات مستوى الخدمة
- سجلات إجراءات التنفيذ والتقارير

المخرجات

- طلبات الخدمة المستوفاة
- سجلات إجراءات التنفيذ والتقارير
- استبيانات رضا المستخدمين

الأنشطة

- طلب التصنيف
- بدء نموذج طلب الخدمة والتحكم فيه
- التحكم في التنفيذ المخصص
- مراجعة استيفاء الطلبات.

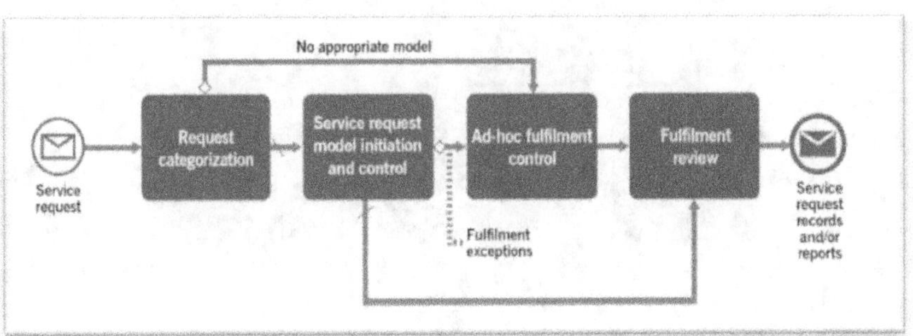

الشكل رقم (88) يبين مسار عملية استيفاء طلبات الخدمة.
ITIL4 Practices-AXELOS Copyright-2020.

مراجعة طلبات الخدمة وتحسينها

وتركز العملية على التحسين المستمر لممارسة إدارة نماذج طلب الخدمة. يوصى بإجراء العملية بانتظام أو عند تفعيلها بنتائج استطلاع المستخدم. تتضمن هذه العملية عددا من الأنشطة كما فى الشكل (89) وتحول المدخلات إلى مخرجات.

المدخلات

- نماذج طلب الخدمة الحالية
- نتائج استطلاع المستخدم
- التغييرات ذات الصلة ونماذج التغيير
- السياسات والمتطلبات التنظيمية
- كتالوج الخدمة
- اتفاقيات مستوى الخدمة
- معلومات أصول تكنولوجيا المعلومات
- قاعدة بيانات التكوين CMDB
- معلومات القدرة والأداء

المخرجات

- نموذج طلب الخدمة المحدث

- تحديث إجراءات طلب الخدمة وتعليمات العمل

الأنشطة

- سجلات طلب الخدمة وتحليل التقارير
- بدء تحسين نموذج طلب الخدمة
- اتصال تحديث نموذج طلب الخدمة

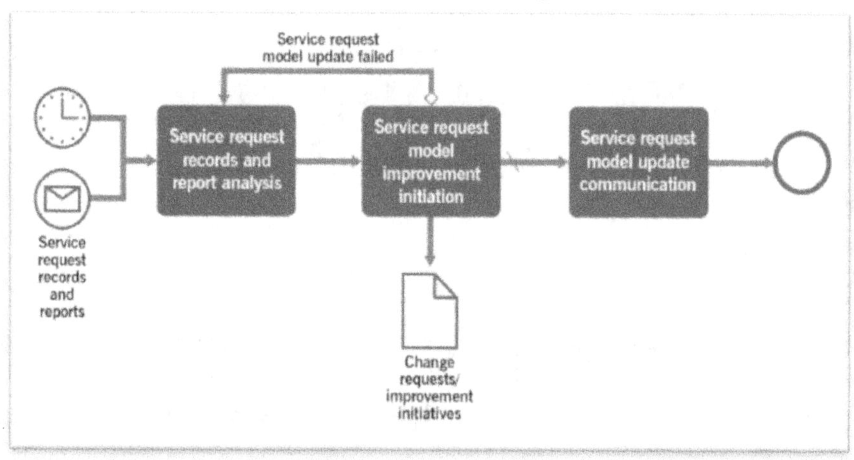

الشكل رقم (89) يبين مسار عملية مراجعة طلبات الخدمة و تحسينها.
ITIL4 Practices-AXELOS Copyright-2020.

Value Chain Activity	Contribution
Improve	Service request management can provide a channel for improvement initiatives, compliments and complaints from users. It also contributes to improvement by providing trend, quality and feedback information about fulfilment of requests.
Engage	Service request management includes regular communication to collect user-specific requirements, set expectations, and to provide status updates.
Design and transition	Standard changes to services can be initiated and fulfilled as service requests.
Obtain/build	The fulfillment of service requests may require acquisition of pre-approved service components.
Deliver and support	Service request management makes a significant contribution to normal service delivery. This activity of the value chain is mostly concerned with ensuring users continue to be productive, and sometimes heavily depends on fulfilment of their requests.

الشكل رقم (90) يوضح مساهمة إدارة الطلبات فى سلسلة قيمة الخدمة.
ITIL 4 FOUNDATION-MORWAN ELGASIM

مساهمة إدارة طلبات الخدمة في سلسلة قيمة الخدمة

التحسين:
يمكن لإدارة طلبات الخدمة أن توفر قناة لمبادرات التحسين والإطراء والشكاوى من المستخدمين.

المشاركة:
تتضمن إدارة طلبات الخدمة اتصالات منتظمة لجمع المتطلبات الخاصة بالمستخدم.

التصميم والانتقال:
قد يتم نقل مكونات الخدمة القياسية إلى البيئة الحية من خلال تلبية طلب الخدمة.

الحصول/البناء:
قد يتم الحصول على مكونات الخدمة المعتمدة مسبقًا من خلال طلبات الخدمة.

التقديم والدعم:
تساهم إدارة طلبات الخدمة بشكل كبير في تقديم الخدمة العادية.

3ـ ممارسة تحليل الأعمال

الغرض من ممارسة تحليل الأعمال هو تحليل جزء أو كل الأعمال التجارية وتحديد احتياجاتها والتوصية بحلول لمعالجة الاحتياجات وحل مشاكل الأعمال. يجب أن تسهل الحلول خلق القيمة لأصحاب المصلحة.

تمكين المنظمة من تحقيق احتياجاتها بطريقة هادفة والتعبير عن الأساس المنطقي للتغيير.

تصميم ووصف الحلول التي تحقق تخليق القيمة وفقا لأهداف المنظمة.

نطاق ممارسة تحليل الأعمال

- تحليل أنظمة الأعمال أو العمليات التجارية أو الخدمات أو البنى التحتية في السياق الداخلي والخارجي المتغير.
- تحديد أجزاء SVS نظام قيمة الخدمة والمنتجات وترتيبها حسب الأولوية بين الخدمات التي تتطلب التحسين فضلا عن منح الفرص للابتكار.
- تقييم واقتراح الإجراءات التي يمكن اتخاذها لإنشاء التحسين المطلوب.
- قد تشمل الإجراءات تغييرات فى نظام تكنولوجيا المعلومات و تغييرات وتعديلات الهيكل التنظيمي وتطوير الموظفين.
- توثيق متطلبات العمل لدعم الخدمات و لتمكين التحسينات المطلوبة.
- التوصية بالحلول بعد تحليل ما تم جمعه من المتطلبات.

عوامل نجاح ممارسة تحليل الأعمال PSF

● إنشاء نهج على مستوى المنظمة لتحليل الأعمال وتحسينه باستمرار لضمان إجرائه بطريقة متسقة وفعالة

● ضمان فهم الاحتياجات الحالية والمستقبلية للمنظمة وعملائها وتحليلها ودعمها بمقترحات الحلول الفعالة وفي الوقت المناسب.

عمليات أنشطة تحليل الأعمال

● تصميم وصيانة نهج تحليل الأعمال
● تحليل الأعمال وتحديد الحلول.

تصميم وصيانة نهج تحليل الأعمال

تركز هذه العملية على إنشاء نهج ثابت وفعال لتحليل الأعمال، من خلال تلبية الاحتياجات الحالية والمتوقعة للمنظمة.

تتضمن هذه العملية عددا من الأنشطة كما فى الشكل (91) وتحول المدخلات

إلى مخرجات.

المدخلات

- مبادئ وسياسات ورؤية المنظمة
- الإستراتيجية التنظيمية
- الهيكل التنظيمي
- محفظة المنتجات والخدمات
- محفظة العملاء
- سجلات تحليل الأعمال وتقارير المراجعة
- تقارير التدقيق

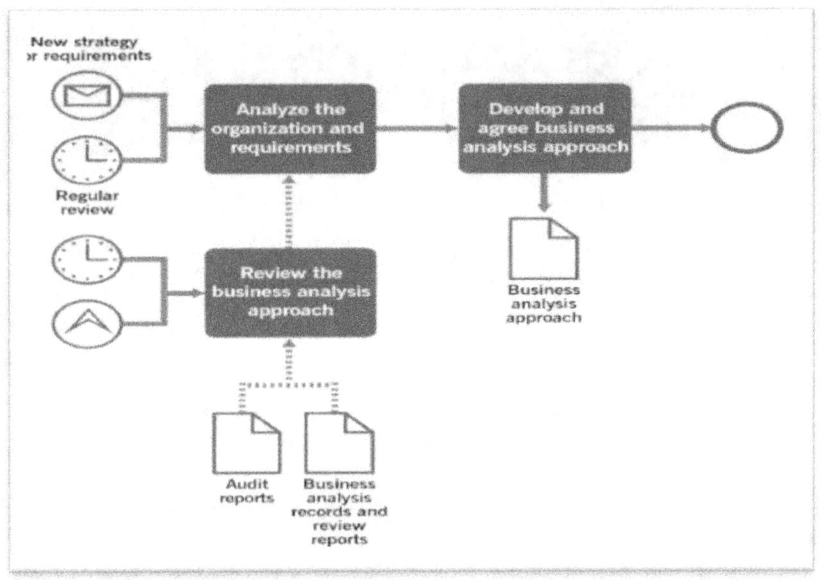

الشكل رقم (91) يبين مسار عملية تصميم نهج تحليل الأعمال.
ITIL4 Practices-AXELOS Copyright-2020.

المخرجات

نهج تحليل الأعمال و يشمل النطاق والأساليب والتقنيات والإجراءات والمسؤوليات.

مبادرات التحسين وطلبات التغيير.

الأنشطة

- تحليل المنظمة والمتطلبات
- تطوير والموافقة على نهج تحليل الأعمال
- مراجعة نهج تحليل الأعمال.

تحليل الأعمال وتحديد الحلول

- تركز هذه العملية على تحليل احتياجات ومتطلبات أصحاب المصلحة.
- يشمل تحديد واقتراح الحلول لتلبية احتياجات ومتطلبات أصحاب المصلحة.

تتضمن هذه العملية عددا من الأنشطة كما فى الشكل رقم (90) وتحول المدخلات التالية إلى مخرجات.

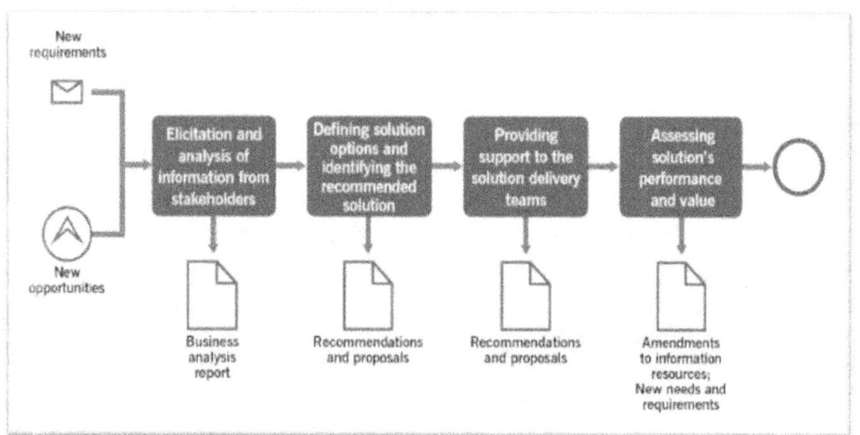

الشكل رقم (92) يبين مسار عملية تحليل الأعمال و تحديد الحلول.
ITIL4 Practices-AXELOS Copyright-2020.

المدخلات

- نهج تحليل الأعمال
- الإستراتيجية التنظيمية
- احتياجات أصحاب المصلحة
- متطلبات أصحاب المصلحة
- محافظ المنظمة
- النماذج والقيود البنائية
- سجل المخاطر
- اتجاهات وفرص الصناعة ذات الصلة

المخرجات

- تقارير تحليل الأعمال
- التوصيات والمقترحات

- تعديلات على سجل المخاطر وقواعد المعرفة وموارد المعلومات الأخرى.

الأنشطة

- استخلاص وتحليل المعلومات من أصحاب المصلحة
- تحديد خيارات الحل وتحديد الحل الموصى به
- تقديم الدعم لفرق تقديم الحلول
- تقييم أداء الحل وقيمته

مساهمة تحليل الأعمال في سلسلة القيمة الخدمية

التخطيط:

يساهم تحليل الأعمال في اتخاذ القرارات الإستراتيجية بشأن ما سيتم القيام به وكيف.

التحسين:

تستفيد جميع مستويات التقييم والتحسين من تحليل الأعمال.

المشاركة:

تحليل الأعمال هو المفتاح لجمع المتطلبات.

التصميم والانتقال:

المساعدة في ضمان تصميم حل عالي الجودة.

الحصول و البناء:

تعد مهارات تحليل الأعمال جزءًا لا يتجزأ من تعريف الحل المتفق عليه.

التقديم والدعم:

يمكن أن تكون البيانات الناتجة عن التقديم المستمر للخدمة جزءًا من أنشطة تحليل الأعمال.

4ـ ممارسة تصميم الخدمة

الغرض

- تصميم المنتجات والخدمات المناسبة للغرض والاستخدام، والتي يمكن تقديمها بواسطة المنظمة.
- يتضمن ذلك تخطيط وتنظيم الأشخاص والشركاء والموردين والمعلومات والاتصالات والتكنولوجيا والممارسات للمنتجات والخدمات الجديدة أو المتغيرة، والتفاعل بين المنظمة وعملائها.

تجربة العملاء والمستخدمين CX and UX

- تعد جوانب تجربة العملاء وتجربة المستخدم في تصميم الخدمة ضرورية لضمان تقديم المنتجات والخدمات القيمة المطلوبة للعملاء.
- تجربة العملاء (CX) هي مجموع التفاعلات الوظيفية والعاطفية مع مقدم الخدمة ومقدم الخدمة كما يراها العميل.
- تجربة المستخدم (UX) هي مجموع التفاعلات الوظيفية والعاطفية مع مقدم الخدمة ومقدم الخدمة كما يراها المستخدم.

أنشطة تصميم الخدمة

- تصميم حلول الخدمة الجديدة أو المتغيرة.
- تصميم أنظمة وأدوات إدارة الخدمة.
- تصميم بنائيات التكنولوجيا والإدارة.
- تصميم العمليات.
- تصميم أنظمة القياس.

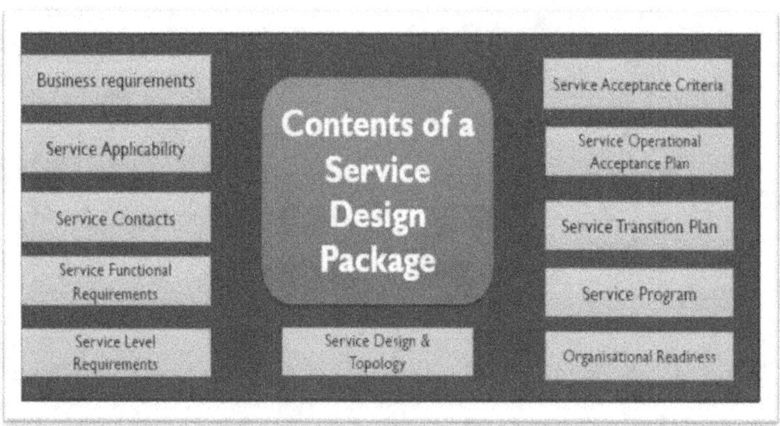

الشكل رقم(93) يبين محتويات حزمة تصميم الخدمة.

ITIL 4 FOUNDATION-MORWAN ELGASIM

حزمة تصميم الخدمة.

- وثيقة (وثائق) تصميم الخدمة تحدد جميع جوانب خدمة تكنولوجيا المعلومات ومتطلباتها خلال كل مرحلة من مراحل دورة حياتها.
- يتم إنتاج حزمة تصميم الخدمة لكل خدمة تكنولوجيا معلومات جديدة أو تغيير كبير أو إيقاف الخدمة.

محتويات حزمة تصميم الخدمة

- ⯈ متطلبات العمل.
- ⯈ إمكانية تطبيق الخدمة.
- ⯈ اتصالات الخدمة.
- ⯈ المتطلبات الوظيفية للخدمة.
- ⯈ متطلبات مستوى الخدمة.
- ⯈ تصميم الخدمة والطوبولوجيا.
- ⯈ معايير قبول الخدمة.
- ⯈ خطة القبول التشغيلي للخدمة.
- ⯈ خطة انتقال الخدمة.
- ⯈ برنامج الخدمة.
- ⯈ الاستعداد التنظيمي.

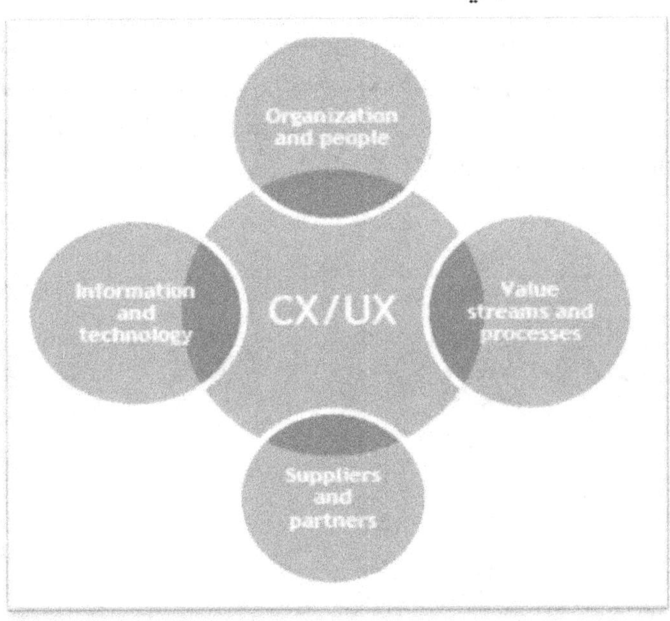

الشكل رقم (94) يبين بنية حزمة تصميم الخدمة عالية المستوى.
ITIL4 Practices-AXELOS Copyright-2020.

نطاق عمل ممارسة تصميم الخدمة

- التأكد من أن الخدمات مناسبة للغرض وصالحة للاستخدام.
- تحديد وتوثيق مستويات/حزم الخدمة المتوافقة مع المخاطر، بما في ذلك المعايير والمتطلبات غير الوظيفية والقدرات المعتمدة من قبل الخبراء المتخصصين وأصحاب الممارسات/العمليات الآخرين.
- إدارة وتنسيق نهج التصميم الشامل
- دمج الفرق المشاركة في تصميم الخدمة وتعزيز تبادل المعلومات .
- تحديث حزمة تصميم الخدمة خلال دورة حياة الخدمة
- التحسين المستمر لممارسة تصميم الخدمة.

عوامل نجاح ممارسة تصميم الخدمة PSF

- إنشاء والحفاظ على نهج فعال على مستوى المنظمة لتصميم الخدمة.
- التأكد من أن الخدمات مناسبة للغرض وصالحة للاستخدام .

عمليات أنشطة ممارسة تصميم الخدمة

- تخطيط تصميم الخدمة.
- تنسيق تصميم الخدمة.

عملية تخطيط تصميم الخدمة

تركز هذه العملية على التحسين المستمر لممارسة تصميم الخدمة، وأساليب ونماذج تصميم الخدمة، وتطوير الخطط لحالات تصميم الخدمة المعقدة.
يتم التنفيذ وفقا للأحداث أو الطلبات.
تتضمن هذه العملية عددا من الأنشطة كما فى الشكل (95) وتحول المدخلات التالية إلى مخرجات.

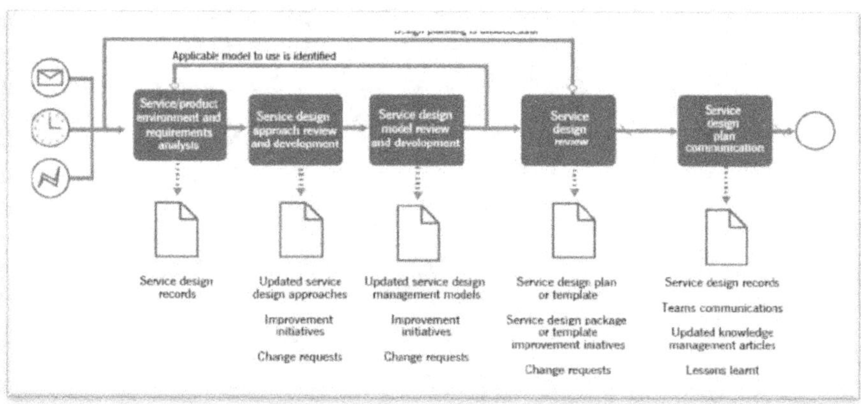

الشكل رقم (95) يبين مسار عملية تخطيط تصميم الخدمة.
ITIL4 Practices-AXELOS Copyright-2020.

المدخلات

- أساليب ونماذج تصميم الخدمة الحالية
- استراتيجية المنظمة ومحفظة الخدمات
- المعرفة الابتكارية
- سجلات تصميم الخدمة
- تقارير مراجعة تصميم الخدمة
- السياسات والمتطلبات التنظيمية
- القرارات البنائية
- تقارير تحليل الأعمال
- ملاحظات العملاء والمستخدمين
- كتالوج الخدمة
- اتفاقيات مستوى الخدمة
- معلومات أصول تكنولوجيا المعلومات
- الاتفاقيات والعقود مع الموردين والشركاء
- أساليب إدارة المشاريع والدروس المستفادة
- تطوير وإدارة البرمجيات،
- أساليب إدارة البنية التحتية والمنصات
- السياسات والخطط ذات الصلة (أمن المعلومات، الاستمرارية، القدرات)

المخرجات

- تحديث أساليب ونماذج تصميم الخدمة
- خطط تصميم الخدمة
- قالب حزمة تصميم الخدمة
- مبادرات التحسين
- تغيير الطلبات
- تحديث مقالات إدارة المعرفة
- دروس مستفادة

الأنشطة

- بيئة الخدمة/المنتج وتحليل المتطلبات
- مراجعة وتطوير نهج تصميم الخدمة
- مراجعة وتطوير نموذج تصميم الخدمة

- نموذج تخطيط مثيل لتصميم الخدمة
- اتصالات خطة تصميم الخدمة

عملية تنسيق تصميم الخدمة

تتضمن هذه العملية عددا من الأنشطة كما فى الشكل (96) وتحول المدخلات التالية إلى مخرجات.

المدخلات

- نماذج تصميم الخدمة
- خطط تصميم الخدمة
- قوالب حزمة تصميم الخدمة وSDPs من التصميمات السابقة
- مقالات المعرفة
- سجلات تصميم الخدمة
- السياسات والمتطلبات التنظيمية
- تقارير تحليل الأعمال
- ملاحظات العملاء والمستخدمين
- كتالوج الخدمة
- اتفاقيات مستوى الخدمة
- معلومات أصول تكنولوجيا المعلومات
- الاتفاقيات والعقود مع الموردين والشركاء
- أساليب إدارة المشاريع والدروس المستفادة
- تطوير وإدارة البرمجيات،
- أساليب إدارة البنية التحتية والمنصات

المخرجات

- سجلات تصميم الخدمة
- نماذج التصميم المحدثة،
- الخطط وحزم تصميم الخدمات
- اتصالات تصميم الخدمة
- ردود الفعل من المستخدمين والعملاء وأعضاء الفريق المعنيين
- تقرير مراجعة تصميم الخدمة
- تحديثات محفظة الخدمة
- تحديث سجل المخاطر
- دروس مستفادة

178

الأنشطة

- تحديد نموذج التصميم أو الخطة المعمول بها
- تخطيط أنشطة التصميم والموارد والقدرات
- تنفيذ التصميم
- مراجعة تصميم الخدمة

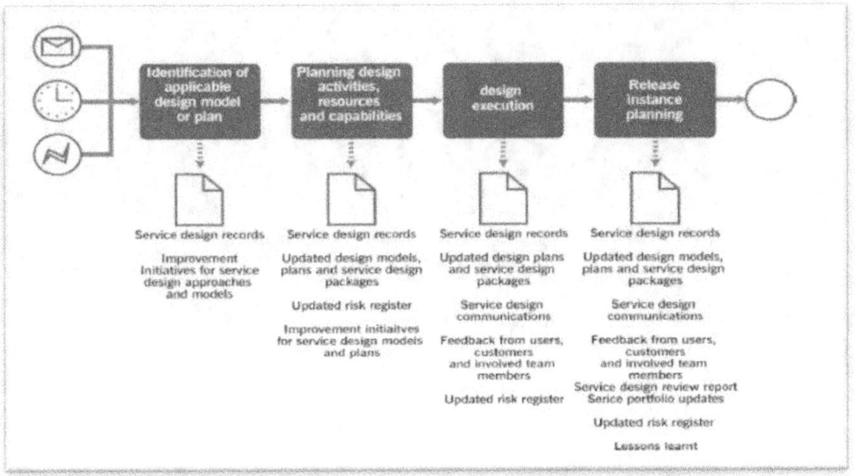

الشكل رقم (96) يبين مسار عملية تنسيق تصميم الخدمة.
ITIL4 Practices-AXELOS Copyright-2020.

مساهمة إدارة تصميم الخدمة في سلسلة قيمة الخدمة

التخطيط:

تتضمن ممارسة تصميم الخدمة تخطيط وتنظيم الأشخاص والشركاء والموردين والمعلومات والاتصالات والتكنولوجيا والممارسات.

التحسين:

يمكن استخدام تصميم الخدمة لتحسين خدمة موجودة وكذلك لإنشاء خدمة جديدة من البداية.

المشاركة:

يتضمن تصميم الخدمة تجربة العملاء (CX) وتجربة المستخدم (UX)، وهما مثالان مثاليان للمشاركة.

التصميم والانتقال:

الغرض من تصميم الخدمة هو تصميم المنتجات والخدمات التي تكون سهلة الاستخدام.

الحصول على/البناء:

يتضمن تصميم الخدمة تحديد المنتجات والخدمات المطلوبة للخدمات.

التقديم والدعم:

يدير تصميم الخدمة رحلة المستخدم الكاملة، من خلال تشغيل الخدمة واستعادتها وصيانتها.

5ـ ممارسة إدارة تكوين الخدمة

الغرض

الغرض من ممارسة إدارة تكوين الخدمة هو التأكد من توفر معلومات دقيقة وموثوقة حول تكوين الخدمات وعناصر التكوين التي تدعمها متى وأينما تكون هناك حاجة إليها.
يتضمن ذلك معلومات حول كيفية تكوين عناصر التكوين والعلاقات بينها.

عنصر التكوين
أي مكون يمكن توظيفه و إدارته من أجل تقديم خدمة تكنولوجيا المعلومات.
نظام إدارة التكوين
مجموعة من الأدوات والبيانات والمعلومات التي يتم استخدامها لدعم إدارة تكوين الخدمة.

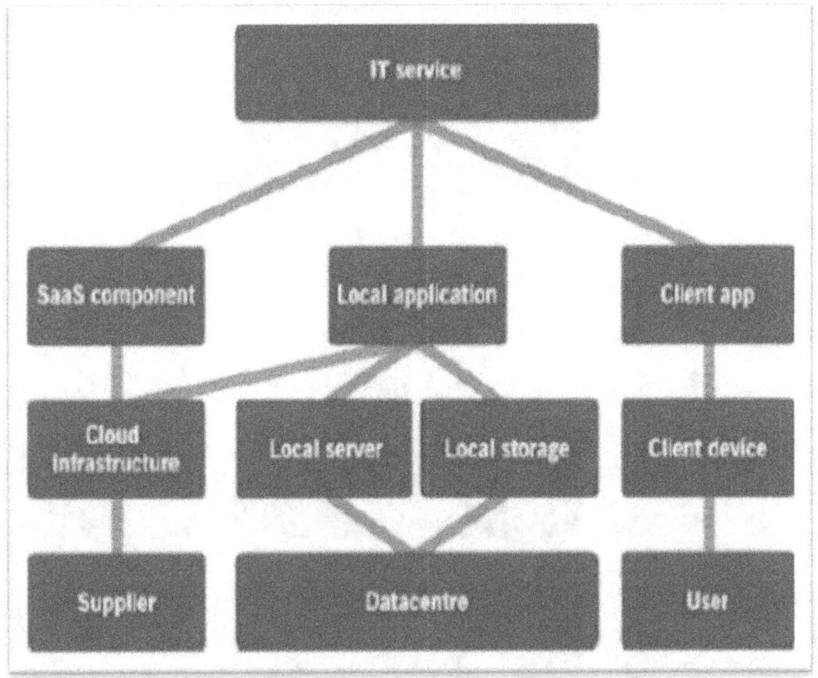

الشكل رقم (97) يبين مكونات تكوين إن مبسطة لخدمة تكنولوجيا المعلومات.
ITIL 4 FOUNDATION-MORWAN ELGASIM

عناصر التكوين

- المعدات و الأدوات و الأجهزة.
- البرمجيات و التطبيقات.
- الشبكات و ملحقاتها.
- البنائيات و التصميمات و مسارات العمل و الوثائق و المستندات.
- الموظفون و العاملين و غيرهم من البشر.
- الموردين و الخدمات.

قاعدة بيانات التكوين (CMDB).

قاعدة بيانات تُستخدم لتخزين سجلات التكوين طوال دورة حياتها كما تحافظ أيضًا على العلاقات بين سجلات التكوين.

تقوم إدارة تكوين الخدمة بإعدادها لحصروإدارة عناصر التكوين Cis.

يمكن تخزين معلومات التكوين ونشرها في قاعدة بيانات واحدة لإدارة التكوين (CMDB) للمؤسسة بأكملها.

يمكن توزيعها عبر عدة مصادر و الحفاظ على الروابط بين سجلات التكوين.

يمكن استخدام مخازن بيانات منفصلة لبيانات إدارة الأصول وتفاصيل التكوين، ومعلومات كتالوج الخدمة، وبيانات نماذج الخدمة عالية المستوى.

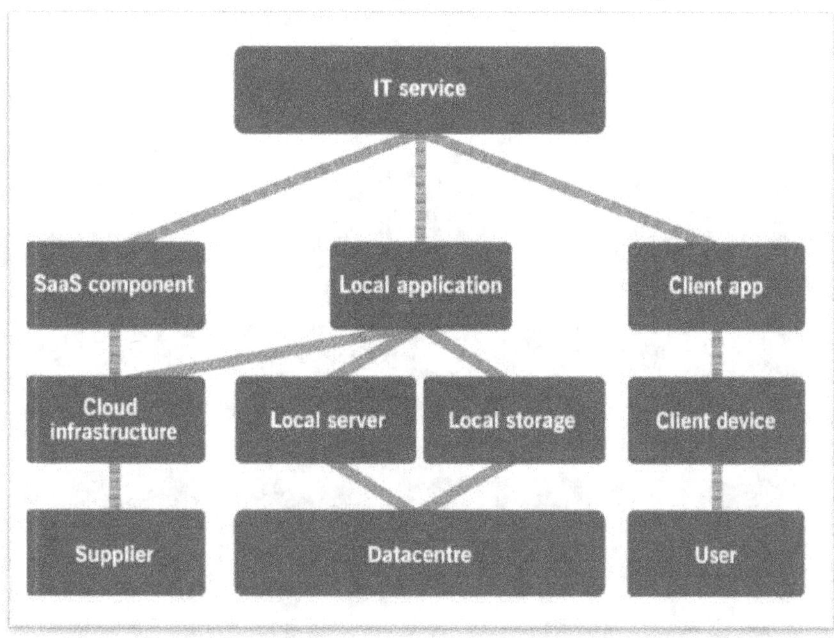

الشكل رقم (98) يبين نموذج عالى المستوى لإدارة عناصر تكوين الخدمة.
ITIL4 Practices-AXELOS Copyright-2020.

طرق استخدام نماذج تكوين الخدمة

- تحليل الأثر
- تحليل السبب والنتيجة
- تحليل المخاطر
- بنود التكلفة
- تحليل التوافر والتخطيط.

أنظمة إدارة التكوين وقواعد البيانات

تتضمن ممارسة إدارة تكوين الخدمة قدرًا كبيرًا من البيانات من مصادر مختلفة وتعتمد على القدرة على جمع هذه البيانات ودمجها ومعالجتها وتقديمها بطريقة موثوقة وفعالة من حيث التكلفة.

نظام إدارة التكوين CMS

مجموعة من الأدوات والبيانات والمعلومات المستخدمة لدعم ممارسة إدارة تكوين الخدمة.

تكوين خط الأساس Baseline configuration

تكوين المنتج أو الخدمة أو البنية الأساسية الذي تمت مراجعته رسميًا والموافقة عليه وهو بمثابة الأساس للأنشطة الإضافية مثل الاستخدام والتطوير والتخطيط.

التحقق Verification

نشاط يضمن أن خدمة تكنولوجيا المعلومات الجديدة أو المتغيرة أو العملية أو الخطة أو أي منتج آخر يتطابق مع مواصفات التصميم الخاصة به وأنه كامل ودقيق وموثوق.

المخزون Inventory

جمع البيانات وتنظيفها لإنشاء أو التحقق من بيانات قاعدة بيانات إدارة التغيير.

تدقيق قاعدة بيانات إدارة التكوين CMDB audit

فحص مخطط ومنظم وموثق لعناصر تكوين المنظمة بهدف تقييم صحة بيانات قاعدة بيانات إدارة التغيير في النطاق.

نطاق عمل ممارسة إدارة تكوين الخدمة

- يتم توفير بيانات تكوين موثوقة وصيانتها تتضمن تحديث بيانات التكوين لتعكس التغييرات المستمرة في الحالات والسمات والعلاقات الخاصة بعناصر التكوين.

- يتم توفير التقارير ذات الصلة والدقيقة لدعم عملية اتخاذ القرار.

- يتم دمج دورة حياة عناصر التكوين مع الممارسات الأخرى.

عوامل نجاح ممارسة إدارة تكوين الخدمة (PSF)

- التأكد من أن المنظمة لديها معلومات تكوين ذات صلة بمنتجاتها وخدماتها
- التأكد من أن تكاليف توفير معلومات التكوين يتم تحسينها بشكل مستمر.

عمليات أنشطة إدارة تكوين الخدمة

- إدارة نهج مشترك لإدارة تكوين الخدمة
- تسجيل معلومات التكوين وإدارتها وتوفيرها
- التحقق من بيانات التكوين.

عملية إدارة نهج مشترك لإدارة تكوين الخدمة

تركز هذه العملية على إنشاء نهج فعال وكفء لإدارة معلومات التكوين في المؤسسة.

تتضمن هذه العملية عددا من الأنشطة كما فى الشكل رقم (99) وتحول المدخلات التالية إلى مخرجات.

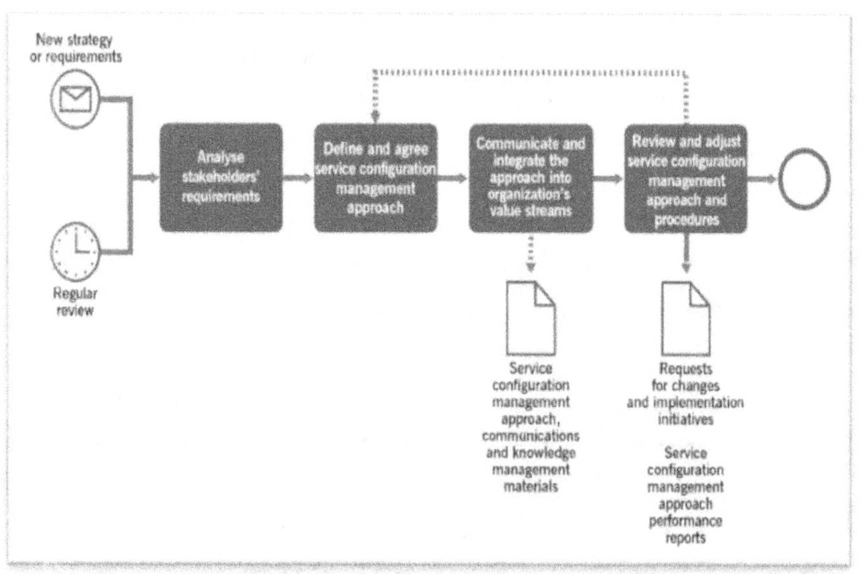

االشكل رقم (99) يبين مسار عملية إدارة نهج مشترك لإدارة التكوين.
ITIL4 Practices-AXELOS Copyright-2020.

المدخلات

- البنية التنظيمية
- متطلبات أصحاب المصلحة
- الهيكل التنظيمي
- محافظ المنظمة
- بيانات المراقبة

* سجلات الممارسة

المخرجات

* نهج إدارة تكوين الخدمة
* قاعدة بيانات إدارة التكوين
* مواد إدارة الاتصالات والمعرفة
* طلبات التغيير ومبادرات التنفيذ
* نهج إدارة تكوين الخدمة وتقارير الأداء

الأنشطة

* تحليل متطلبات أصحاب المصلحة
* تحديد وإقرار نهج إدارة تكوين الخدمة
* التواصل ودمج نهج إدارة تكوين الخدمة في تدفقات القيمة بالمنظمة.
* مراجعة وتعديل نهج وإجراءات إدارة تكوين الخدمة.

عملية تسجيل معلومات التكوين وإدارتها وتوفيرها

تركز هذه العملية على تحديث معلومات التكوين وصيانتها وتوفيرها.
تتضمن هذه العملية عددا من الأنشطة كما فى الشكل رقم (100) وتحول
المدخلات التالية إلى مخرجات.

المدخلات

* نهج إدارة تكوين الخدمة
* بيانات التكوين
* طلبات الحصول على معلومات التكوين
* سجلات إدارة الخدمة

المخرجات

* تحديث معلومات قاعدة بيانات إدارة التكوين (CMDB)
* معلومات التكوين للأطراف المعنية
* تقارير الاستثناءات
* تقارير مراجعة نماذج عناصر التكوين

الأنشطة

* تحليل الموارد وتحديد عناصر التكوين
* التحقق من نماذج عناصر التكوين
* متابعة نماذج عناصر التكوين

- إدارة الاستثناءات
- مراجعة نماذج عناصر التكوين

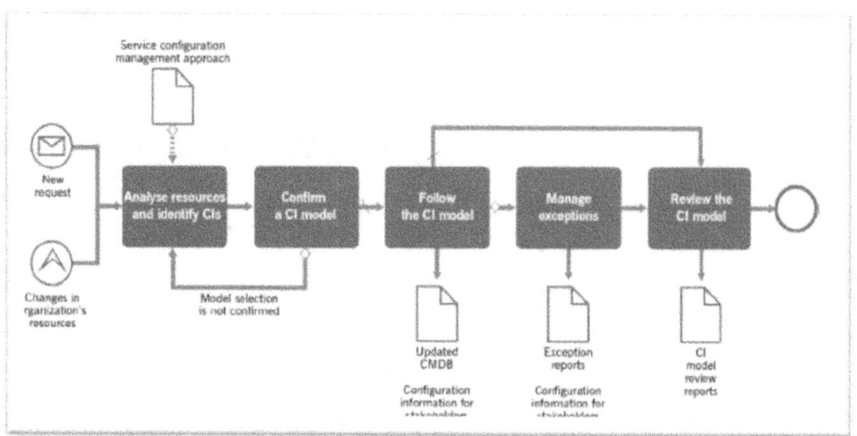

الشكل رقم (100) يبين مسار عملية تسجيل معلومات التكوين و إدارتها.
ITIL4 Practices-AXELOS Copyright-2020.

عملية التحقق من بيانات التكوين

تركز هذه العملية على الحفاظ على بيانات التكوين كاملة وصحيحة ومتوافقة. تتضمن هذه العملية عددا من الأنشطة كما فى الشكل رقم (101) وتحول المدخلات التالية إلى مخرجات.

المدخلات

- نهج إدارة تكوين الخدمة
- CMDB
- بيانات المخزون
- تقارير الاستثناءات
- تقارير التحقق السابقة من CMDB

المخرجات

تحديث قاعدة بيانات إدارة التغيير

طلبات التغييرات

مبادرات التحسين

تقرير التحقق من قاعدة بيانات إدارة التكوين

الأنشطة

تحديد نموذج CI

التحقق من بيانات التكوين

مراجعة مخرجات التحقق
تحديد الإجراءات التصحيحية وتنفيذها
إنشاء تقرير التحقق من قاعدة بيانات إدارة التكوين ونشره.

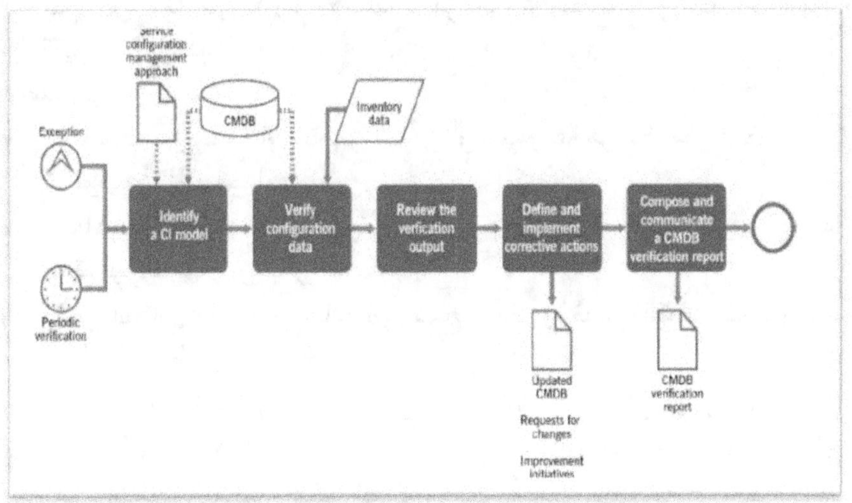

الشكل رقم (101) يبين مسار عملية التحقق من بيانات التكوين.
ITIL4 Practices-AXELOS Copyright-2020.
مساهمة إدارة تكوين الخدمة في سلسلة قيمة الخدمة

التخطيط:
يتم استخدام إدارة التكوين لتخطيط الخدمات الجديدة أو المتغيرة.
التحسين:
عناصر التكوين يجب أن تخضع للقياس والتحسين المستمر.
الجهات التنظيمية، وما إلى ذلك قد تطلب معلومات التكوين وتستخدمها.
التصميم والانتقال:
توثق إدارة التكوين كيفية عمل الأصول معًا لإنشاء خدمة.
الحصول/البناء:
قد يتم إنشاء سجلات التكوين أثناء نشاط البناء.
التقديم والدعم:
تعد المعلومات حول CIs ضرورية لدعم استعادة الخدمة.

6- ممارسة إدارة الإصدار

الغرض

الغرض من ممارسة إدارة الإصدار هو إتاحة الخدمات والميزات الجديدة والمتغيرة للاستخدام.

الإصدار

- هو نسخة من خدمة أو عنصر تكوين أو مجموعة من عناصر التكوين التي تم توفيرها للاستخدام.

- المفاهيم الأساسية للنشر في Agile وDevOps هي التكامل المستمر والتسليم المستمر والنشر المستمر.

- يشير التكامل المستمر عادةً إلى دمج وبناء واختبار التعليمات البرمجية داخل بيئة تطوير البرامج.

- يعني التسليم المستمر إصدار البرامج المبنية للإنتاج في أي وقت.

- النشر المستمر هو التغييرات التي تمر بها العملية ويتم وضعها في الإنتاج.

- يعني التسليم المستمر النشر المتكرر على أساس كل حالة على حدة بسبب تفضيل الشركات لمعدل نشر أبطأ.

- يتطلب النشر المستمر إجراء التسليم المستمر.

عناصر الإصدار

- مكونات البنية التحتية.
- مكونات التطبيقات.
- الوثائق و المستندات و السياسات و التعليمات.
- التدريب.
- العمليات المحدثة أو الجديدة.
- أدوات محدثة أو جديدة.

نطاق ممارسة إدارة الإصدارات

- تطوير وصيانة نهج المنظمة في إصدار الخدمات والمكونات الجديدة والمتغيرة.

- إدارة وتنسيق جميع حالات الإصدار بما يتماشى مع النهج المحدد، من التخطيط إلى التنفيذ والمراجعة.

طرق الإصدار

- قد تكون عملية الإصدار بمثابة "انفجار كبير" أى حدوث جميع التغييرات مرة واحدة.

- من الممكن أن تكون عملية الإصدار "مرحلية" مع استخدام الإصدارات التجريبية لاختبار الإصدار قبل الطرح الكامل.

- أحيانا يكون المطلوب إتاحة الإصدار لجميع المستخدمين في نفس الوقت عندما تكون هناك حاجة إلى إعادة هيكلة كبيرة للبيانات المشتركة الأساسية.

- غالبًا ما يتم تحقيق التدريج للإصدار باستخدام الإصدارات الزرقاء/الخضراء أو أعلام الميزات للتمييز بين الإصدارات و طريقة الإصدار.

- تستخدم الإصدارات الزرقاء/الخضراء بيئتي إنتاج متقابلتين (كالمرايا) يمكن تحويل المستخدمين إلى بيئة تم تحديثها بالوظائف الجديدة عن طريق استخدام أدوات الشبكة التي تربطهم بالبيئة الصحيحة.

- تعمل علامات الميزات على تمكين إصدار ميزات محددة للمستخدمين بشكل فردى أو مجموعات بطريقة يمكن التحكم فيها.

- يتم نشر الوظيفة الجديدة في بيئة الإنتاج دون إصدارها و يقوم إعداد تكوين المستخدم بعد ذلك بإصدار الوظيفة الجديدة للمستخدمين بنظام فردى أو مجموعات حسب الحاجة.

عوامل نجاح ممارسة إدارة الإصدار عناصر PSF

● إنشاء والحفاظ على مناهج فعالة لإصدار الخدمات ومكونات الخدمة عبر المؤسسة.

● ضمان إصدار فعال للخدمات ومكونات الخدمة في سياق تدفقات القيمة والعلاقات الخدمية للمؤسسة.

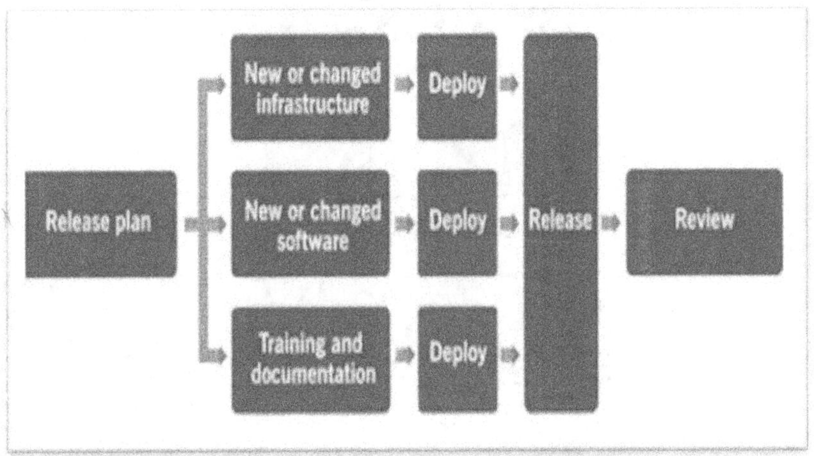

الشكل رقم(102) يبين عملية الإصدار وفقا لطريقة Agile/DevOps

189

ITIL 4 FOUNDATION-MORWAN ELGASIM

عملية الإصدارفي بيئة Agile/DevOps.

- يتم النشاط الكبير لإدارة الإصدار بعد عمليات النشر التى تتم في هذه الحالات بنشر البرامج والبنية الأساسية بأجزاء و زيادات صغيرة عديدة.

- تعمل إدارة الإصدار على تمكين الوظيفة الجديدة في وقت لاحق و قد يتم ذلك كتغيير بسيط جدًا.

- غالبًا ما تتم إدارة الإصدار كما فى الشكل(102) على مراحل مع إتاحة الإصدارات التجريبية لـعدد قليل من المستخدمين للتأكد من أن كل شيء يعمل بشكل صحيح قبل أن يتم منح الإصدار لمجموعات إضافية.

عمليات أنشطة ممارسة إدارة الإصدار

- تخطيط الإصدار.
- تنسيق الإصدار.

عملية تخطيط الإصدار

تركز العملية على التحسين المستمر لممارسات إدارة الإصدارات وأساليب ونماذج الإصدارات وتطوير الخطط الخاصة بحالات الإصدارات المعقدة.
قد تتم المراجعات المنتظمة كل فترة أو بشكل متكرر وفقا لفعالية النماذج.
تتضمن هذه العملية عددا من الأنشطة كما فى الشكل رقم (103) وتحول المدخلات التالية إلى مخرجات.

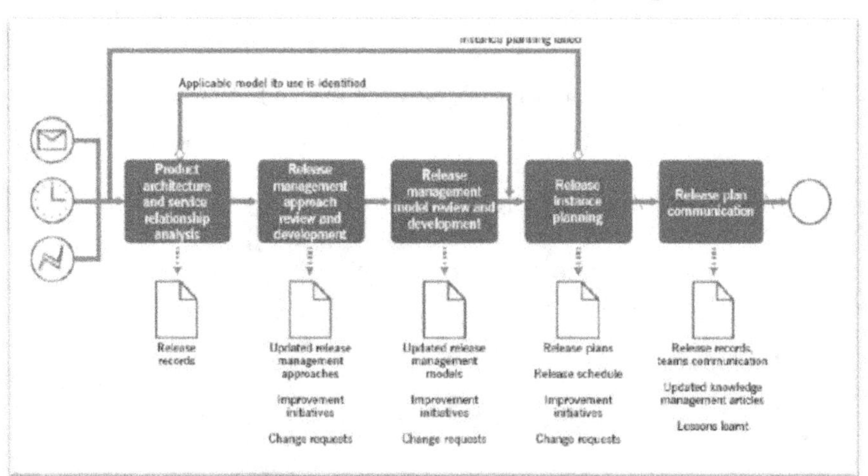

الشكل رقم (103) يبين مسار عملية تخطيط الإصدار.
ITIL4 Practices-AXELOS Copyright-2020.

المدخلات

- مناهج ونماذج إدارة الإصدارات الحالية

- سجلات الإصدارات
- تقارير مراجعة الإصدارات
- السياسات والمتطلبات التنظيمية
- بنية المنتج
- كتالوج الخدمة
- اتفاقيات مستوى الخدمة
- سجلات وتقارير الحوادث
- معلومات أصول تكنولوجيا المعلومات
- الاتفاقيات والعقود مع الموردين والشركاء
- السياسات والخطط ذات الصلة (أمن المعلومات، والاستمرارية، والقدرة، وما إلى ذلك).

المخرجات
- تحديث أساليب ونماذج إدارة الإصدارات
- خطط الإصدارات
- جدول الإصدارات
- مبادرات التحسين
- طلبات التغيير
- تحديث مقالات إدارة المعرفة
- الدروس المستفادة.

الأنشطة
- تحليل بنية المنتج وعلاقة الخدمة
- مراجعة وتطوير نهج إدارة الإصدار
- مراجعة وتطوير نموذج إدارة الإصدار
- تخطيط نسخة الإصدار
- التواصل بشأن خطة الإصدار.

عملية تنسيق الإصدار

تتضمن هذه العملية عددا من الأنشطة كما فى الشكل رقم (104) وتحول المدخلات التالية إلى مخرجات.

المدخلات
- نماذج إدارة الإصدارات
- خطط الإصدارات
- جدول الإصدارات
- تفاصيل البيئة
- مكون الخدمة/ مكونات الإصدار المنشورة في البيئة الحية أو المعدة للنشر

● معايير القبول والتحقق.

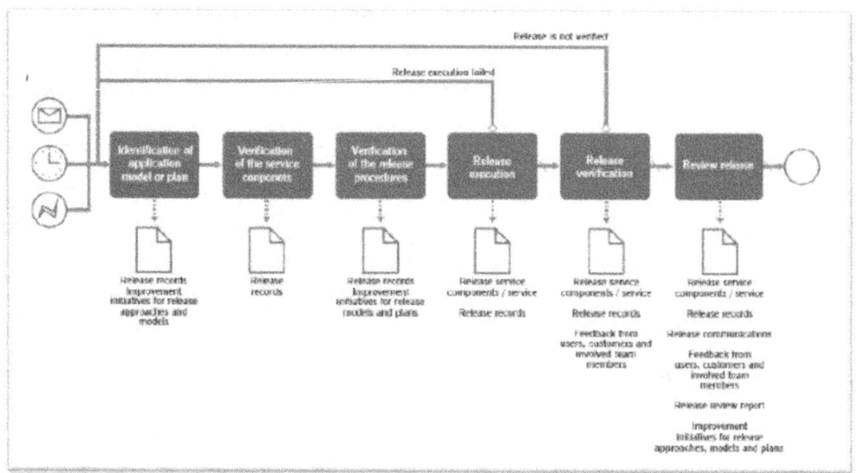

الشكل رقم (104) يبين مسار عملية تنسيق الإصدار.
ITIL4 Practices-AXELOS Copyright-2020.

المخرجات

● مكونات/خدمات الخدمة الصادرة

● سجلات الإصدار

● اتصالات الإصدار

● ملاحظات من المستخدمين والعملاء وأعضاء الفريق المعنيين

● تقرير مراجعة الإصدار.

الأنشطة

● تحديد النموذج أو الخطة المعمول بها

● التحقق من مكونات الخدمة

● التحقق من إجراءات الإصدار

● تنفيذ الإصدار التحقق من الإصدار مراجعة الإصدار.

مساهمة إدارة الإصدار في سلسلة قيمة الخدمة

التخطيط

تعتمد السياسات والإرشادات والجداول الزمنية للإصدارات على استراتيجية المنظمة ومحفظة الخدمات. ويجب التخطيط لحجم ونطاق ومحتوى كل إصدار.

المشاركة

قد تكون هناك حاجة إلى إصدارات جديدة أو معدلة لتقديم التحسينات، وينبغي التخطيط لها وإدارتها بنفس الطريقة مثل أي إصدار آخر.

التصميم والانتقال

تضمن إدارة الإصدارات توفير الخدمات الجديدة أو المتغيرة للعملاء بطريقة خاضعة للرقابة.

الحصول/البناء

عادةً ما يتم تضمين التغييرات التي تطرأ على المكونات في الإصدار، ويتم تسليمها بطريقة خاضعة للرقابة.

التقديم والدعم

قد تؤثر الإصدارات على التسليم والدعم. يتم توفير التدريب، والتوثيق، وملاحظات الإصدار، والأخطاء المعروفة، وأدلة المستخدم، ونصوص الدعم، وما إلى ذلك من خلال هذه الممارسة لتسهيل استعادة الخدمة.

7- ممارسة التحقق من الخدمة واختبارها

الغرض

الغرض من ممارسة التحقق من الخدمة واختبارها هو ضمان أن المنتجات والخدمات الجديدة أو المتغيرة تلبي المتطلبات المحددة.

يعتمد تعريف قيمة الخدمة على المدخلات من العملاء وأهداف العمل والمتطلبات التنظيمية ويتم توثيقها كجزء من نشاط سلسلة قيمة التصميم والانتقال.

تُستخدم هذه المدخلات لإنشاء مؤشرات قابلة للقياس للجودة والأداء تدعم تعريف معايير الضمان ومتطلبات الاختبار.

إعتبارات تحديد نطاق ومستوى التحقق والاختبار

- المتطلبات المتفق عليها التي يجب أن يلبيها المنتج أو الخدمة.
- التأثير واحتمال الانحرافات عن المتطلبات المتفق عليها.

التحقق من صحة الخدمة

يتم إجراء التحقق من صحة الخدمة في المراحل المبكرة من دورة حياة المنتج والخدمة.

يتبع التحقق هيكل متطلبات الخدمة ويغطي عادةً الفائدة والضمان والخبرة والقدرة على الإدارة والامتثال.

يضمن التحقق من صحة الخدمة تعريف معايير قبول الخدمة والتحقق منها وتوثيقها ويوضح نطاق وتركيز أنشطة الاختبار.

الاختبار

بناءً على المعايير التي تم تحديدها من خلال التحقق من صحة الخدمة، يتم تطوير وتنفيذ استراتيجيات الاختبار وخطط الاختبار.

تحدد استراتيجية الاختبار نهجًا عامًا للاختبار.

يمكن تطبيق استراتيجيات الاختبار على البيئات أو المنصات أو مجموعات الخدمات أو المنتجات أو الخدمات الفردية.

تختلف مراحل دورة حياة المنتج والخدمة التي يغطيها الاختبار بين المنتجات والخدمات التي تم تطويرها داخل المؤسسة أو تم الحصول عليها من المورد.

اختبارات المنفعة/الوظيفية:

اختبار الوحدة:

اختبار لمكون نظام واحد.

اختبار النظام:
الاختبار الشامل للنظام، بما في ذلك البرامج والمنصات.
اختبار التكامل:
اختبار مجموعة من وحدات البرامج التابعة معًا.
اختبار الانحدار
اختبار ما إذا كانت وظائف العمل السابقة قد تأثرت.
الضمان/الاختبارات غير الوظيفية:

اختبار الأداء والقدرة
التحقق من السرعة والقدرة تحت الحمل.
اختبار الأمان
اختبار نقاط الضعف والامتثال للسياسة والاختراق ومخاطر رفض الخدمة.
اختبار الامتثال
التحقق من استيفاء المتطلبات القانونية والتنظيمية.
اختبار التشغيل:
اختبار النسخ الاحتياطي ومراقبة الأحداث وتجاوز الفشل والاسترداد.
اختبار متطلبات الضمان
التحقق من التوثيق الضروري و الوثائق والتدريب وتعريف نموذج الدعم ونقل المعرفة.
اختبار قبول المستخدم
الاختبار الذي يجريه مستخدمو النظام الجديد أو المتغير للموافقة على الإصدار.
الاختبار في بيئات مختلفة

- الشكل رقم (105) يبين مثلث بيئات الإختبار.
- النهج القائم على المخاطر مفيد في تحديد مكان و ببيئات الاختبار.
- يمكن اختبار العديد من المخاطر في بيئة التطوير.
- تحتاج بعض المخاطر إلى بيئة أكثر تكاملاً مثل بيئة اختبار مخصصة.
- في بعض الأحيان يجب وجود بيئة ما قبل الإصدار (بيئة التدريج).
- قد لا يمكن اختبار بعض المخاطر إلا في بيئة اختبار مشتركة مثل مخاطر تدفقات البيانات أو مخاطر المنصة أو مخاطر التكامل.
- بعض المخاطر لا يمكن اختبارها إلا في بيئة الإنتاج الحقيقية.

الاختبار التأكيدي (المبرمج) والاختبار الاستكشافي (التحقيقي)

- يوفر الاختبار معلومات لاتخاذ القرار فيما يتعلق بمنتج أو خدمة.

- يوضح الشكل (106) كيف يؤثر الاختبار على المعلومات المتاحة.
- تكون المعلومات إما معروفة أو غير معروفة.
- هناك حالتان للمعلومات المعروفة:
- معلومات صريحة
- معلومات ضمنية.
- هناك حالتان للمعلومات غير المعروفة:
- معلومات معروفة بوجودها ولكن لم يتم الوصول إليها
- معلومات غير معروفة بوجودها.

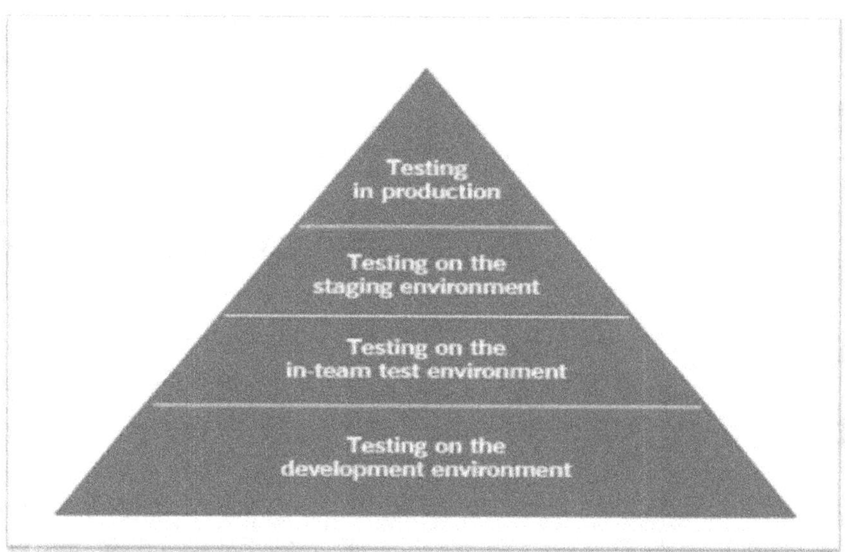

الشكل رقم (105) يبين مثلث الإختبارات يتضمن غالبية بيئات الإختبار.
ITIL4 Practices-AXELOS Copyright-2020.

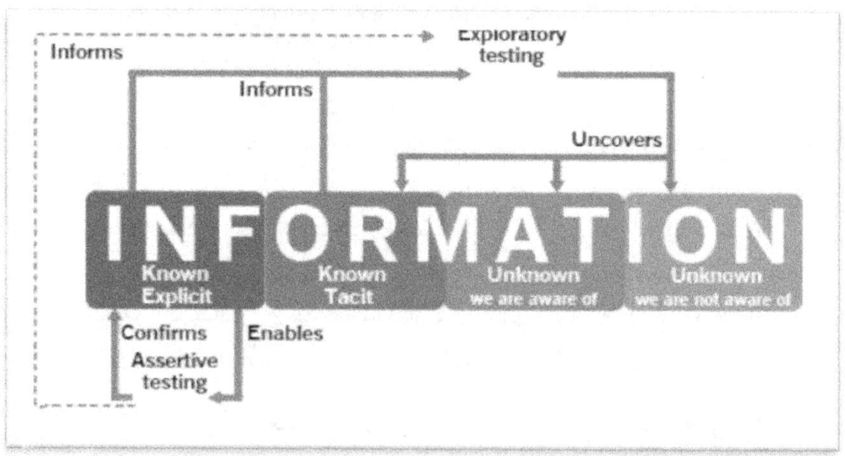

الشكل رقم (106) يبين الإختبار التأكيدى و الإستكشافى.
ITIL4 Practices-AXELOS Copyright-2020.

نطاق عمل ممارسة التحقق من صحة الخدمة واختبارها

● ترجمة متطلبات المنتجات أو الخدمات إلى معايير قبول إدارة النشر والإصدار.

● إنشاء مناهج الاختبار وتحديد خطط الاختبار للمنتجات والخدمات الجديدة أو المتغيرة.

● القضاء على المخاطر وعدم اليقين بشأن المنتجات والخدمات الجديدة أو المتغيرة من خلال الاختبار

● اكتشاف معلومات جديدة حول المنتجات والخدمات الجديدة أو المتغيرة من خلال الاختبار.

● مراجعة مناهج الاختبار والطرق بشكل مستمر لتحسين كفاءة الاختبارات.

عوامل نجاح ممارسة التحقق من صحة الخدمة واختبارها PSFs

● تحديد والموافقة على نهج للتحقق من صحة واختبار منتجات المنظمة وخدماتها ومكوناتها بما يتماشى مع متطلبات المنظمة فيما يتعلق بسرعة وجودة تغييرات الخدمة.

● ضمان أن المكونات والمنتجات والخدمات الجديدة والمتغيرة تلبي المعايير المتفق عليها.

عمليات أنشطة التحقق من الخدمة واختبارها

● نهج الاختبار وإدارة النماذج.

● التحقق من الخدمة.

● إجراء اختبار.

عملية نهج الاختبار وإدارة النماذج

تتضمن هذه العملية عددا من الأنشطة كما فى الشكل رقم (107) وتحول المدخلات التالية إلى مخرجات.

المدخلات

● نماذج الخدمة والتصميم

● مناهج ونماذج إدارة الإصدار المحدثة

● خطط الإصدار

● نماذج الاختبار الحالية، نماذج الإصدار

● مناهج ونماذج إدارة الإصدار المحدثة

- خطط الإصدار

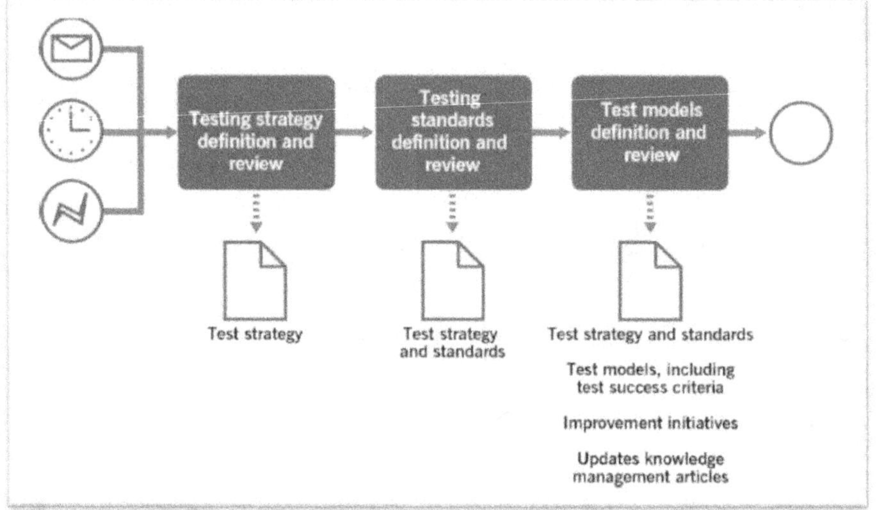

الشكل رقم (107) يبين مسار عملية نهج الإختبار و إدارة النماذج.
ITIL4 Practices-AXELOS Copyright-2020.

المخرجات

- ستراتيجية الاختبار والمعايير
- نماذج الاختبار، بما في ذلك معايير نجاح الاختبار
- مبادرات التحسين
- مقالات محدثة عن إدارة المعرفة

الأنشطة

- تحديد استراتيجية الاختبار ومراجعتها
- تحديد معايير الاختبار ومراجعتها
- تحديد نماذج الاختبار ومراجعتها

عملية التحقق من صحة الخدمة

تتضمن هذه العملية عددا من الأنشطة كما فى الشكل رقم (108) وتحول المدخلات التالية إلى مخرجات.

المدخلات

- حزم تصميم الخدمة
- متطلبات الخدمة والضمان
- إستراتيجية الاختبار والمعايير
- نماذج الاختبار

198

- خطة الإصدار

المخرجات
- معايير القبول للخدمة
- نطاق اختبار الخدمة والتركيز عليها
- إشعار قبول الخدمة

الأنشطة
توثيق معايير القبول.

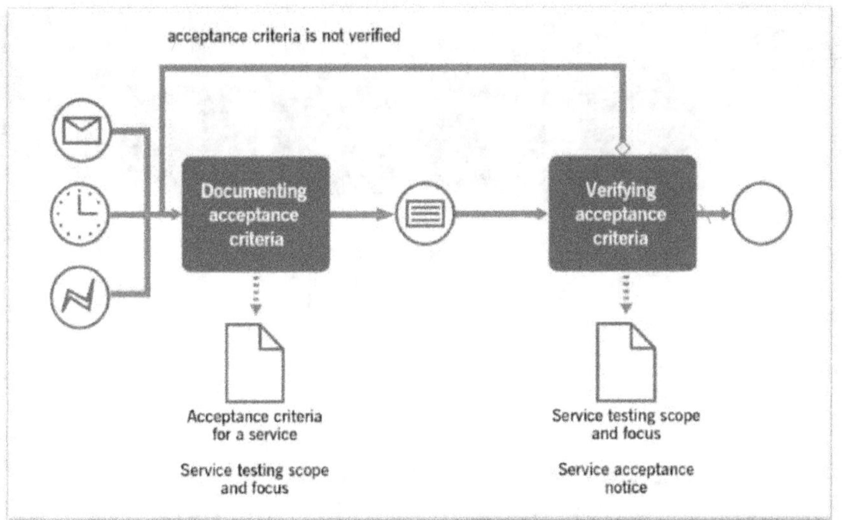

الشكل رقم (108) يبين مسار عملية التحقق من صحة الخدمة.
ITIL4 Practices-AXELOS Copyright-2020.

عملية إجراء اختبار

تتضمن هذه العملية عددا من الأنشطة كما فى الشكل رقم (109) وتحول المدخلات التالية إلى مخرجات.

المدخلات
- نماذج الإصدار
- نماذج الاختبار
- معايير القبول
- استراتيجية الاختبار والمعايير

المخرجات
- بيئة الاختبار المهيأة

- تقرير معايير الاختبار والخروج
- الدروس المستفادة.

الأنشطة

- تخطيط الاختبار والتحضير له.
- تنفيذ الاختبار
- تقييم معايير الخروج من الاختبار وإعداد التقارير عنها
- إغلاق الاختبار.

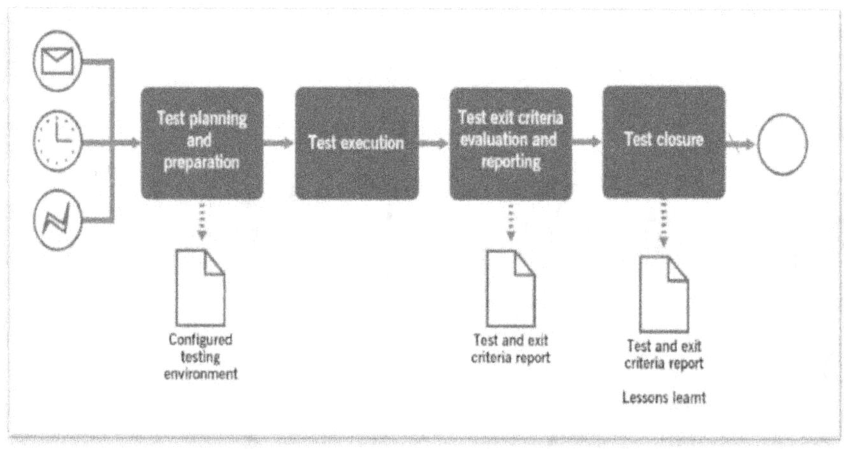

الشكل رقم (109) يبين مسار عملية لإجراء الإختبار.
ITIL4 Practices-AXELOS Copyright-2020.

مساهمة إدارة التحقق من الخدمة في سلسلة قيمة الخدمة

تحسين
الكشف عن العيوب الخفية و اختبار أداء الخدمة مقارنة باتفاقيات مستوى الخدمة (SLA) هي تدابير نجاح حاسمة مطلوبة لتحسين تجربة العملاء وخفض المخاطر.

المشاركة
إشراك بعض أصحاب المصلحة في أنشطة التحقق من صحة الخدمة واختبارها يساعد في مساهمتهم وتحسين الرؤية وتبني الخدمات.

التصميم والانتقال
إ تصميم الخدمة وإدارة المعرفة وإدارة الأداء وإدارة النشر وإدارة الإصدار كلها متكاملة بشكل وثيق مع ممارسة التحقق من صحة الخدمة واختبارها.

الحصول/البناء

أنشطة مرتبطة بجميع الممارسات المتعلقة بالحصول على الخدمات من مقدمي الخدمات الخارجيين وإدارة المشاريع وأنشطة تطوير البرامج.

التسليم والدعم

يتم كشف الأخطاء المعروفة ومشاركة مكتب الخدمة و إدارة الحوادث لتمكين أطر زمنية أسرع لاستعادة الخدمة ويتم إرجاع المعلومات المتعلقة بانقطاع الخدمة أو العيوب الهاربة إلى التحقق من صحة الخدمة واختبارها لزيادة فعالية وتغطية معايير القبول وأنشطة الاختبار.

8ـ ممارسة إدارة مستوى الخدمة

الغرض

الغرض من ممارسة إدارة مستوى الخدمة هو وضع أهداف واضحة قائمة على الأعمال لمستويات الخدمة، والتأكد من تقييم تقديم الخدمات ومراقبتها وإدارتها بشكل صحيح مقابل هذه الأهداف.

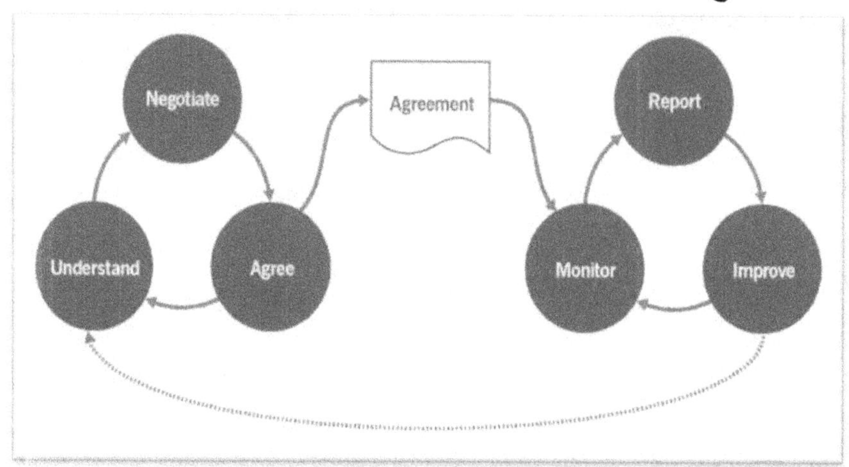

الشكل رقم (110) يبين أنشطة ممارسة إدارة مستوى الخدمة.
ITIL4 Practices-AXELOS Copyright-2020.

مصطلحات إدارة مستوى الخدمة

متطلبات مستوى الخدمة (SLR)
تسجيل تفصيلي لاحتياجات العميل، مما يشكل الأساس لمعايير التصميم للخدمة الجديدة أو المعدلة.

كتالوج الخدمة
دليل أو مجلد مدون به خدمات تكنولوجيا المعلومات المتاحة والمستويات الافتراضية والخيارات والأسعار وتحديد العمليات التجارية أو العملاء الذين يستخدمونها.

اتفاقية مستوى الخدمة (SLA)
اتفاقية بين مزود خدمة تكنولوجيا المعلومات والعميل. تصف اتفاقية مستوى خدمة تكنولوجيا المعلومات، وتوثق أهداف مستوى الخدمة، وتحدد مسؤوليات موفر خدمة تكنولوجيا المعلومات والعميل.

اتفاقية المستوى التشغيلي (OLA)

اتفاقية داخلية مع وظيفة أخرى لنفس المنظمة والتي تدعم مزود خدمة تكنولوجيا المعلومات في تقديم الخدمات.

نموذج اتفاقية مستوى خدمة

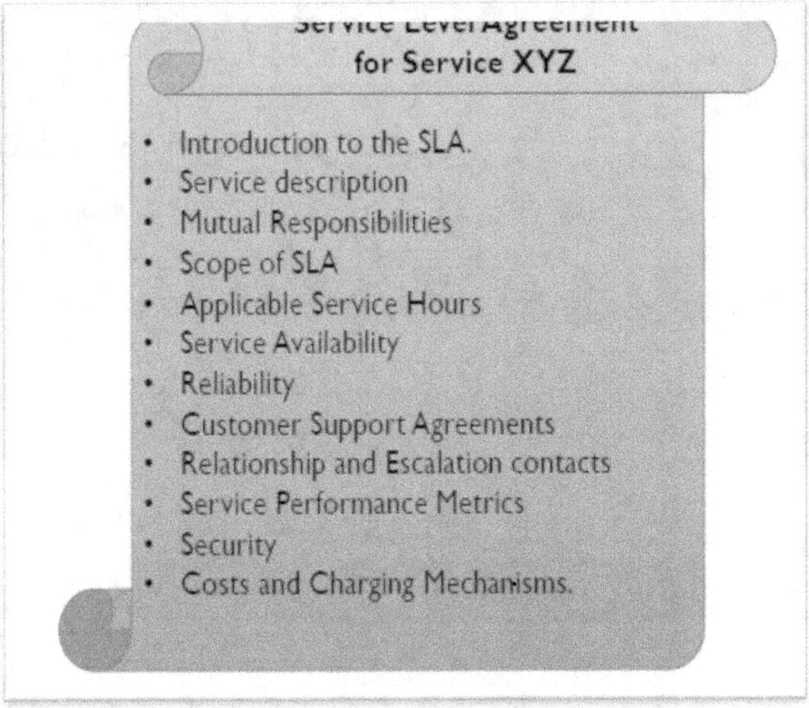

الشكل رقم(111) يبين نموذح اتفاقية مستوى الخدمة.
ITIL 4 FOUNDATION-MORWAN ELGASIM.

نطاق ممارسة إدارة مستوى الخدمة

• الاتصالات التكتيكية والتشغيلية مع العملاء فيما يتعلق بجودة الخدمة المتوقعة والمتفق عليها والفعلية فضلاً عن تجربة الخدمة الخاصة بهم.

• التفاوض على اتفاقيات مستوى الخدمة وإبرامها والحفاظ عليها مع العملاء

• فهم تصميم وهندسة الخدمات والتبعيات بين الخدمات وعناصر التكوين الأخرى.

• المراجعة المستمرة لمستويات الخدمة المحققة مقابل مستويات الخدمة المتفق عليها والمتوقعة.

• بدء تحسينات الخدمة بما في ذلك تحسين الاتفاقيات والمراقبة و التقارير.

عوامل نجاح ممارسة إدارة مستوى الخدمة PSFs

- إنشاء رؤية مشتركة لمستويات الخدمة المستهدفة مع العملاء.
- الإشراف على كيفية تلبية المؤسسة لمستويات الخدمة المحددة بجمع وتحليل وتخزين وإعداد التقارير عن المقاييس ذات الصلة بالخدمات المحددة.
- إجراء مراجعات الخدمة لضمان استمرار مجموعة الخدمات الحالية في تلبية احتياجات المؤسسة وعملائها.
- رصد فرص التحسين وإعداد التقارير عنها و قياس الأداء مقارنة بمستويات الخدمة المحددة ورضا أصحاب المصلحة.

عمليات أنشطة إدارة مستوى الخدمة

- إدارة اتفاقيات مستوى الخدمة SLAs ودورة حياتها.
- الإشراف على مستويات الخدمة وجودة الخدمة.
- تتضمن إدارة مستوى الخدمة جمع وتحليل المعلومات من عدة مصادر:
  - إشراك العملاء.
  - ملاحظات العملاء.
  - المقاييس التشغيلية
  - مقاييس الأعمال.

إدارة اتفاقيات مستوى الخدمة SLAs

تتضمن هذه العملية عددا من الأنشطة كما فى الشكل رقم (112) وتحول المدخلات التالية إلى مخرجات.

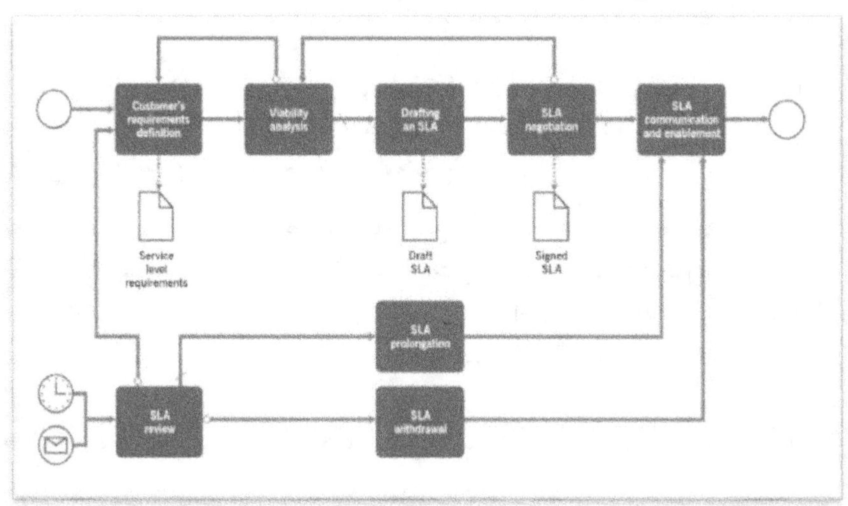

الشكل رقم (112) يبين مسار عملية إدارة إتفاقيات مستوى الخدمة.

ITIL4 Practices-AXELOS Copyright-2020.

المدخلات

- متطلبات العملاء
- كتالوج الخدمة
- مواصفات الخدمة
- نماذج الخدمة ونماذج التكوين
- الاتفاقيات مع الموردين والشركاء
- آراء المستخدمين والعملاء
- خطط التحسين والسجلات
- المعلومات المالية

المخرجات

- متطلبات مستوى الخدمة (موثقة)
- مسودات اتفاقيات مستوى الخدمة
- اتفاقيات مستوى الخدمة الموقعة
- اتصالات التوجيه
- طلبات التغيير
- اتفاقيات مستوى الخدمة الملغاة

الأنشطة

- تحديد متطلبات العميل
- تحليل الجدوى
- صياغة اتفاقية مستوى الخدمة
- التفاوض بشأن اتفاقية مستوى الخدمة
- اتصالات اتفاقية مستوى الخدمة وتمكينها
- مراجعة اتفاقية مستوى الخدمة
- تمديد اتفاقية مستوى الخدمة
- سحب اتفاقية مستوى الخدمة

عملية الإشراف على مستويات الخدمة وجودة الخدمة

- تركز هذه العملية على مراقبة ومراجعة مستويات الخدمة وجودة الخدمة. وليس على وثائق اتفاقيات مستوى الخدمة.

205

- يحتاج مزود الخدمة إلى مراقبة وتحليل بيانات مستوى الخدمة المقاسة وردود الفعل من المستخدمين والعملاء لفهم جودة الخدمة بشكل أفضل.

تتضمن هذه العملية عددا من الأنشطة كما فى الشكل رقم (113) وتحول المدخلات التالية إلى مخرجات.

المدخلات

بيانات أداء الخدمة.

اتفاقية مستوى الخدمة.

ملاحظات المستخدمين والعملاء، بما في ذلك الإطراءات والشكاوى.

خطة تحسين الخدمة.

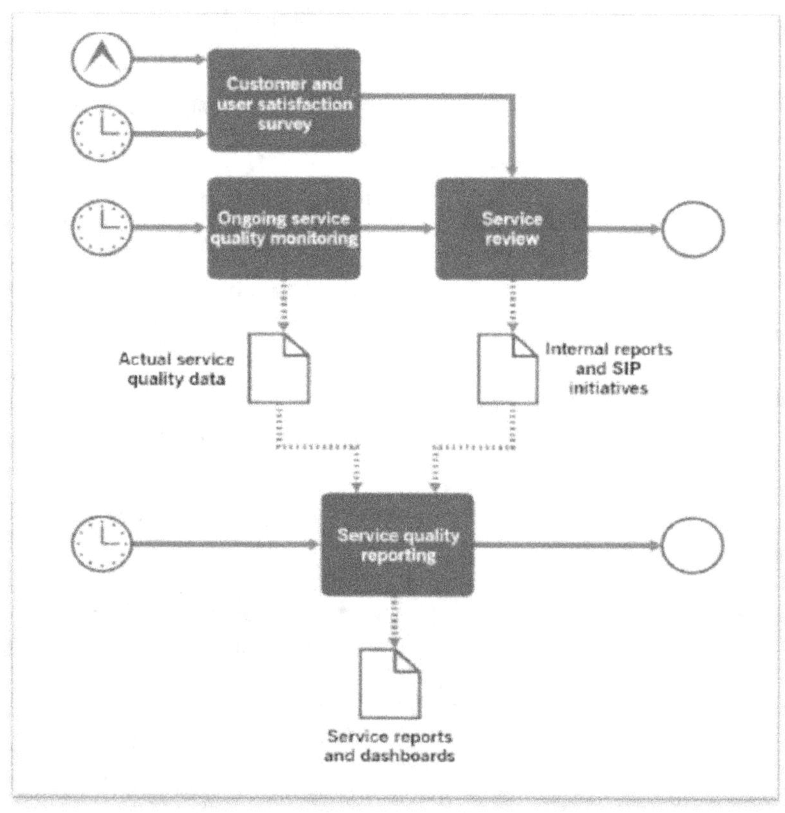

الشكل رقم (113) يبين مسار عملية الإشراف على مستويات الخدمة.
ITIL4 Practices-AXELOS Copyright-2020.

المخرجات

- لوحات معلومات وتقارير جودة الخدمة من مختلف الجهات المعنية.

- مبادرات تحسين الخدمة.

الأنشطة

- استطلاعات رضا العملاء والمستخدمين.
- مراقبة جودة الخدمة المستمرة.
- مراجعة الخدمة.
- إعداد تقارير جودة الخدمة.

مساهمة إدارة مستوى الخدمة في سلسلة قيمة الخدمة

التخطيط

تدعم إدارة مستوى الخدمة التخطيط لمحفظة المنتجات والخدمات وعروض الخدمات بمعلومات حول أداء الخدمة الفعلي والترندات.

تحسين

تعنبر ملاحظات و متطلبات المستخدمين والعملاء على الخدمة بمثابة قوة دافعة لتحسين الخدمة.

المشاركة

تضمن إدارة مستوى الخدمة المشاركة المستمرة مع العملاء والمستخدمين من خلال معالجة الملاحظات والمراجعة المستمرة للخدمة.

التصميم والانتقال

تتلقى عملية تصميم وتطوير الخدمات الجديدة والمتغيرة مدخلات من هذه الممارسة سواء من خلال التفاعل مع العملاء أو كجزء من حلقة الملاحظات على عمليات الانتقال.

الحصول/البناء

توفر إدارة مستوى الخدمة أهدافًا للمكونات وأداء الخدمة فضلاً عن قدرات القياس والتقارير عن المنتجات والخدمات.

التقديم والدعم

تنقل إدارة مستوى الخدمة أهداف أداء الخدمة إلى فرق العمليات والدعم وتجمع ملاحظاتهم كمدخلات لتحسين الخدمة.

9ـ ممارسة إدارة التوفر

الغرض و الأهداف

الغرض من ممارسة إدارة التوفر هو التأكد من أن الخدمات تقدم مستويات متفق عليها من التوفر لتلبية احتياجات العملاء والمستخدمين.

التوفر

قدرة أى خدمة أو أى عنصر تكوين على أداء الوظيفة المتفق عليها عند الحاجة.

نطاق ممارسة إدارة التوافر

- التفاوض والموافقة على متطلبات العملاء للتوافر.
- تصميم ضوابط التوفر كجزء من نموذج الخدمة.
- مواءمة ضوابط التوفر مع بنية الأعمال.
- تحديد المخاطر المرتبطة بالتوافر.
- تحليل تأثيرات التغييرات على أهداف التوفر.
- مراقبة مدى توفر الخدمات.
- تبرير ضوابط التوفر الجديدة.
- تنفيذ تدابير تخفيف المخاطر.
- تغيير البنية التحتية لتكنولوجيا المعلومات لتحسين التوافر.
- اختبار ضوابط التوفر أثناء انتقال الخدمة.
- الرد على الأحداث التي قد تؤثر على قدرة المنظمة على تحقيق أهداف التوفر.
- إدارة حوادث التوفر.
- إدارة وتنفيذ التحسينات بشكل مستمر.

قياسات التوفر و قيمة الخدمة

التوفر سهل القياس والفهم فهو يعتمد على تكرار فشل الخدمة ومدى سرعة تعافيها بعد الفشل.

- متوسط الوقت بين الأعطال (MTBF)
- متوسط الوقت لاستعادة الخدمة (MTRS)
- يقيس متوسط الوقت بين الأعطال (MTBF) تكرار فشل الخدمة. على سبيل المثال، في المتوسط، تفشل الخدمة التي يبلغ متوسط الوقت بين الأعطال (MTBF) أربعة أسابيع 13 مرة كل عام.

- يقيس متوسط الوقت لاستعادة الخدمة (MTRS) سرعة استعادة الخدمة بعد الفشل, على سبيل المثال، في المتوسط، تتعافى الخدمة التي يبلغ متوسط الوقت بين الأعطال (MTBF) أربع ساعات تمامًا من الفشل في أربع ساعات.

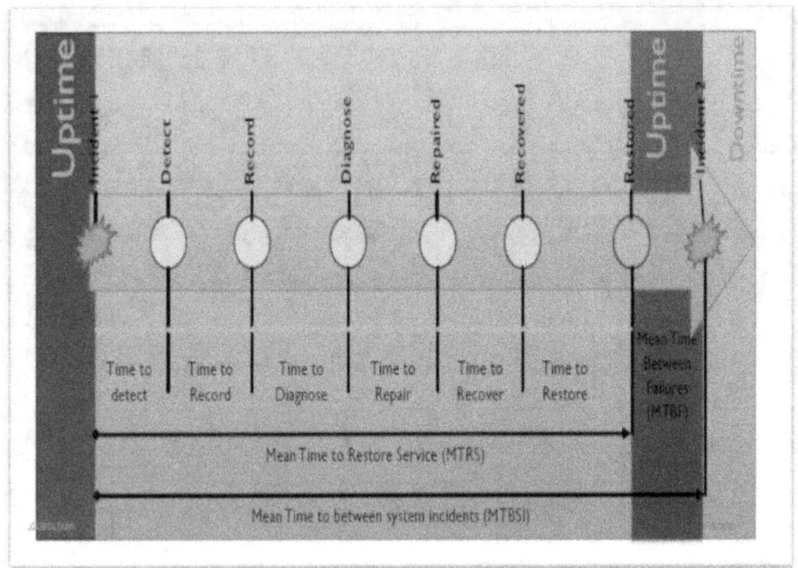

الشكل رقم (114) يبين قياسات توفر الخدمة بين حالات الفشل.
ITIL 4 FOUNDATION-MORWAN ELGASIM

شروط قياس التوفر

هناك أمور أخرى يجب مراعاتها بشان توفر الخدمة كما يلي:-

- ما هي وظائف الأعمال الحيوية التي تتأثر باختلاف فشل التطبيقات.
- في أي نقطة يكون الأداء بطيئا سيئا للغاية بحيث تكون الخدمة غير صالحة للاستعمال بشكل فعال.
- متى يجب أن تكون الخدمة متاحة ومتى يمكن أن يقوم مزود الخدمة بتنفيذ أنشطة الصيانة.

حسابات التوفر

تشمل القياسات التي تعمل بشكل جيد مع بعض الخدمات ما يلي:-

دقائق انقطاع خدمة المستخدم

يتم حسابها بضرب مدة الحادث قى عدد المستخدمين المتأثرين أو عن طريق جمع عدد دقائق تأثر كل مستخدم وهذا يعمل بشكل جيد للخدمات التي تدعم إنتاجية المستخدم بشكل مباشر مثل خدمة البريد الإلكتروني.

عدد المعاملات المفقودة

تحسب عن طريق طرح عدد المعاملات من العدد المتوقع حدوثه خلال الفترة الزمنية وهذا يعمل بشكل جيد للخدمات التي تدعم العمليات التجارية القائمة على المعاملات مثل دعم التصنيع.

قيمة الأعمال المفقودة

يتم حسابها عن طريق قياس كيف تأثرت إنتاجية الأعمال بفشل الخدمات المساندة, يمكن للعملاء فهم هذا بسهولة ويمكن أن يكون مفيدًا لهم تخطيط الاستثمار في إختيار خدمات ذات توافرمتحسن ومع ذلك يمكن أن يكون من الصعب تحديد القيمة التجارية المفقودة التي سببها فشل خدمة تكنولوجيا المعلومات حين يكون لها أسباب أخرى.

رضا المستخدم

توفرالخدمة أحد أهم الخصائص المرئية الملموسة للخدمات، ولها تأثير كبير علي رضا المستخدمين ومن المهم التأكد من قياسات تحقق رضا المستخدمين عن توفر الخدمة بالإضافة إلى الاجتماع رسميًا للتأكيد على أهداف التوفر المتفق عليها.

مهام إدارة التوفر

- التفاوض والاتفاق على الأهداف القابلة للتحقيق من أجل التوافر.
- تصميم البنية التحتية والتطبيقات التي يمكنها توفير مستويات التوفر المطلوبة.
- التأكد من أن الخدمات والمكونات قادرة على جمع البيانات المطلوبة لقياس مدى التوفر.
- المراقبة والتحليل والإبلاغ عن التوافر.
- تحسينات التخطيط للتوافر.

عوامل نجاح ممارسة إدارة التوفر PSF
- تحديد متطلبات توفر الخدمة.
- قياس مدى توفر الخدمة وتقييمها والإبلاغ عنها.
- معالجة مخاطر توفر الخدمة.

عمليات أنشطة إدارة التوفر

- إنشاء التحكم فى توفر الخدمة.
- تحليل وتحسين توفر الخدمة.

عملية إنشاء التحكم فى توفر الخدمة

تتضمن هذه العملية عددا من الأنشطة كما فى الشكل رقم (115) وتحول المدخلات التالية إلى مخرجات.

المدخلات

* متطلبات العملاء
* مسودات متطلبات مستوى الخدمة SLR
* معلومات عن الموارد المتاحة

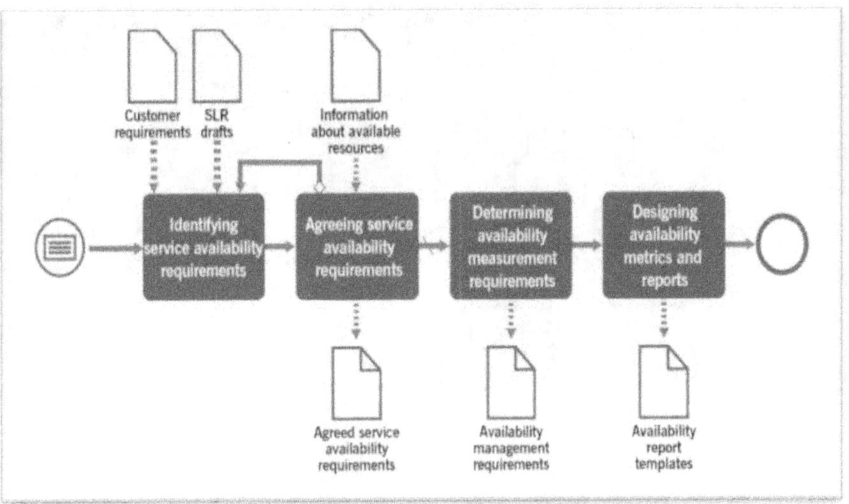

الشكل رقم (115) يبين مسار عملية التحكم فى توفر الخدمة.
ITIL4 Practices-AXELOS Copyright-2020.

المخرجات

* متطلبات توفر الخدمة المتفق عليها
* متطلبات قياس التوفر
* قالب (نماذج) تقرير التوفر

الأنشطة

* تحديد متطلبات توفر الخدمة
* الموافقة على متطلبات توفر الخدمة
* تحديد متطلبات قياس التوفر
* تصميم مقاييس وتقارير التوفر

عملية تحليل وتحسين توفر الخدمة

تتضمن هذه العملية عددا من الأنشطة كما فى الشكل رقم (116) وتحول المدخلات التالية إلى مخرجات.

المدخلات

211

- بيانات الرصد
- سجلات الحوادث
- نماذج الخدمة
- قالب نموذج (نماذج) تقرير التوفر
- متطلبات توفر الخدمة المتفق عليها
- سجل (سجلات) المخاطر
- مواصفات (مواصفات) الخدمة

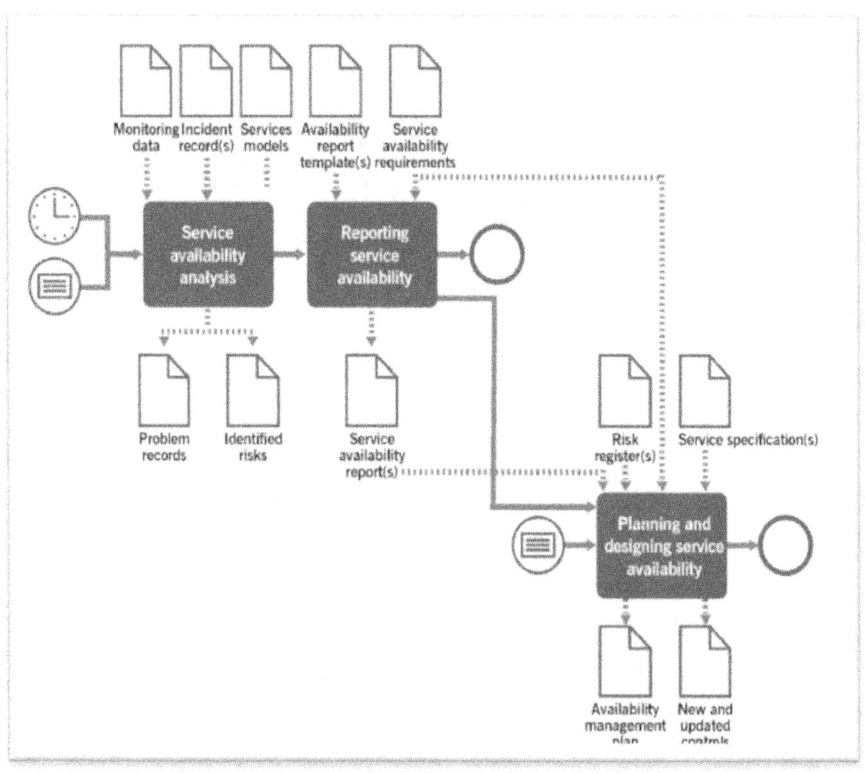

الشكل رقم (116) يبين مسار عملية تحليل و تحسين توفر الخدمة.
ITIL4 Practices-AXELOS Copyright-2020.

المخرجات

- تقرير (تقارير) مدى توفر الخدمة
- سجلات المشكلة
- خطة (خطط) إدارة التوفر
- ضوابط جديدة ومحدثة

الأنشطة

- تحليل مدى توفر الخدمة
- الإبلاغ عن توفر الخدمة
- تخطيط وتصميم مدى توفر الخدمة

مساهمة إدارة توفر الخدمة في سلسلة قيمة الخدمة

التخطيط

يتم الرجوع إلى إدارة التوفر عند التخطيط لإتخاذ قرارات مجموعة الخدمات وعند تحديد الأهداف والاتجاهات للخدمات والممارسات.

التحسين

تضمن إدارة التوفر عدم تدهور الخدمات عند التخطيط لإجراء التحسينات.

المشاركة

يجب أن تكون متطلبات التوفر للخدمات الجديدة والمتغيرة مفهومة للجميع.

التصميم والانتقال

يجب تصميم الخدمات الجديدة والمتغيرة لتلبية أهداف التوفركما يلزم اختبار ضوابط التوفر أثناء النقل.

الحصول / البناء

يعتبر التوفر أحد الاعتبارات عند بناء المكونات أو الحصول عليها من أطراف ثالثة.

التقديم والدعم

يتضمن هذا النشاط قياس التوفر والتفاعل مع الأحداث التي قد تؤثر على تحقيق أهداف التوفر.

10- ممارسة إدارة القدرة والأداء

الغرض

الغرض من ممارسة إدارة القدرة والأداء هو ضمان أن الخدمات تحقق الأداء المتفق عليه والمتوقع، وتلبية الطلب الحالي والمستقبلي بطريقة فعالة من حيث التكلفة.

الأداء:

مقياس لما يتم تحقيقه أو تقديمه بواسطة نظام أو شخص أو فريق أو ممارسة أو خدمة.

نطاق إدارة القدرات والأداء

- التفاوض والاتفاق على متطلبات العملاء من حيث القدرة والأداء.
- تصميم ضوابط القدرة والأداء كجزء من نموذج الخدمة.
- مواءمة ضوابط القدرات والأداء مع بنية الأعمال.
- تحديد المخاطر المرتبطة بالقدرة والأداء.
- تحليل آثار التغييرات على أهداف القدرات والأداء.
- مراقبة قدرة وأداء الخدمات.
- تبرير القدرات الجديدة وضوابط الأداء.
- تنفيذ تدابير تخفيف المخاطر وتغيير البنية التحتية للخدمة لضمان المرونة.
- اختبار ضوابط السعة والأداء أثناء انتقال الخدمة.
- الرد على الأحداث التي قد تؤثر على قدرة المنظمة على تحقيق أهداف القدرات والأداء.
- إدارة حوادث القدرات والأداء.
- إدارة وتنفيذ التحسينات المتعلقة بالقدرة والأداء على أساس مستمر.

عوامل نجاح ممارسة إدارة القدرات والأداء PSFs

- تحديد قدرة الخدمة ومتطلبات الأداء
- قياس وتقييم وإعداد التقارير عن أداء الخدمة وقدراتها
- معالجة مخاطر أداء الخدمة والقدرة.

عمليات أنشطة ممارسة إدارة القدرات

- إنشاء التحكم فى القدرة والأداء.
- تحليل وتحسين قدرة الخدمة والأداء.

عملية إنشاء التحكم فى القدرة والأداء

تتضمن هذه العملية عددا من الأنشطة كما فى الشكل رقم (117) وتحول المدخلات التالية إلى مخرجات.

المدخلات

- احتياجات العمل
- أداء العمليات التجارية وحجم المعاملات وأنماط النشاط والتوقعات
- متطلبات ومعايير الشركة المصنعة لمكونات الخدمة
- إطار مراقبة وقياس الخدمة
- إطار الإبلاغ عن الخدمة
- اتفاقيات مستوى الخدمة
- بيانات أداء الخدمة والمكونات الحالية

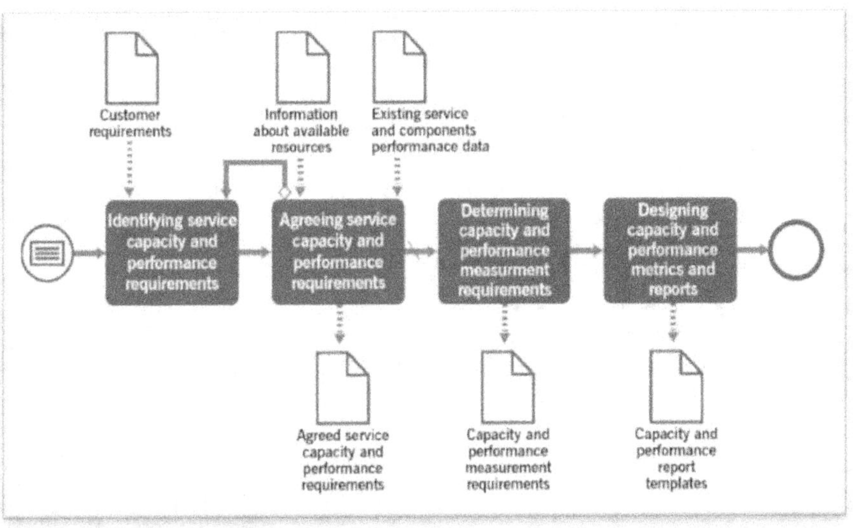

الشكل رقم (117) يبين مسار عملية إنشاء التحكم فى القدرة و الأداء.
ITIL4 Practices-AXELOS Copyright-2020.

المخرجات

- متطلبات الخدمة والمكونات المحددة والمتفق عليها والموثقة
- متطلبات قياس الأداء والقدرة
- تم إعداد خطوط الأساس للأداء والقدرات والمقاييس والتنبيهات والحدود والتقارير في مجموعة أدوات المراقبة
- أدوات التحكم في القياس الآلي وموازنة التحميل (حيثما ينطبق ذلك).

الأنشطة

- تحديد قدرة الخدمة ومتطلبات الأداء
- الموافقة على سعة الخدمة ومتطلبات الأداء
- تحديد متطلبات قياس القدرات والأداء
- تصميم مقاييس وتقارير القدرات والأداء

عملية تحليل وتحسين قدرة الخدمة والأداء

تتضمن هذه العملية عددا من الأنشطة كما فى الشكل رقم (118) وتحول المدخلات التالية إلى مخرجات.

المدخلات

- تقارير وتنبيهات القدرة والأداء
- تصميمات الخدمة الجديدة والبنى المقترحة
- سجلات الحوادث والمشاكل المتعلقة بالأداء
- جدول التغيير

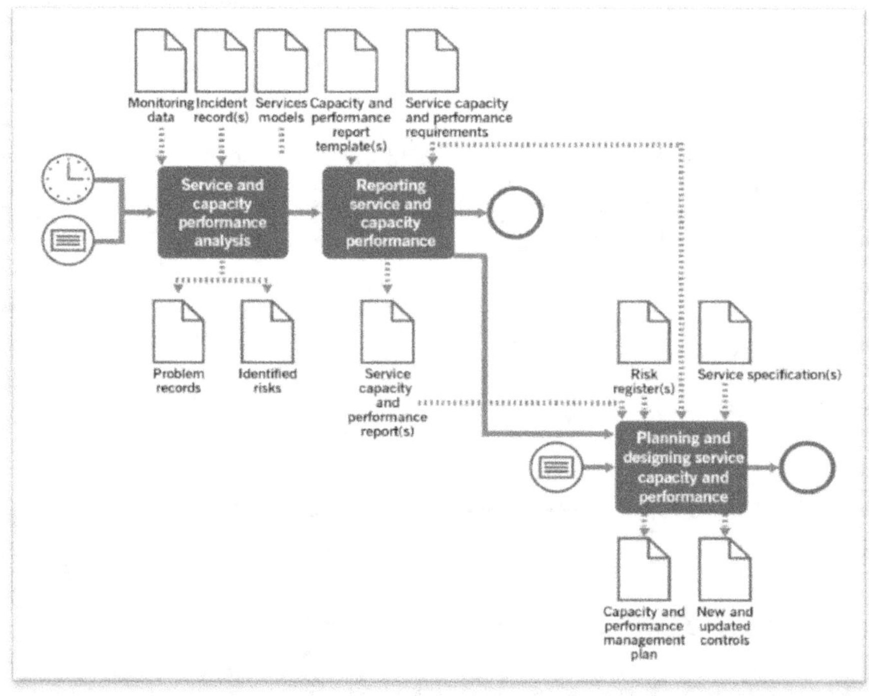

الشكل رقم (118) يبين مسار عملية تحليل و تحسين القدرة و الأداء.
ITIL4 Practices-AXELOS Copyright-2020.

المخرجات

216

- مبادرات التحسين المقدمة إلى سجل التحسين المستمر (CIR)
- تصميم الخدمة ومراجعة الهندسة البنائية والتوصيات
- الاتصالات المستمرة مع تصميم الخدمة والممارسات التشغيلية
- تحديثات تخطيط ميزانية تكنولوجيا المعلومات

الأنشطة

- تحليل قدرة وأداء الخدمة
- إعداد التقارير عن قدرة الخدمة والأداء
- تخطيط وتصميم قدرة الخدمة والأداء

مساهمة ممارسة تحليل القدرة والأداء فى سلسلة قيمة الخدمة

هذه الممارسة مشاركة في جميع أنشطة سلسلة القيمة الخدمية:

التخطيط:-

إدارة القدرة والأداء تدعم التكتيكية و التخطيط التشغيلي بمعلومات حول الطلب الفعلي والأداء و توفير أدوات النمذجة والتنبؤ.

التحسين

يتم تحديد التحسينات و توجيهها بمعلومات الأداء التي توفرها هذه الممارسة.

المشاركة

تتم إدارة توقعات العملاء والمستخدمين مدعومة بمعلومات عن الأداء و قيود وإمكانيات القدرة التى توفرها هذه الممارسة.

التصميم والانتقال

إدارة القدرة والأداء ضرورية فى عملية لتصميم منتجات والخدمات لأنها تساعد على ضمان أن الخدمات الجديدة و الخدمات المتغيرة تم تصميمها لتحقيق الأداء الأمثل و أفضل عوامل القدرة وقابلية التوسع.

الحصول والبناء

إدارة القدرة و الأداء تساعد على التأكد من أن المكونات والخدمات التي يتم الحصول عليها أو بناؤها تلبي متطلبات احتياجات الأداء للمنظومة.

التقديم و الدعم

عمليات تقديم الخدمات ومكونات الخدمة واختبارها تدعم من خلال أهداف الأداء والقدرة ومقاييس وأدوات إعداد التقارير والأهداف.

11- ممارسة إدارة الأصول

الغرض

الغرض من ممارسة إدارة أصول تكنولوجيا المعلومات هو التخطيط و إدارة دورة الحياة الكاملة لجميع أصول تكنولوجيا المعلومات لمساعدة المؤسسة على تحقيق ما يلى:

- تعظيم القيمة.
- التحكم في التكاليف.
- إدارة المخاطر.
- دعم اتخاذ القرار بشأن الشراء وإعادة الاستخدام و نهاية خدمة و التكهين.
- تلبية المتطلبات التنظيمية والتعاقدية.

أنواع أصول تكنولوجيا المعلومات

الأجهزة

- أجهزة المستخدم النهائي، مثل أجهزة الكمبيوتر الشخصية والأجهزة اللوحية والهواتف الذكية وبطاقات SIM.
- معدات الشبكات والاتصالات، مثل أجهزة التوجيه والمفاتيح وموازنات التحميل وأنظمة مؤتمرات الفيديو والصوت عبر بروتوكول الإنترنت.
- أجهزة مركز البيانات، مثل الخوادم وأنظمة التخزين والنسخ الاحتياطي وإمدادات الطاقة غير المنقطعة.
- الأجهزة الطرفية المهمة، مثل الطابعات الشخصية والشاشات والماسحات الضوئية وأنظمة الطباعة متعددة الوظائف.
- تشمل أجهزة التكنولوجيا التشغيلية (OT) فى العمليات الصناعية.

البرامج

- البرامج التى تعمل على الأجهزة والآلات الافتراضية في جميع البيئات (التطوير/التكامل والاختبار والإعداد والتشغيل المباشر/الإنتاج والتدريب).
- أنظمة التشغيل.
- البرامج الوسيطة، مثل خوادم الويب وشهادات SSL وبرمجيات خدمة المؤسسة وخدمات الوصول إلى قواعد البيانات.
- التطبيقات الشخصية وتطبيقات الخادم.

- عندما يطلب موردو البرامج مراجعة استخدام الترخيص لعدد محدد من الأصول ظهرت ضرورة دمج إدارة أصول البرمجيات والأجهزة و إدارة التكوين \الكونفجيوريشن للتأكد من أن جميع التراخيص صحيحة.

الخدمات السحابية

تحل محل الأجهزة وبعض البرامج (اعتمادًا على نموذج الخدمة).

- البنية الأساسية كخدمة.
- المنصة كخدمة.
- البرامج كخدمة.

دورة حياة أصول تكنولوجيا المعلومات

- المراحل المختلفة في حياة أحد أصول تكنولوجيا المعلومات من التخطيط إلى التخلص منها.
- تتكون دورة الحياة من مراحل يتم تمثيلها بالحالات والانتقالات المسموح بها للحالات استنادًا إلى نوع أصل تكنولوجيا المعلومات.
  - تخطيط أصول تكنولوجيا المعلومات وإعداد الميزانية لها.
  - الاستحواذ على أصول تكنولوجيا المعلومات.
  - تخصيص أصول تكنولوجيا المعلومات (تثبيت، نقل، إضافة، تغيير).
  - تحسين استخدام أصول تكنولوجيا المعلومات.
  - إيقاف تشغيل أصول تكنولوجيا المعلومات.
  - التخلص من أصول تكنولوجيا المعلومات.

نطاق عمل ممارسة إدارة أصول تكنولوجيا المعلومات

- إدارة بيانات موثقة حول ما تمتلكه المنظمة حتى تتمكن من إدارته.
- وسائل التعامل المناسبة مع أصول تكنولوجيا المعلومات وفقًا للسياسات واللوائح مع مراعاة التكاليف والمخاطر المعمول بها.
- تكامل دورة حياة أصول تكنولوجيا المعلومات مع الممارسات الأخرى لتحقيق قدر أكبر من الكفاءة والفعالية من حيث التكلفة.

أنشطة إدارة الأصول

- تحديد وملء وصيانة سجل الأصول من حيث الهيكل.
- التحكم في دورة حياة الأصول بالتعاون مع الممارسات الأخرى.
- توفير البيانات والتقارير الحالية والتاريخية والدعم للممارسات الأخرى المتعلقة بأصول تكنولوجيا المعلومات.
- تدقيق الأصول.

عوامل نجاح ممارسة إدارة أصول تكنولوجيا المعلومات PSFs

● ضمان حصول المنظمة على معلومات ذات صلة بأصول تكنولوجيا المعلومات الخاصة بها طوال دورة حياتها.

● ضمان مراقبة استخدام أصول تكنولوجيا المعلومات وتحسينها بشكل مستمر.

عمليات أنشطة إدارة أصول تكنولوجيا المعلومات

● إدارة نهج مشترك لإدارة أصول تكنولوجيا المعلومات.

● إدارة دورة حياة أصول وسجلات تكنولوجيا المعلومات.

● التحقق من أصول تكنولوجيا المعلومات ومراجعتها وتحليلها.

عملية إدارة نهج مشترك لإدارة أصول تكنولوجيا المعلومات

تتضمن هذه العملية عددا من الأنشطة كما فى الشكل رقم (119) وتحول المدخلات التالية إلى مخرجات.

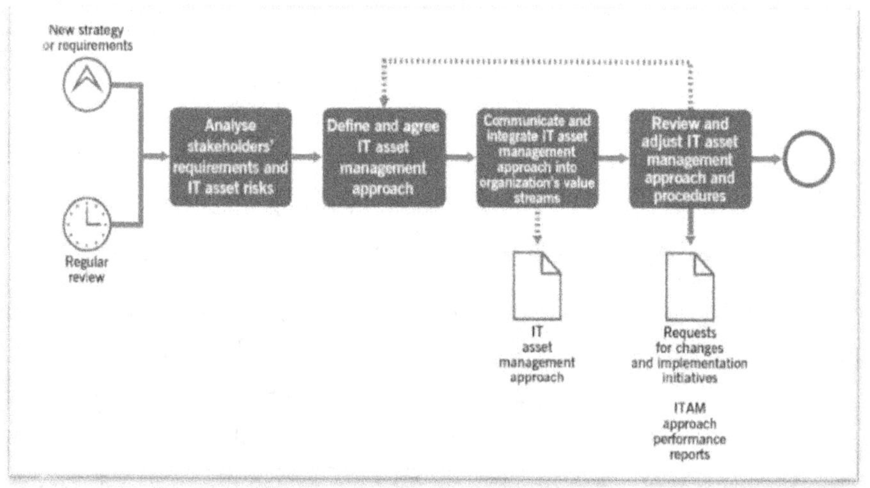

الشكل رقم (119) يبين مسار عملية إدارة نهج مشترك أصول تكنولوجيا المعلومات.
ITIL4 Practices-AXELOS Copyright-2020.

المدخلات

● استراتيجية وخطط تكنولوجيا المعلومات

● قائمة بخدمات تكنولوجيا المعلومات ذات الأولوية.

● سجلات المخاطر

● اتجاهات الصناعة والموردين

● سياسات المنظمة ومتطلبات الامتثال الخارجية

- ميزات جاهزة لإدارة أصول تكنولوجيا المعلومات وأداة إدارة خدمات تكنولوجيا المعلومات.
- معايير إدارة أصول تكنولوجيا المعلومات الدولية وأفضل الممارسات.
- بيانات أصول تكنولوجيا المعلومات الحالية.

المخرجات
- نهج إدارة أصول تكنولوجيا المعلومات
- سجل أصول تكنولوجيا المعلومات
- مواد اتصالات إدارة أصول تكنولوجيا المعلومات وإدارة المعرفة
- طلبات التغييرات ومبادرات التنفيذ
- تقارير أداء نهج إدارة أصول تكنولوجيا المعلومات

الأنشطة
- تحليل متطلبات أصحاب المصلحة ومخاطر أصول تكنولوجيا المعلومات
- تحديد نهج إدارة أصول تكنولوجيا المعلومات والموافقة عليه.
- التواصل ودمج نهج إدارة أصول تكنولوجيا المعلومات في تدفقات القيمة الخاصة بالمنظمة.
- مراجعة وتعديل نهج وإجراءات إدارة أصول تكنولوجيا المعلومات.

عملية إدارة دورة حياة أصول وسجلات تكنولوجيا المعلومات

تتضمن هذه العملية عددا من الأنشطة كما فى الشكل رقم (120) وتحول المدخلات التالية إلى مخرجات.

المدخلات
- نهج إدارة أصول تكنولوجيا المعلومات، ونطاقها، وضوابطها، وإجراءاتها، ونماذج دورة حياتها
- سجل أصول تكنولوجيا المعلومات
- سجلات المخاطر
- اتجاهات الصناعة والموردين
- تقارير مراقبة أصول تكنولوجيا المعلومات
- أداة إدارة أصول تكنولوجيا المعلومات وخدمات تكنولوجيا المعلومات.

المخرجات
- تحديث سجل أصول تكنولوجيا المعلومات
- مبادرات تحسين استخدام أصول تكنولوجيا المعلومات
- تقارير الاستثناءات
- تقارير دورة حياة أصول تكنولوجيا المعلومات

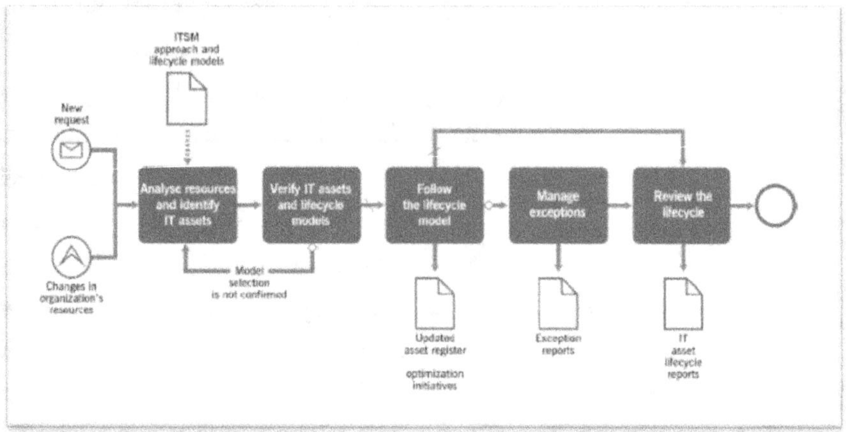

الشكل رقم (120) يبين مسار عملية إدارة دورة حياة الأصول و السجلات.
ITIL4 Practices-AXELOS Copyright-2020.

الأنشطة

- تحليل الموارد وتحديد أصول تكنولوجيا المعلومات
- التحقق من أصول تكنولوجيا المعلومات ونماذج دورة الحياة
- اتباع نموذج دورة الحياة
- إدارة الاستثناءات
- مراجعة دورة الحياة

عملية التحقق من أصول تكنولوجيا المعلومات ومراجعتها وتحليلها

تتضمن هذه العملية عددا من الأنشطة كما فى الشكل رقم (121) وتحول المدخلات التالية إلى مخرجات.

المدخلات

- نهج إدارة أصول تكنولوجيا المعلومات
- سجل أصول تكنولوجيا المعلومات
- تقارير من مراقبة أصول تكنولوجيا المعلومات
- سجلات مخاطر أصول تكنولوجيا المعلومات
- لوائح الامتثال الداخلية والخارجية

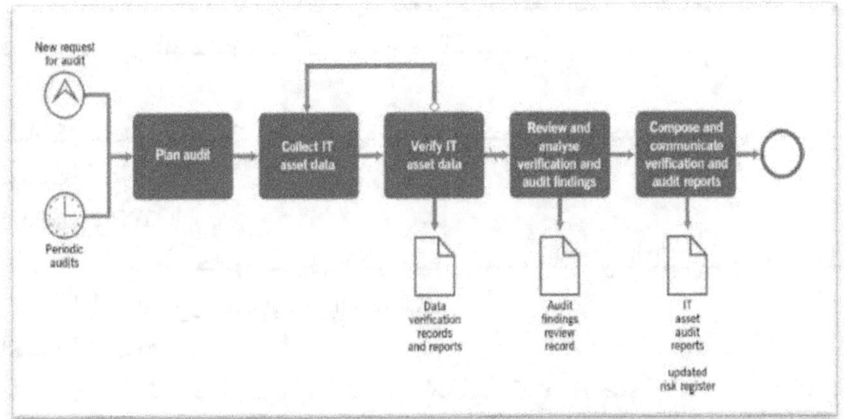

الشكل رقم (121) يبين مسار عملية التحقق من الأصول و مراجعتها.
ITIL4 Practices-AXELOS Copyright-2020.

المخرجات

- سجل أصول تكنولوجيا المعلومات المحدث
- تقارير تدقيق أصول تكنولوجيا المعلومات
- ملاحظات حول نهج أصول تكنولوجيا المعلومات
- سجل مخاطر أصول تكنولوجيا المعلومات المحدث
- طلب التغيير

الأنشطة

- تخطيط التدقيق
- جمع بيانات أصول تكنولوجيا المعلومات
- التحقق من بيانات أصول تكنولوجيا المعلومات
- مراجعة وتحليل مخرجات التحقق والتدقيق
- صياغة تقارير التحقق والتدقيق وتوصيلها

مساهمة إدارة أصول تكنولوجيا المعلومات في سلسلة قيمة الخدمة

التخطيط :

تأتي أغلب السياسات والتوجيهات المتعلقة بإدارة أصول تكنولوجيا المعلومات من ممارسات وتخطيط إدارة الخدمات المالية.

يمكن اعتبار إدارة أصول تكنولوجيا المعلومات ممارسة استراتيجية تساعد المؤسسة على فهم وإدارة التكلفة والقيمة.

التحسين:

يجب مراعاة التأثير على أصول تكنولوجيا المعلومات وستشمل التحسينات إدارة الأصول للمساعدة في فهم وإدارة التكاليف.

المشاركة:

مشاركة بعض الطلبات على إدارة أصول تكنولوجيا المعلومات من أصحاب المصلحة.

التصميم والانتقال:

يغير هذا النشاط حالة أصول تكنولوجيا المعلومات وبالتالي يحرك معظم أنشطة إدارة أصول تكنولوجيا المعلومات. .

الحصول/البناء:

تدعم عملية شراء الأصول لضمان إمكانية تتبع الأصول منذ بداية دورة حياتها.

التقديم والدعم:

تساعد في تحديد موقع أصول تكنولوجيا المعلومات وتتبع تحركاتها والتحكم في حالتها في المؤسسة.

12- ممارسة المراقبة وإدارة الأحداث

الغرض

مراقبة الخدمات ومكونات الخدمة بشكل منهجي، وتسجيل التغييرات المحددة في الحالة التي تم تحديدها كأحداث والإبلاغ عنها.

المراقبة

الملاحظة والرصد المتكرر لنظام أو ممارسة أو عملية أو خدمة أو كيان عنصر تكوين لاكتشاف الأحداث والتأكد من معرفة الحالة الحالية.

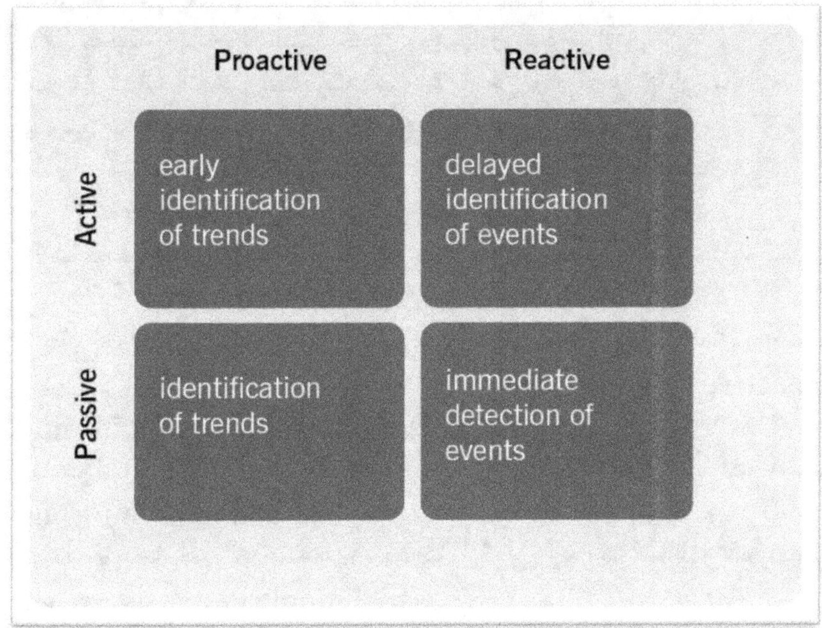

الشكل رقم (122) يبين أنواع المراقبة.
ITIL4 Practices-AXELOS Copyright-2020.

الحدث

أي تغيير في الحالة له أهمية تتعلق بإدارة الخدمة أو عنصر تكوين (CI).

المقياس Metric

قياس أو حساب يتم مراقبته أو الإبلاغ عنه للإدارة أو لإجراءات التحسين.

العتبة Threshold

قيمة المقياس الحرجة التي يجب أن تؤدي إلى استجابة محددة مسبقًا.

التنبيه Alert

إشعار ببلوغ حد معين أو تغير شيء ما أو حدوث فشل.

أنشطة ما بعد الحدث

- حدوث الحدث.
- اكتشاف الحدث والتصفية والإشعار.
- تحديد أهمية الحدث (نوع الحدث) (إشعار أو التحذير أو الاستثناء).
- ارتباط مع الحدث.
- استجابة للحدث.
- مراجعة الحدث ومعالجته وإغلاقه.

عمل أدوات المراقبة

- يتم استطلاع حالة وحدات التكوين من خلال أداة مراقبة.
- معرفة الحالة الحالية للخدمات ومكوناتها أمر ضروري لإدارتها.
- يتم معرفة المعلومات المتعلقة بصحة الخدمة وأدائها.
- تقوم أداة المراقبة بالإخطار التلقائي بالحادث عند شروط معينة.
- يتم الإستجابة لطلب من أداة مراقبة لجمع بيانات مستهدفة محددة.
- الاستجابة بشكل مناسب للأحداث المؤثرة على الخدمة التي حدثت بالفعل (المراقبة التفاعلية reactive monitoring) .
- اتخاذ إجراءات استباقية بناءً على تحليل الأنماط للأحداث الماضية لمنع حدوث أحداث سلبية مستقبلية (المراقبة الاستباقية proactive monitoring) كما فى الشكل رقم(122).
- استجواب مكونات الخدمة بواسطة أدوات المراقبة تسمى (مراقبة نشطة active monitoring).
- جمع الإخطارات المرسلة من وحدات التكوين إلى أدوات المراقبة تسمى (مراقبة سلبية passive monitoring).

<u>إجراءات المراقبة</u>

- تحديد ما يجب مراقبته.
- تنفيذ المراقبة والحفاظ عليها.
- إنشاء والحفاظ على عتبات ومعايير لتحديد الأحداث وتصنيفها.
- إنشاء والحفاظ على سياسات لإدارة الأحداث.
- تنفيذ وتحسين العمليات والأتمتة للمراقبة وإدارة الأحداث.

نطاق عمل ممارسة المراقبة وإدارة الأحداث

- تحديد وتحسين نطاق المراقبة.
- تنفيذ وصيانة المراقبة المستمرة.
- إنشاء وصيانة قواعد تحديد الأحداث وتصنيفها ومعالجتها.

- تنفيذ العمليات وأدوات الأتمتة لتشغيل قواعد إدارة الأحداث المحددة.
- المعالجة المستمرة للأحداث وفقًا للقواعد والعمليات المتفق عليها والمنفذة.
- تقديم معلومات حول الحالة الحالية والتاريخية للخدمات والموارد الخاضعة للمراقبة لأصحاب المصلحة المعنيين في نموذج متفق عليه.

عوامل نجاح ممارسة المراقبة وإدارة الأحداث PSFs

- إنشاء وصيانة الأساليب/النماذج التي تصف الأنواع المختلفة من الأحداث وقدرات المراقبة اللازمة لاكتشافها.
- ضمان توفر بيانات المراقبة الكافية والمناسبة في الوقت المناسب لأصحاب المصلحة المعنيين.
- ضمان اكتشاف الأحداث وتفسيرها واتخاذ الإجراءات اللازمة بشأنها في أسرع وقت ممكن إذا لزم الأمر.

عمليات أنشطة ممارسة المراقبة وإدارة الأحداث

- عملية تخطيط المراقبة.
- عملية التعامل مع الأحداث.
- مراجعة المراقبة وإدارة الأحداث.

عملية تخطيط المراقبة.

تتضمن هذه العملية عددا من الأنشطة كما فى الشكل رقم (123) وتحول المدخلات التالية إلى مخرجات.

المدخلات

- معايير صحة الخدمة من تصميم الخدمة
- اتفاقيات مستوى الخدمة SLAs
- عتبات أداء الخدمة من ممارسات إدارة التوافر والسعة والأداء
- بنود ونصوص المعرفة
- كتالوج الخدمة
- بيانات عناصر التكوين

المخرجات

- خطة مراقبة لعنصر تكوين (كائن)
- نموذج صحة الخدمة
- أنواع محددة من الأحداث
- معايير اكتشاف الأحداث
- الأولوية والاستجابة للأحداث
- مصفوفة المسؤولية عن الأحداث

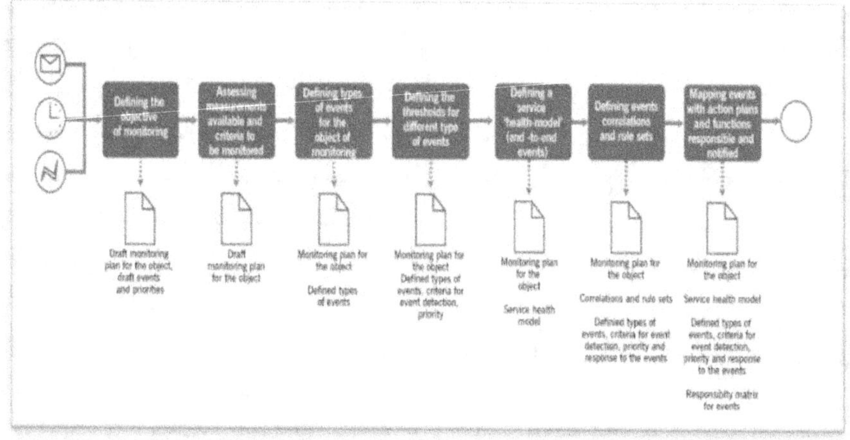

الشكل رقم (123) يبين مسار عملية تخطيط المراقبة.
ITIL4 Practices-AXELOS Copyright-2020.

الأنشطة

- تحديد هدف المراقبة
- تقييم القياسات المتاحة والمعايير التي يجب مراقبتها
- تحديد أنواع الأحداث لهدف المراقبة
- تحديد الحدود لأنواع مختلفة من الأحداث
- تعريف نموذج صحة الخدمة (الأحداث الشاملة)
- تحديد ارتباطات الأحداث ومجموعات القواعد
- ربط الأحداث بخطط العمل والوظائف المسؤولة والإشرافية للعلم.

عملية التعامل مع الأحداث

تتضمن هذه العملية عددا من الأنشطة كما فى الشكل رقم (124) وتحول المدخلات التالية إلى مخرجات.

المدخلات

- إشعارات من كائنات المراقبة وأدوات المراقبة
- خطة المراقبة

المخرجات

- سجل الحدث
- تحديث إحصائيات الأحداث
- أخطاء الاستجابة للحدث
- بدء تحليل ما بعد الحدث الرئيسي

- إشعارات أصحاب المصلحة
- تحديث مقالات المعرفة
- الحوادث المسجلة
- تحديث التقارير ولوحات المعلومات

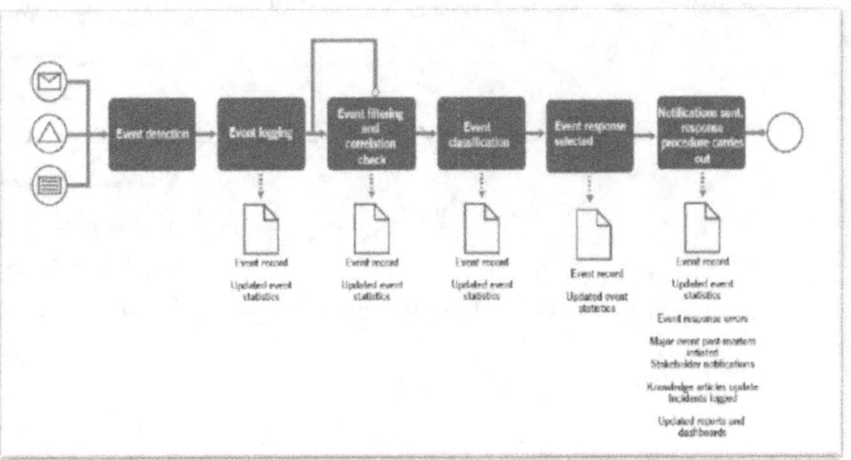

الشكل رقم (124) يبين مسار عملية التعامل مع الأحداث.
ITIL4 Practices-AXELOS Copyright-2020.

الأنشطة

- اكتشاف الحدث
- تسجيل الحدث
- تصفية الحدث والتحقق من الارتباط (قد يكون تكراريًا)
- تصنيف الحدث
- تحديد استجابة الحدث
- إرسال الإشعارات وتنفيذ إجراءات الاستجابة.

13- إدارة الحوادث

الغرض

تقليل التأثير السلبي للحوادث من خلال استعادة تشغيل الخدمة الطبيعي بأسرع ما يمكن.

الحادث

انقطاع غير مخطط له للخدمة أو انخفاض في جودة الخدمة.

نموذج الحادث

نهج قابل للتكرار لإدارة نوع معين من الحوادث.

حادث كبير/جسيم

حادث له تأثير كبير على الأعمال، ويتطلب حلاً منسقًا فوريًا.

حل بديل

حل يقلل أو يزيل تأثير حادث أو مشكلة لم يتوفر لها حل كامل بعد. تقلل بعض الحلول البديلة من احتمالية وقوع الحوادث.

الدين الفني

إجمالي متأخرات إعادة العمل المتراكمة عن طريق اختيار الحلول البديلة بدلاً من حلول النظام التي قد تستغرق وقتًا أطول.

نطاق عمل ممارسة إدارة الحوادث

- اكتشاف الحوادث وتسجيلها
- تشخيص الحوادث والتحقيق فيها
- استعادة الخدمات وعناصر التكوين المتأثرة إلى جودة متفق عليها
- إدارة سجلات الحوادث
- التواصل مع أصحاب المصلحة المعنيين طوال دورة حياة الحادث
- مراجعة الحوادث وممارسة إدارة الحوادث وبدء التحسينات على الخدمات بعد الحل.

عوامل نجاح ممارسة إدارة الحوادث PSFs

- اكتشاف الحوادث في وقت مبكر.
- حل الحوادث بسرعة وكفاءة.
- تحسين أساليب إدارة الحوادث بشكل مستمر.
- تعمل هذه الممارسة على تحديد أولويات البنية التحتية والخدمات وعمليات الأعمال وأحداث أمن المعلومات.

- تضع الاستجابة المناسبة للأحداث بما في ذلك الاستجابة للظروف التي قد تؤدي إلى أخطاء أو حوادث محتملة.

عمليات أنشطة إدارة الحوادث

● التعامل مع الحوادث وحلها.

تركز هذه العملية على التعامل مع الحوادث الفردية وحلها، من الاكتشاف إلى الإغلاق.

● مراجعة الحوادث بشكل دوري.

تضمن هذه العملية تعلم الدروس المستفادة من التعامل مع الحوادث وحلها وتحسين أساليب إدارة الحوادث بشكل مستمر.

عملية التعامل مع الحوادث وحلها.

تتضمن هذه العملية عددا من الأنشطة كما فى الشكل رقم (125) وتحول المدخلات التالية إلى مخرجات.

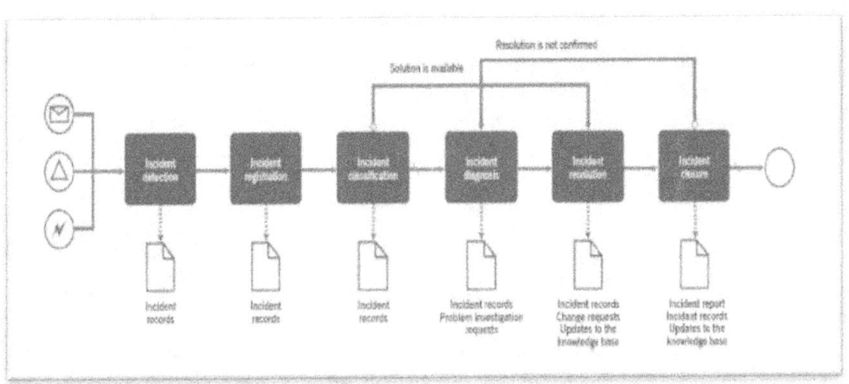

الشكل رقم (125) يبين مسار عملية التعامل مع الحوادث.
ITIL4 Practices-AXELOS Copyright-2020.

المدخلات

- بيانات المراقبة والأحداث
- استعلامات المستخدم
- معلومات التكوين
- معلومات أصول تكنولوجيا المعلومات
- كتالوج الخدمة
- اتفاقيات مستوى الخدمة مع المستهلكين والموردين/الشركاء
- معلومات السعة والأداء
- سياسات وخطط الاستمرارية

- سياسات وخطط أمن المعلومات
- سجلات المشكلات
- قاعدة المعرفة

المخرجات

- سجلات الحوادث
- اتصالات حالة الحوادث
- طلبات التحقيق في المشكلة
- طلبات التغيير
- تقارير الحوادث
- تحديثات قاعدة المعرفة
- استعادة عناصر التكوين والخدمات

الأنشطة

- اكتشاف الحادث
- تسجيل الحادث
- تصنيف الحادث
- تشخيص الحادث
- حل الحادث
- إغلاق الحادث

عملية مراجعة الحوادث بشكل دوري.

تتضمن هذه العملية عددا من الأنشطة كما فى الشكل رقم (126) وتحول المدخلات التالية إلى مخرجات.

المدخلات

- نماذج وإجراءات الحوادث الحالية
- سجلات الحوادث
- تقارير الحوادث
- السياسات والمتطلبات التنظيمية
- معلومات التكوين
- معلومات أصول تكنولوجيا المعلومات
- اتفاقيات مستوى الخدمة مع المستهلكين والموردين/الشركاء
- معلومات السعة والأداء
- سياسات وخطط الاستمرارية و خطط الأمان.

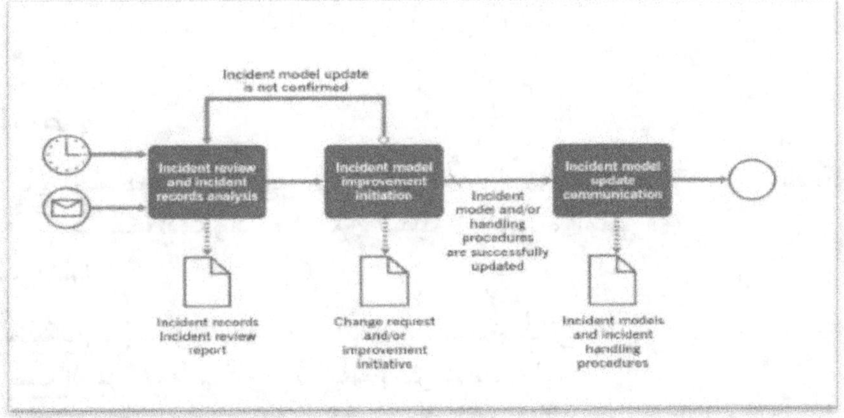

الشكل رقم (126) يبين مسار عملية مراجعة الحوادث بشكل دورى.
ITIL4 Practices-AXELOS Copyright-2020.

المخرجات

- نماذج الحوادث المحدثة
- إجراءات التعامل مع الحوادث المحدثة
- سجلات الحوادث
- الاتصالات حول نماذج الحوادث والإجراءات المحدثة
- طلبات التغيير
- مبادرات التحسين
- تقارير مراجعة الحوادث

الأنشطة

- مراجعة الحوادث وتحليل سجلات الحوادث
- بدء تحسين نموذج الحوادث
- اتصال تحديث نموذج الحوادث

مساهمة إدارة الحوادث في سلسلة قيمة الخدمة

التحسين: تُعد سجلات الحوادث مدخلاً رئيسيًا لأنشطة التحسين وإعطائها الأولوية.

المشاركة: تتطلب إدارة الحوادث الجيدة التواصل المنتظم لفهم المشكلات.

التصميم والانتقال: قد تحدث الحوادث في بيئات الاختبار، وكذلك أثناء إصدار الخدمة ونشرها.

الحصول/البناء: يضمن حل هذه الحوادث في الوقت المناسب وبطريقة خاضعة للرقابة.

التقديم والدعم: تساهم إدارة الحوادث بشكل كبير في الدعم.

14- ممارسة إدارة المشكلات

الغرض

تقليل احتمالية وقوع الحوادث وتأثيرها من خلال تحديد الأسباب الفعلية والمحتملة للحوادث وإدارة الحلول البديلة والأخطاء المعروفة.

تعريفات

المشكلة: سبب أو سبب محتمل لحادث واحد أو أكثر.

الخطأ المعروف: مشكلة تم تحليلها ولكن لم يتم حلها.

الحل البديل: حل يقلل أو يزيل تأثير حادث أو مشكلة لم يتوفر لها حل كامل.

خطأ معروف

مشكلة تم تحليلها ولكن لم يتم حلها.

الشكل رقم(127) يبين خطوات التعامل مع المشكلة.
ITIL4 Practices-AXELOS Copyright-2020.

تحليل المشاكل

إدارة المشكلات التفاعلية

يستخدم تحليل المشكلات معلومات حول بنية المنتج وتكوينه لتحديد عناصر التكوين (CIs) التي من المحتمل أن تسبب الحوادث ذات الصلة.

لا يقتصر التحليل على عناصر التكوين بل يشمل عوامل أخرى مثل سلوك المستخدم والأخطاء البشرية وأخطاء الإجراءات.

إدارة المشكلات الاستباقية

فهم أفضل لعناصر التكوين والمكونات الأخرى لجميع أبعاد إدارة الخدمة الأربعة التي يُشتبه في أنها تسبب الحوادث.

على سبيل المثال، إذا أبلغ البائع المؤسسة بوجود ثغرة أمنية في برنامجه، فستكون مهمة التحكم في المشكلات هي تحديد كيفية استخدام المؤسسة لهذا البرنامج من أجل تقييم المخاطر المرتبطة بالثغرة الأمنية والتأثير المحتمل على الخدمات المقدمة.

نطاق ممارسة إدارة المشكلات

- تحديد المشكلات وتحليلها و تحليل الأخطاء المعروفة والتحكم فيها.
- بدء التغييرات لإصلاح أو تقليل تأثير المشكلات.
- تقديم معلومات حول المشكلات لأصحاب المصلحة المعنيين.
- مراقبة الأخطاء والتحسين المستمر للحلول البديلة.

عوامل نجاح ممارسة إدارة المشكلات PSFs

- تحديد وفهم المشكلات وتأثيرها على الخدمات.
- تحسين حل المشكلات والتخفيف من حدتها.

عمليات أنشطة إدارة المشكلات

- تحديد المشكلة بشكل استباقي.
- تحديد المشكلة بشكل تفاعلي.
- التحكم في المشكلة.
- التحكم في الخطأ.

عملية تحديد المشكلة بشكل استباقي

تتضمن هذه العملية عددا من الأنشطة كما فى الشكل رقم (128) وتحول المدخلات التالية إلى مخرجات.

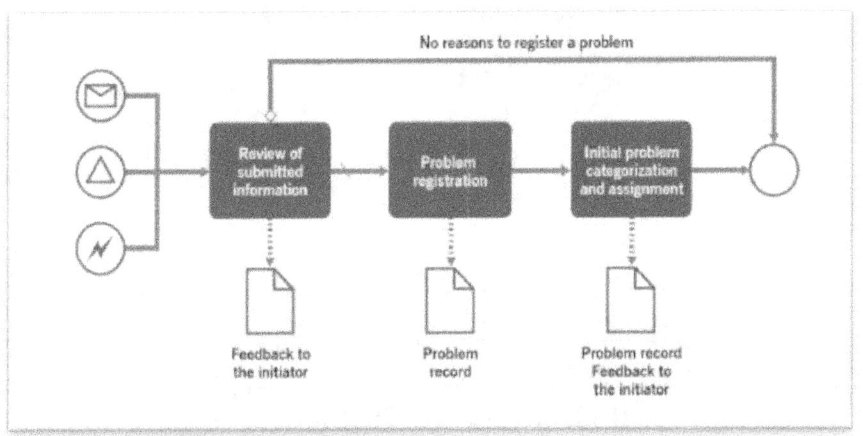

الشكل رقم (128) يبين مسار عملية تحديد المشكلة بشكل استباقى.
ITIL4 Practices-AXELOS Copyright-2020.

المدخلات

- ➤ معلومات الأخطاء من البائعين والموردين.
- ➤ معلومات حول الأخطاء المحتملة التي أرسلتها فرق متخصصة.

> ➤ معلومات حول الأخطاء المحتملة التي أرسلتها مجتمعات المستخدمين والمهنيين الخارجية.
> ➤ معلومات حول الأخطاء المحتملة التي أرسلها المستخدمون.
> ➤ بيانات المراقبة.
> ➤ بيانات تكوين الخدمة.

المخرجات

- سجلات المشكلة
- ردود الفعل إلى صاحب المشكلة

الأنشطة

- مراجعة المعلومات المقدمة
- تسجيل المشكلة
- تصنيف المشكلة وتعيينها مبدئيًا

عملية تحديد المشكلة بشكل تفاعلي.

تتضمن هذه العملية عددا من الأنشطة كما فى الشكل رقم (129) وتحول المدخلات التالية إلى مخرجات.

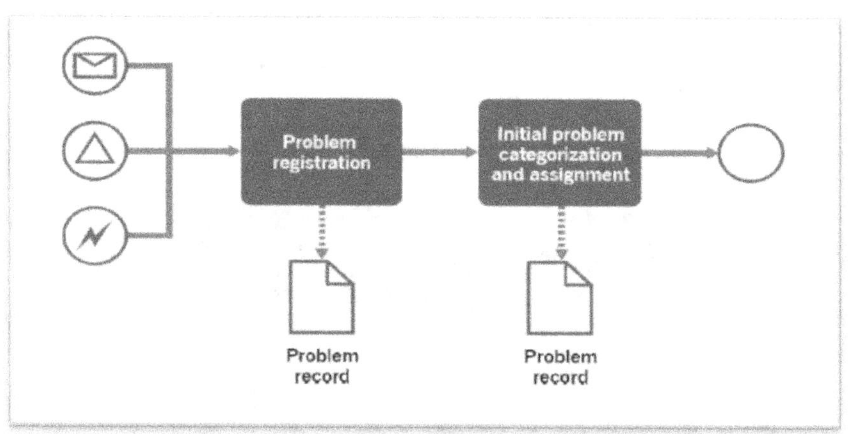

الشكل (129) يبين مسار عملية تحديد المشكلة بشكل تفاعلى.
ITIL4 Practices-AXELOS Copyright-2020.

المدخلات

- معلومات حول الحوادث الجارية
- سجلات وتقارير الحوادث
- بيانات المراقبة
- بيانات تكوين الخدمة
- اتفاقيات مستوى الخدمة (SLA)

المخرجات

- سجلات المشكلة
- الأنشطة
- تسجيل المشكلة
- تصنيف المشكلة وتعيينها مبدئيًا

عملية التحكم في المشكلة.

تركز هذه العملية على التحقيق في المشكلة.

تتضمن هذه العملية عددا من الأنشطة كما فى الشكل رقم (130) وتحول المدخلات التالية إلى مخرجات.

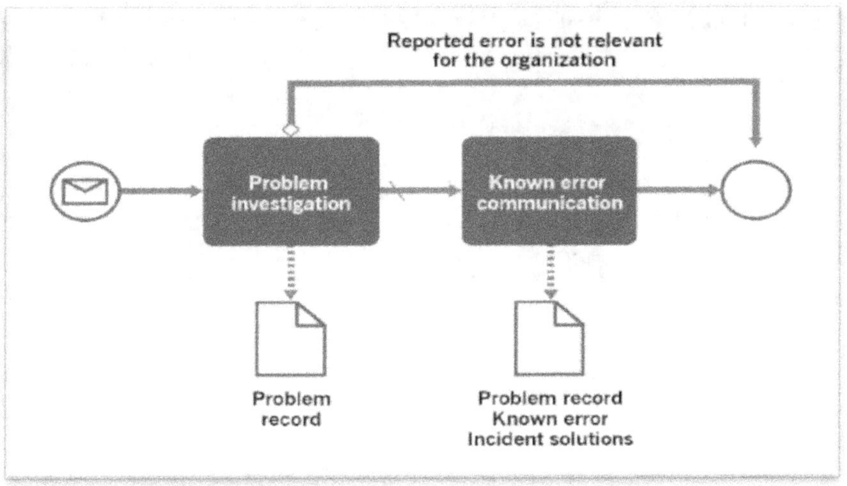

الشكل رقم (130) يبين مسار عملية التحكم فى المشكلة.
ITIL4 Practices-AXELOS Copyright-2020.

المدخلات

- سجلات المشكلات
- بيانات تكوين الخدمة
- المعلومات الفنية حول عناصر التكوين والمنتجات والخدمات
- سجلات الحوادث
- بيانات المراقبة

المخرجات

- سجلات المشكلات
- الأخطاء المعروفة
- حلول الحوادث

الأنشطة

- التحقيق في المشكلة
- تواصل الخطأ المعروف

عملية التحكم فى الخطأ

- تركز هذه العملية على التحكم فى ومراقبة حالة الأخطاء المعروفة (المشاكل التي يتم تحليلها ولكن لم يتم حلها) وحلها.
- ⮞ ضمان فهم التأثيرات السلبية للأخطاء المعروفة على الخدمات والحد منها.
- ⮞ يجب أن تكون الحلول للحوادث ذات الصلة فعالة.
- ⮞ يجب أن يكون نهج التخفيف من الخطأ المعروف صالحًا وفعالًا وكفؤًا.

تتضمن هذه العملية عددا من الأنشطة كما فى الشكل رقم (131) وتحول المدخلات التالية إلى مخرجات.

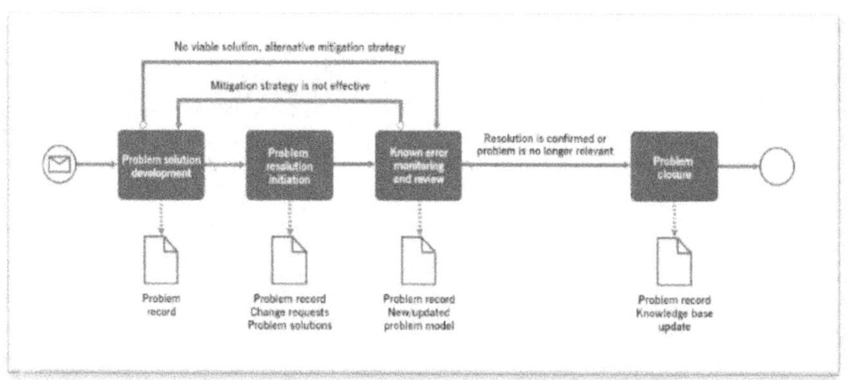

الشكل رقم (131) يبين مسار عملية التحكم فى الخطأ.
ITIL4 Practices-AXELOS Copyright-2020.

المدخلات

- سجلات المشكلات
- بيانات تكوين الخدمة
- المعلومات الفنية حول عناصر التكوين والمنتجات والخدمات
- سجلات الحوادث
- بيانات المراقبة
- بيانات إدارة المعرفة

المخرجات

- سجلات المشكلات
- نماذج المشكلات
- طلبات التغيير

- مبادرات التحسين
- حلول المشكلات

الأنشطة
- تطوير حل المشكلة
- بدء حل المشكلة
- مراقبة الأخطاء المعروفة ومراجعتها
- إغلاق المشكلة

مساهمة إدارة المشكلات في سلسلة قيمة الخدمة

التحسين:
يوفر الفهم اللازم لتقليل عدد الحوادث وتأثيرها.

التفاعل:
ستكون المشكلات التي لها تأثير كبير على الخدمات مرئية للعملاء والمستخدمين.

التصميم والانتقال:
يوفر المعلومات التي تساعد في تحسين الاختبار ونقل المعرفة.

الحصول/البناء:
يمكن تحديد عيوب المنتج من خلال إدارة المشكلات.

التقديم والدعم:
يقدم مساهمة كبيرة من خلال منع تكرار الحوادث ودعم حل الحوادث في الوقت المناسب.

15- ممارسة تمكين التغيير

الغرض

زيادة عدد التغييرات الناجحة في الخدمة والمنتجات من خلال التأكد من تقييم المخاطر بشكل صحيح، وتفويض التغييرات للمضي قدمًا، وإدارة جدول التغيير.

فرضيات ممارسة تمكين التغيير

● يتم التخطيط للتغييرات وتحقيقها في سياق تدفقات القيمة.

يتم دمج الممارسة في تدفقات القيمة وتضمن أن تكون التغييرات فعالة وآمنة وفي الوقت المناسب من أجل تلبية توقعات أصحاب المصلحة.

● لا تهدف الممارسة إلى توحيد جميع التغييرات المخطط لها والمنفذة في منظمة في صورة واحدة كبيرة: في بيئة رقمية، حيث قد تحدث مئات التغييرات في وقت واحد، فإن هذا ليس ممكنًا ولا مطلوبًا.

● يجب أن تركز الممارسة على موازنة الفعالية والإنتاجية والامتثال والتحكم في المخاطر لجميع التغييرات في النطاق المحدد.

التغيير:
إضافة أو تعديل أو إزالة أي شيء يمكن أن يكون له تأثير مباشر أو غير مباشر على الخدمات.

سلطة التغيير
الشخص أو المجموعة المسؤولة عن تفويض التغيير.

نموذج التغيير
نهج قابل للتكرار لإدارة نوع معين من التغيير.

عوامل تعريف نماذج التغيير
● الأنظمة/التقنيات التي يجب تغييرها.

● حجم التغيير

● المواقع/الأقاليم

● العملاء

● المتطلبات التنظيمية التي تؤثر على التغيير.

التغيير القياسي
تغيير منخفض المخاطر ومصرح به مسبقًا ومفهوم جيدًا وموثق بالكامل ويمكن تنفيذه دون الحاجة إلى إذن إضافي.

أمثلة التغيير القياسي

- تلبية طلب الخدمة
- صيانة البنية الأساسية
- الاختبار الروتيني للتدابير الطارئة
- تحديثات البرامج الروتينية.

أمثلة التغير القياسي في المواقف التي تتسم بمستويات أعلى من عدم اليقين.

- حلول قياسية للحوادث.
- استجابات قياسية للكوارث.

تغيير طارئ

تغيير يجب تقديمه في أقرب وقت ممكن.

إعتبارات التغييرات الطارئة

- الطوارئ لا تعني عدم وجود قواعد أو سيطرة.
- يمكن توحيد التغييرات الطارئة وأتمتتها.
- يمكن أن يؤدي هذا إلى تسريعها دون المساس بالسيطرة.
- لا تعني الطوارئ دائمًا أنها غير متوقعة وغير معروفة تمامًا.
- تتعامل بعض التغييرات الطارئة مع مواقف غير متوقعة وغير معروفة.
- قد تتطلب تنفيذًا سريعًا لأفضل حل متاح دون معلومات كافية أو وقت للاختبار.
- ينطبق هذا على المواقف التى تكون تكلفة التأخير فيها مساوية أو أعلى من المخاطر المرتبطة بالتغيير غير الناجح.

إعتبارات نطاق تمكين التغيير

- **مستوى المخاطرة**

يجب النظر في المخاطر التي يتم معالجتها وتقديمها من خلال التغيير لتحديد مستوى التحكم.

- **التكاليف والخسائر**

يجب تقييم تكاليف التغيير والخسائر التي يعالجها التغيير لتحديد مستوى التحكم.

- **نطاق التحكم في التكوين والأصول**

تتطلب عناصر التكوين والأصول المسجلة عادةً التحكم في التعديلات.
توفر ممارسة تمكين التغيير الوسائل اللازمة لذلك.

- **المتطلبات التنظيمية الداخلية والخارجية**

قد تكون المنظمة ملزمة بالامتثال لمتطلبات صريحة تتعلق بالتغيير.

- **الحاجة إلى وضوح تأثير التغيير في البيئة**

تكون المكونات مترابطة ديناميكيًا لذلك وضوح التغييرات المخطط لها

والمستمرة وتقدم التغيير أمر مهم.

نطاق تمكين التغيير

يتم تحديده من قبل كل منظومة

جميع البنية التحتية لتكنولوجيا المعلومات

التطبيقات والوثائق

العمليات والعلاقات مع الموردين

أي شيء آخر قد يؤثر بشكل مباشر أو غير مباشر على المنتج أو الخدمة.

التحكم في التغييرالفنى

- التغييرات في المنتجات والخدمات.
- الحاجة إلى إجراء تغييرات مفيدة من شأنها أن تقدم قيمة إضافية.
- الحاجة إلى حماية العملاء والمستخدمين من التأثير السلبي للتغييرات.
- يجب أن تكون جميع التغييرات قد تم تقييمها.
- يجب فهم المخاطر والظروف والمنافع المتوقعة قبل الموافقة على التغيير.
- لا ينبغي أن تسبب عمليات التقييم تأخيرغير ضروري.
- تحدد المؤسسة شخص أو مجموعة عمل تمنح سلطة التغيير.
- ومن الضروري أن تكون ذات كفاءات تؤهلهم لإتخاذ قرارات التغيير الصحيحة للتأكد من جدوى و أهداف التغيير.

نطاق ممارسة تمكين التغيير

- تخطيط التغييرات في البيئات الخاضعة للرقابة في المنظمة.
- تخطيط نماذج التغيير وتوحيد معايير التغيير
- تخطيط سير عمل التغيير الفردي والأنشطة والضوابط
- جدولة وتنسيق جميع التغييرات الجارية
- التحكم في تقدم التغييرات من البداية إلى النهاية
- توصيل خطط التغيير والتقدم إلى أصحاب المصلحة المعنيين
- تقييم نجاح التغييرو المخرجات والنتائج والكفاءة والمخاطر والتكاليف.

عوامل نجاح ممارسة تمكين التغييرPSFs

- ضمان تنفيذ التغييرات في الوقت المناسب وبطريقة فعالة.
- تقليل التأثيرات السلبية للتغييرات.
- ضمان رضا أصحاب المصلحة.
- تلبية متطلبات الحوكمة والامتثال المتعلقة بالتغيير.

عمليات أنشطة تمكين التغيير

- إدارة دورة حياة التغيير.
- تحسين التغيير.

عملية إدارة دورة حياة التغيير

تتضمن هذه العملية عددا من الأنشطة كما فى الشكل رقم (132) وتحول المدخلات التالية إلى مخرجات.

المدخلات

- طلبات التغيير
- نماذج التغيير وإجراءات التغيير القياسية
- السياسات والمتطلبات التنظيمية
- معلومات التكوين
- معلومات أصول تكنولوجيا المعلومات
- كتالوج الخدمة
- اتفاقيات مستوى الخدمة (SLAs) مع المستهلكين والموردين/الشركاء.
- المبادئ التوجيهية والقيود المالية
- معلومات المخاطر
- معلومات السعة والأداء
- سياسات وخطط الاستمرارية
- سياسات وخطط أمن المعلومات

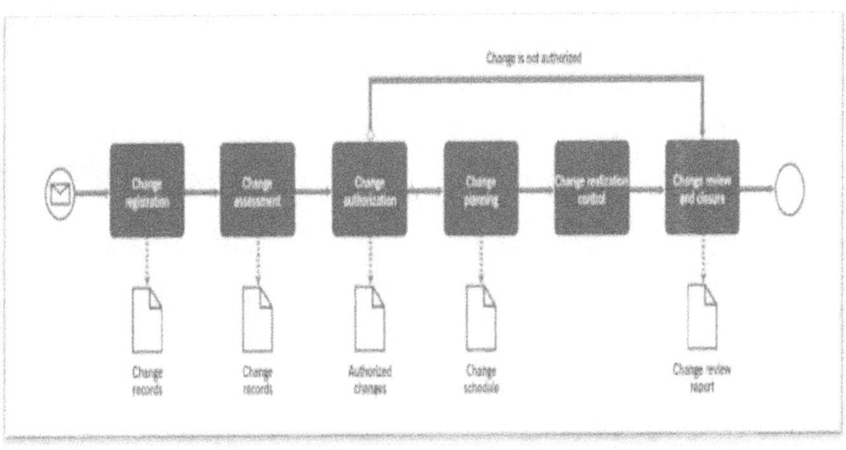

الشكل رقم (132) يبين مسار عملية إدارة دورة حياة التغيير.
ITIL4 Practices-AXELOS Copyright-2020.

المخرجات

- سجلات التغيير
- الجدول الزمني للتغيير
- تقارير مراجعة التغيير
- موارد وخدمات التغيير

الأنشطة

- تسجيل التغيير
- تقييم التغيير
- تفويض التغيير
- تخطيط التغيير
- التحكم في تحقيق التغيير
- مراجعة التغيير وإغلاقه

عملية تحسين التغيير

تركز هذه العملية على التحسين المستمر لممارسات تمكين التغيير ونماذج التغيير وإجراءات التغيير القياسية.

يتم تشغيلها من خلال مراجعات التغيير التي تسلط الضوء على عدم الكفاءة وفرص التحسين الأخرى أو يتم إجراؤها بانتظام اعتمادًا على فعالية النماذج والإجراءات الحالية.

تتضمن هذه العملية عددا من الأنشطة كما فى الشكل رقم (133) وتحول المدخلات التالية إلى مخرجات.

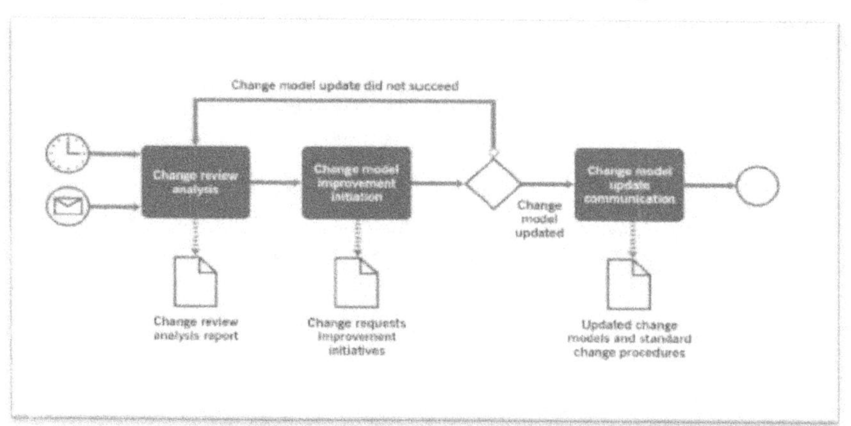

الشكل رقم (133) يبين مسار عمل تحسين التغيير.
ITIL4 Practices-AXELOS Copyright-2020.

المدخلات

- سجلات التغيير

- نماذج التغيير الحالية وإجراءات التغيير القياسية
- السياسات والمتطلبات التنظيمية
- معلومات التكوين
- معلومات أصول تكنولوجيا المعلومات
- كتالوج الخدمة
- اتفاقيات مستوى الخدمة مع المستهلكين والموردين/الشركاء
- المبادئ التوجيهية والقيود المالية
- معلومات المخاطر
- معلومات القدرة والأداء
- سياسات وخطط الاستمرارية

المخرجات

- تقرير تحليل مراجعة التغيير
- مبادرات التحسين
- طلبات التغيير
- نماذج التغيير المحدثة
- إجراءات التغيير القياسية المحدثة

الأنشطة

- تحليل مراجعة التغيير
- بدء تحسين نموذج التغيير
- تنسيق تحديث نموذج التغيير.

مساهمة إدارة التغيير في سلسلة قيمة الخدمة

هذه الممارسة مشاركة في جميع أنشطة سلسلة قيمة الخدمة على النحو التالى:

التخطيط:-

إجراء التغييرات على محافظ المنتجات والخدمات و السياسات يتطلب مستوى معين من التخطيط يتم استخدام ممارسة تمكين التغيير لتوفير ذلك.

تحسين:-

العديد من التحسينات سوف تتطلب إجراء تغييرات يجب تقييمها والترخيص بها بنفس الطريقة التى تتم بها جميع التغييرات الأخرى.

التنسيق\ المشاركة:-

تعتمد عملية التغيير على إجراءات استشارة العملاء والمستخدمين أو يكونوا على علم بالتغييرات حسب طبيعة التغيير.

التصميم والانتقال:-

تغيرات عديدة تبدأ نتيجة تصميم أو إنتقال خدمات و يعد نشاط التحكم في التغيير أمرًا رئيسيًا مساهم في عملية التصميم خاصة عند بدء خدمات جديدة أو متطورة.

حصول وبناء

التغييرات يكون لها تأثير على أرصدة المكونات يتطلب التحكم و السيطرة عليها سواء كانت داخل الشركة أو يتم الحصول عليها من الموردين.

تقديم الخدمة والدعم

قد يكون للتغييرات تأثير على تقديم الخدمات والدعم و لذلك يجب أن يتم توصيل المعلومات حول التغييرات للمتخصصين الذين يقومون بنشاطات سلسلة القيمة لأنهم يلعبون دورًا في تقييم التغييرات والترخيص بها.

16-ممارسة إدارة استمرارية الخدمة

الغرض

هو التأكد من توافر وأداء الخدمة والحفاظ على مستويات كافية في حالة وقوع كارثة.

توفر الممارسة إطارًا لبناء المرونة التنظيمية مع القدرة على إنتاج استجابة فعالة تحمي مصالح أصحاب المصلحة الرئيسيين وسمعة المنظمة وعلامتها التجارية وأنشطتها المولدة للقيمة.

تعريفات هامة

الأعطال البسيطة.

يتم اعتبار الأعطال بسيطة أو كبيرة بناءً على تأثيرها على الأعمال.

يتم مراعاة عوامل تقييم الأعطال مثل إجراءات الخدمة المتأثرة، وحجم الفشل، ووقت الفشل.

تعريف الكارثة

حدث مفاجئ غير مخطط له يتسبب في أضرار جسيمة أو خسارة جسيمة للمنظمة.

ينتج عن الكارثة فشل المنظمة في توفير وظائف الأعمال الحرجة لفترة زمنية محددة مسبقًا.

قائمة الكوارث

- الهجمات الإلكترونية
- انقطاع التيار الكهربائي
- فشل الشركاء الاستراتيجيين
- الحرائق
- الفيضانات
- عدم توفر الموظفين الرئيسيين
- فشل البنية التحتية لتكنولوجيا المعلومات على نطاق واسع (مثل فشل مركز البيانات).
- الكوارث الطبيعية.

استمرارية الخدمة

قدرة مزود الخدمة على مواصلة تشغيل الخدمة بمستويات مقبولة محددة مسبقًا بعد وقوع كارثة أو حادثة معطلة جسيمة.

هدف وقت الاسترداد (RTO)

أقصى فترة زمنية مقبولة بعد انقطاع الخدمة والتي يمكن أن تنقضي قبل أن يؤثر نقص وظائف الأعمال بشكل خطير على المنظمة.

هدف نقطة الاسترداد (RPO)

النقطة التي يجب عندها استعادة المعلومات التي يستخدمها النشاط لتمكين النشاط من العمل عند الاستئناف.

تحليل تأثير الأعمال (BIA)

أحد الأنشطة الرئيسية في ممارسة إدارة استمرارية الخدمة والذي يحدد وظائف الأعمال الحيوية (VBFs) وتبعياتها.

قد تشمل هذه التبعيات الموردين والأشخاص وعمليات الأعمال الأخرى وخدمات تكنولوجيا المعلومات.

يحدد تحليل تأثير الأعمال متطلبات الاسترداد لخدمات تكنولوجيا المعلومات. تتضمن هذه المتطلبات متطلبات الاسترداد ومتطلبات إعادة التشغيل ومستويات الخدمة المستهدفة الدنيا لكل خدمة تكنولوجيا معلومات.

الحد الأدنى لمستوى الخدمة المستهدفة

مستوى الخدمة المقبول لدى مقدم الخدمة لتحقيق أهدافه أثناء الانقطاع.

خطط الاسترداد من الكوارث

مجموعة من الخطط المحددة بوضوح والتي تتعلق بكيفية تعافي المنظمة من الكارثة والعودة إلى حالة ما قبل الكارثةمع مراعاة الأبعاد الأربعة لإدارة الخدمة.

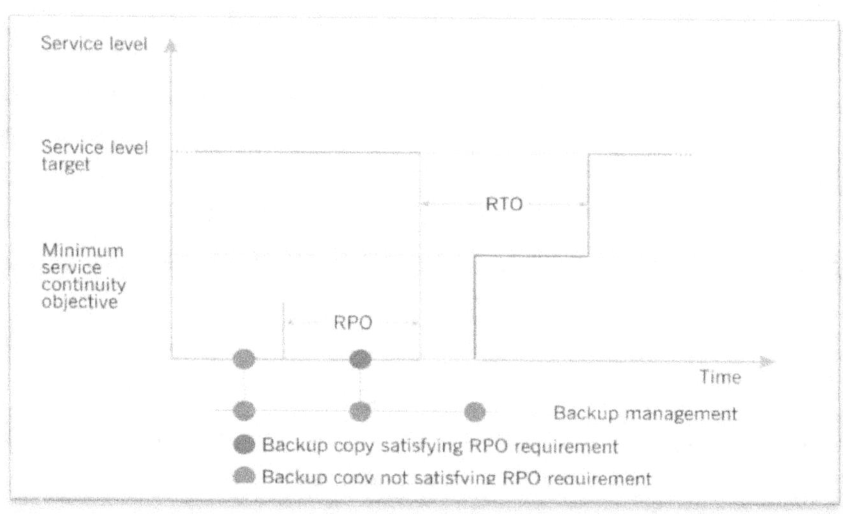

الشكل رقم (134) يبين متطلبات إستمرارية الخدمة الزمنية.

ITIL4 Practices-AXELOS Copyright-2020.

خطط استمرارية الخدمة

- خطة الاستجابة تحدد كيفية رد فعل مزود الخدمة في البداية على حدث معطل من أجل منع الضرر، كما في حالات الحريق أو الهجوم الإلكتروني.
- خطة الاسترداد تحدد كيفية استرداد مزود الخدمة للخدمة من أجل تحقيق وقت الاسترداد.
- خطة العودة إلى العمليات العادية تحدد كيفية استئناف مزود الخدمة للعمليات العادية بعد الاسترداد.
- إذا كان مركز بيانات بديل قيد الاستخدام يتم تشغيل مركز البيانات الأساسي واستعادة القدرة على استمرارية خدمة تكنولوجيا المعلومات مرة أخرى.

خطط استمرارية الأعمال

- الاستجابة للطوارئ للتعامل مع جميع خدمات الطوارئ والأنشطة.
- خطة الإخلاء لضمان سلامة الموظفين.
- خطة إدارة الأزمات والعلاقات العامة وخطط للسيطرة على الأزمات المختلفة وإدارة وسائل الإعلام والعلاقات العامة.
- خطة أمنية توضح كيفية إدارة جميع جوانب الأمن في جميع المواقع الرئيسية ومواقع الاسترداد.
- خطة اتصال توضح كيفية التعامل مع جميع جوانب الاتصال وإدارتها مع جميع المناطق والأطراف ذات الصلة المشاركة أثناء وقوع حادث كبير.

نطاق عمل ممارسة إدارة استمرارية الخدمة

- إجراء تحليل تأثير الأعمال لتحديد تأثير عدم توفر الخدمة لمقدم الخدمة ومستهلكي الخدمة
- تطوير استراتيجيات استمرارية الخدمة (ودمجها في استراتيجية إدارة استمرارية الأعمال، إذا لزم الأمر).
- يجب أن يتضمن ذلك عناصر تدابير التخفيف من المخاطر بالإضافة إلى اختيار خيارات الاسترداد المناسبة والشاملة
- تطوير وإدارة خطط استمرارية الخدمة (وتوفير واجهة واضحة لخطط استمرارية الأعمال، إذا لزم الأمر)
- إجراء تدريبات استدعاء خطط استمرارية الخدمة عند وقوع كارثة.

عوامل نجاح ممارسة إدارة استمرارية الخدمة PSFs

- تطوير وإدارة خطط استمرارية الخدمة

- التخفيف من مخاطر استمرارية الخدمة
- ضمان الوعي والاستعداد.

عمليات أنشطة إدارة استمرارية الخدمة

- حوكمة إدارة استمرارية الخدمة.
- تحليل التأثير التجاري.
- تطوير خطط استمرارية الخدمة وصيانتها.
- اختبار خطط استمرارية الخدمة.
- الاستجابة والاسترداد.

عملية حوكمة إدارة استمرارية الخدمة

تتضمن هذه العملية عددا من الأنشطة كما فى الشكل رقم (135) وتحول المدخلات التالية إلى مخرجات.

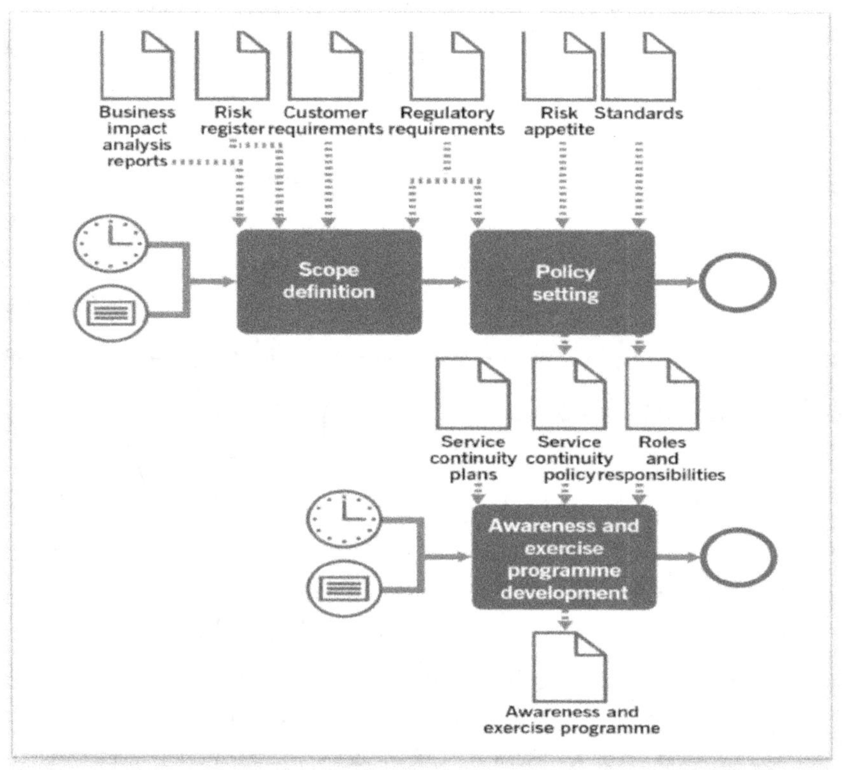

الشكل رقم (135) يبين مسار عملية حوكمة إدارة إستمرارية الخدمة.
ITIL4 Practices-AXELOS Copyright-2020.

المدخلات

- تقارير تحليل التأثيرات التجارية
- سجلات المخاطر
- متطلبات العملاء
- المتطلبات التنظيمية
- الرغبة في المخاطرة
- المعايير

المخرجات

- سياسة استمرارية الخدمة
- الأدوار والمسؤوليات الموثقة
- برنامج التوعية والتدريب

الأنشطة

- تحديد النطاق
- وضع السياسات
- تطوير برامج التوعية والتمارين

عملية تحليل التأثير التجاري.

تتضمن هذه العملية عددا من الأنشطة كما فى الشكل رقم (136) وتحول المدخلات التالية إلى مخرجات.

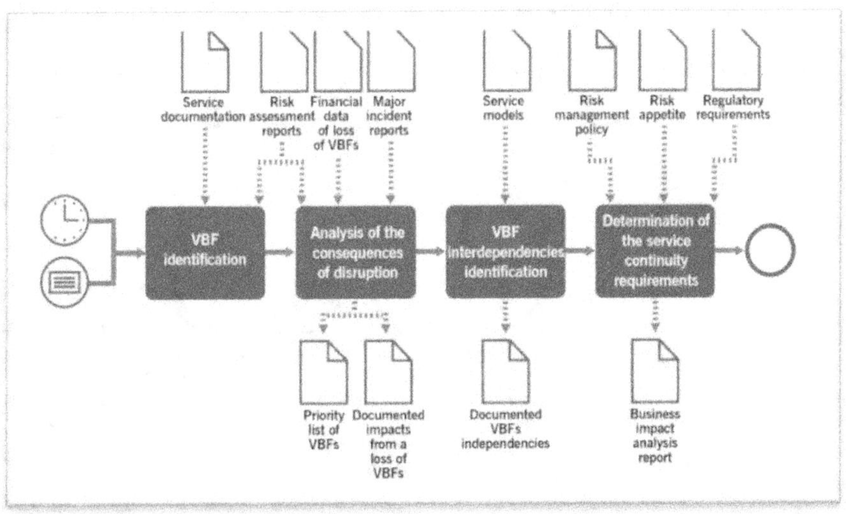

الشكل رقم (136) يبين مسار عملية تحليل الأثر التجارى.
ITIL4 Practices-AXELOS Copyright-2020.

المدخلات

- وثائق الخدمة

- تقارير تقييم المخاطر
- البيانات المالية لفقدان VBFs
- تقارير الحوادث الكبرى
- نماذج الخدمة
- سياسة إدارة المخاطر
- الرغبة في المخاطرة
- المتطلبات التنظيمية

المخرجات

- قائمة أولويات VBFs
- التأثيرات الموثقة الناتجة عن فقدان VBFs
- الترابطات الموثقة بين VBFs
- تقرير تحليل التأثير التجاري

الأنشطة

- تحديد VBF
- تحليل عواقب الانقطاع
- تحديد الترابطات المتبادلة بين VBF
- تحديد متطلبات استمرارية الخدمة

عملية تطوير خطط استمرارية الخدمة وصيانتها.

تتضمن هذه العملية عددا من الأنشطة كما فى الشكل رقم (137) وتحول المدخلات التالية إلى مخرجات.

المدخلات

- تقاريرتحليل تأثير الأعمال
- الضوابط الحالية
- معلومات حول الموارد المتاحة
- خطط استمرارية المستهلك
- سياسة استمرارية الخدمة

المخرجات

- ضوابط جديدة ومحدثة
- استراتيجيات استمرارية الخدمة
- خطط استمرارية الخدمة

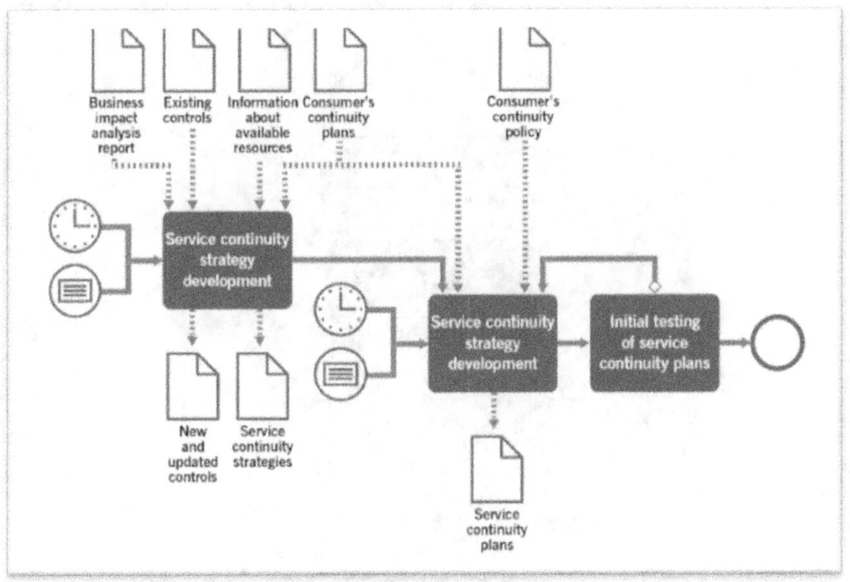

الشكل رقم (137) يبين مسار عملية تطوير خطط استمرارية الخدمة.
ITIL4 Practices-AXELOS Copyright-2020.

الأنشطة

- تطوير استراتيجية استمرارية الخدمة
- تطوير خطط استمرارية الخدمة
- الاختبار الأولي لخطط استمرارية الخدمة

عملية اختبار خطط استمرارية الخدمة.

تتضمن هذه العملية عددا من الأنشطة كما فى الشكل رقم (138) وتحول المدخلات التالية إلى مخرجات.

المدخلات

- برنامج التوعية والتدريب
- خطط استمرارية الخدمة

المخرجات

- تقارير التمرين
- متطلبات الضوابط الجديدة والمحدثة
- طلب تغيير السياسة أو الخطط
- تقارير التدقيق.

الأنشطة

- إجراء التدريبات

● تدقيق استمرارية الخدمة

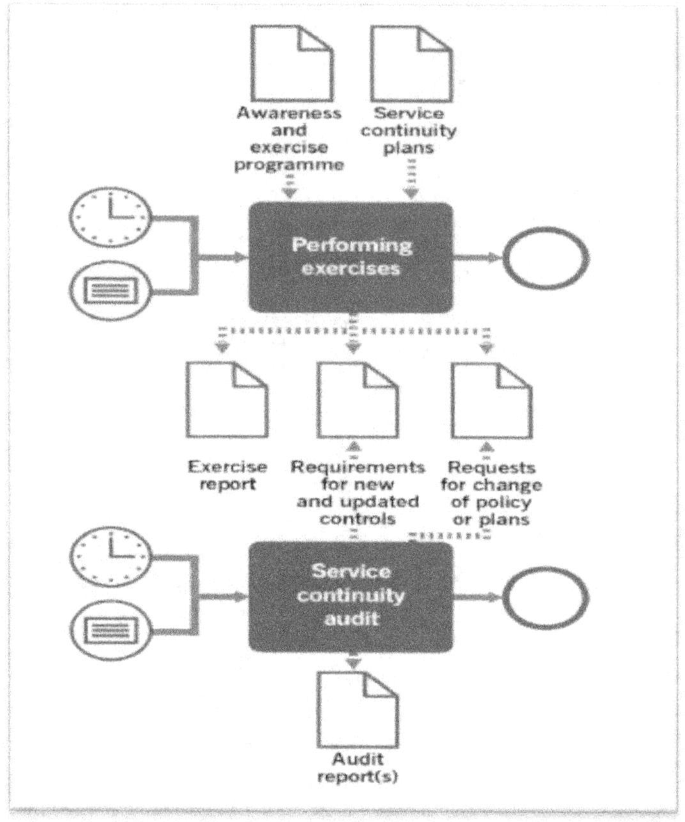

الشكل رقم (138) يبين مسار عملية اختبار خطط استمرارية الخدمة.
ITIL4 Practices-AXELOS Copyright-2020.

عملية الاستجابة والاسترداد.

تتضمن هذه العملية عددا من الأنشطة كما فى الشكل رقم (139) وتحول المدخلات التالية إلى مخرجات.

المدخلات

● خطط استمرارية الخدمة
● سجلات الحوادث

المخرجات

● تقارير الاسترداد
● متطلبات الضوابط الجديدة والمحدثة
● طلب تغيير الخطط

الأنشطة

- الاستدعاء
- تنفيذ خطط استمرارية الخدمة

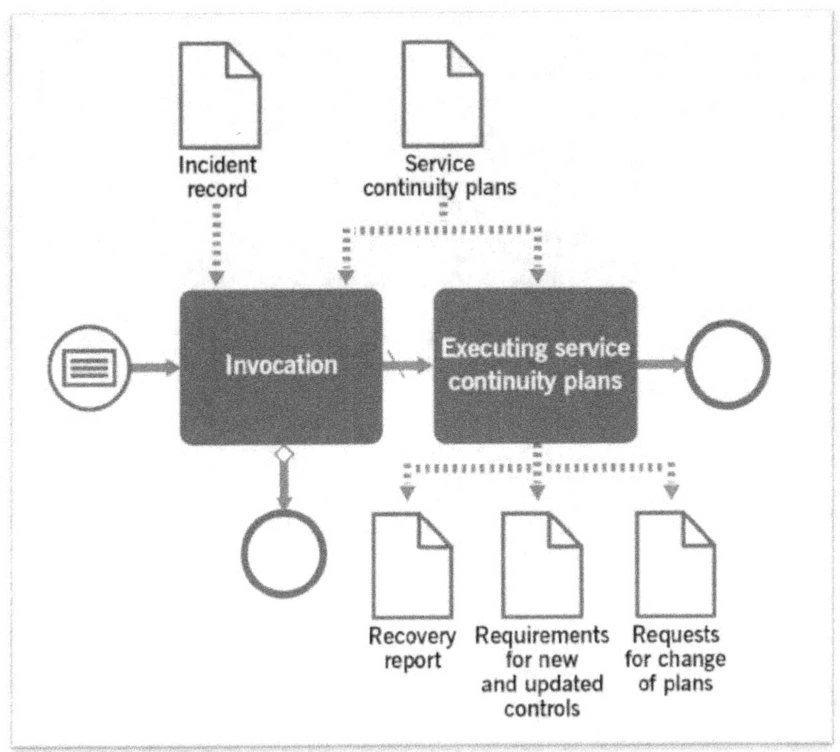

الشكل رقم (139) يبين مسار عملية الإستجابة و الإسترداد.
ITIL4 Practices-AXELOS Copyright-2020.

مساهمة إدارة استمرارية الخدمة في سلسلة قيمة الخدمة

التخطيط: تضع قيادة المنظمة والهيئة الحاكمة خطط مبدئية للمخاطرة مع تحديد نطاق وسياسات واستراتيجيات الموردين والاستثمار في خيارات الاسترداد.

التحسين: تضمن مراقبة خطط الاستمرارية والتدابير والآليات وتحسينها باستمرار.

المشاركة: المشاركة مع مختلف أصحاب المصلحة لتوفير الضمان فيما يتعلق باستعداد المنظمة للكوارث.

التصميم والانتقال: تضمن تصميم المنتجات والخدمات واختبارها وفقًا لمتطلبات استمرارية الخدمة.

الحصول/البناء: تضمن دمج الاستمرارية في خدمات المنظمة ومكوناتها.

التقديم والدعم: يتم تنفيذ التقديم والعمليات والدعم المستمر وفقًا لمتطلبات الاستمرارية والسياسات.

التقديم والدعم: يتم تنفيذ التقديم والعمليات والدعم المستمر وفقًا لمتطلبات الاستمرارية والسياسات.

17- ممارسة مكتب الخدمة

الغرض من ممارسة مكتب الخدمة هو تسجيل الطلب على حل الحوادث وطلبات الخدمة.

يجب أن يكون نقطة الدخول ونقطة الاتصال الوحيدة لمزود الخدمة مع جميع مستخدميه.

إمكانية الوصول

يجب أن تكون قنوات الاتصال متاحة.

يشمل ذلك اللغة والتنسيق والميزات الخاصة لأي مستخدم يعاني من إعاقة بصرية أو غير ذلك.

تتطلب الواجهات تطبيقات وأجهزة خاصة للوصول إلى قنوات الاتصال فضلاً عن مهارات خاصة.

الضمان

يجب أن يتأكد جميع الأطراف من أن قنوات الاتصال حقيقية وآمنة ومتوافقة مع اللوائح والسياسات والقواعد المعمول بها.

التوفر

يجب أن تكون قنوات الاتصال متاحة أينما ومتى كانت هناك حاجة إليها.

قد تتضمن واجهات متنقلة من نطاقات مختلفة اعتمادًا على الخدمة (من تغطية خاصة بالمنظمة فقط إلى تغطية عالمية) وخيارات لوقت التوافر (من خلال ساعات العمل فقط إلى مستمرة).

الذكاء السياقي

يجب دمج قنوات الاتصال والمعلومات السياقية ذات الصلة حيثما أمكن.

قد تتضمن هذه المعلومات بيانات سياقية مملوءة مسبقًا وسجل الاتصال وملفات تعريف المستخدم وما إلى ذلك.

التوافق العاطفي

تُستخدم قنوات في بعض الحالات الاتصال للتواصل مع المشاعر والعواطف بالإضافة إلى البيانات الواقعية.

يجب على مقدم الخدمة تعزيز التعاطف مع الخدمة الحالةغالبًا ما يتطلب هذا واجهة بشرية، مثل مكالمة هاتفية أو اجتماع وجهاً لوجه.

الألفة

يمكن أن تكون قنوات الاتصال المألوفة أكثر ملاءمة من القنوات الجديدة غير المألوفة ويمكن تكييف وسائل التواصل الاجتماعي والمنتديات والبريد

الإلكتروني والدردشات وقنوات الاتصال الأخرى بشكل فعال للتواصل مع مزود الخدمة.

التكامل

غالبًا ما يستخدم مزودو الخدمة قنوات متعددة للتواصل مع المستخدمين.

قد تشارك أنظمة أخرى متعددة في تفاعلات الخدمة.

يجب دمج هذه الأنظمة لتقليل أو القضاء على تكرار إدخال البيانات ومنع فقدان المعلومات.

قابلية الاستخدام

يجب أن تكون الواجهات من جميع الأنواع واضحة وبديهية ومفيدة وعملية.

قنوات الوصول لمكتب الخدمة

- ➢ مكاتب الخدمة المباشرة والمكالمات الهاتفية و الرسائل النصية
- ➢ تطبيقات الهاتف المحمول والروبوتات.
- ➢ بوابات الخدمة والبريد الإلكتروني و وسائل التواصل الاجتماعي.

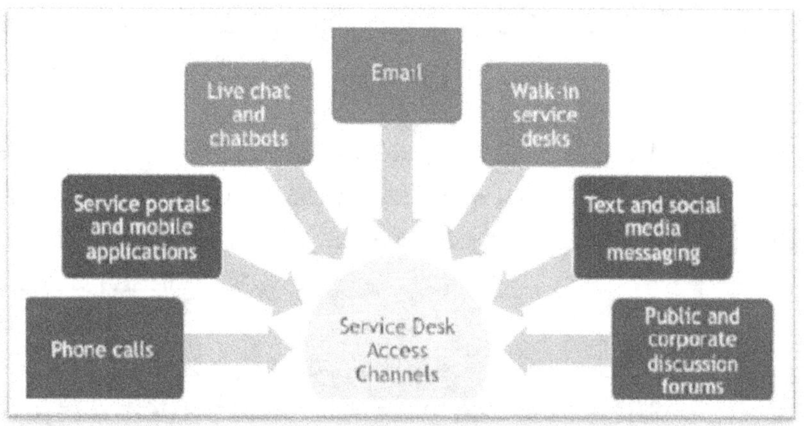

الشكل رقم (140) يبين طرق التواصل المتعددة مع مكتب الخدمة.
ITIL 4 FOUNDATION-MORWAN ELGASIM

أهمية مكتب الخدمة

- التأثير الرئيسي على تجربة المستخدم و تصور المستخدمين لمزود الخدمة.
- الفهم العملي للمنظمة الأوسع نطاقًا.
- الرابط التعاطفي بين مزود الخدمة والمستخدمين.
- مكتب الخدمة يمكنه التركيز على تجربة العملاء الممتازة عندما تكون هناك حاجة إلى اتصال شخصي.
- تحتاج فرق الدعم والتطوير إلى العمل في تعاون وثيق مع مكتب الخدمة.

أنواع مكاتب الخدمة

مكتب خدمة محلى

يساعد في التواصل ويعطي حضورًا واضحًا.

قد يكون غير فعال ومكلفًا في كثير من الأحيان بسبب انخفاض حجم المكالمات.

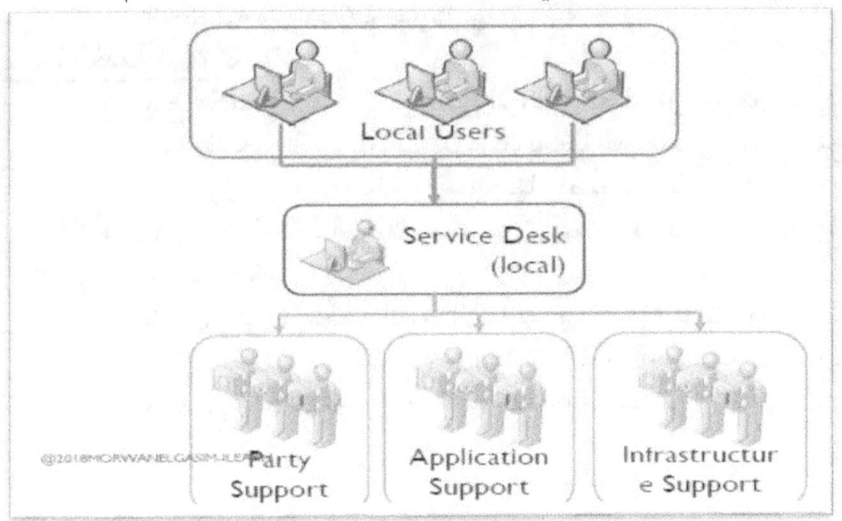

الشكل رقم (141) يبين مكتب خدمة محلى.
ITIL 4 FOUNDATION-MORWAN ELGASIM

أسباب وجود مكتب خدمة محلي

- الاختلافات اللغوية والثقافية أو السياسية.
- مناطق زمنية مختلفة.
- مجموعات متخصصة من المستخدمين.
- حالة المستخدمين كأشخاص مهمين/حرجين.

تقنيات تعتمد على مكتب الخدمة المركزى

- أنظمة الهاتف الذكية
- أنظمة سير العمل
- أنظمة إدارة القوى العاملة و تخطيط الموارد
- قاعدة المعرفة
- تسجيل المكالمات ومراقبة الجودة
- أدوات الوصول عن بعد
- لوحة التحكم (داشبورد) وأدوات المراقبة
- أنظمة إدارة التكوين.

مكتب خدمة مركزى

- مراكز خدمة محلية مدمجة في موقع مركزي واحد أو عدد قليل من المواقع.

- أكثر كفاءة وفعالية من حيث التكلفة، مما يسمح لعدد أقل من الموظفين بشكل عام بالتعامل مع حجم أكبر من المكالمات.
- التواجد المحلي للتعامل مع متطلبات الدعم الشخصى ولكن يتم التحكم فيه من المكتب المركزي.

مكتب الخدمة الإفتراضي

- يتيح مكتب الخدمة الافتراضي للوكلاء العمل من مواقع متعددة ومتفرقة جغرافيًا. ويتطلب ذلك تكنولوجيا أكثر تطورًا، مما يسمح بالوصول من مواقع متعددة وتوجيهًا وتصعيدًا معقدًا.
- يكون له رقم خدمة عملاء مختصر و يسمح بـ العمل من المنزل لعاملى المكتب.
- يشتمل على مجموعة الدعم الأساسية و الثانوية حسب مستويات الطلبات و توجيه المتصل و يمكن الاستعانة بمصادر خارجية للدعم فى حالات ضرورية لتلبية طلب المستخدم .

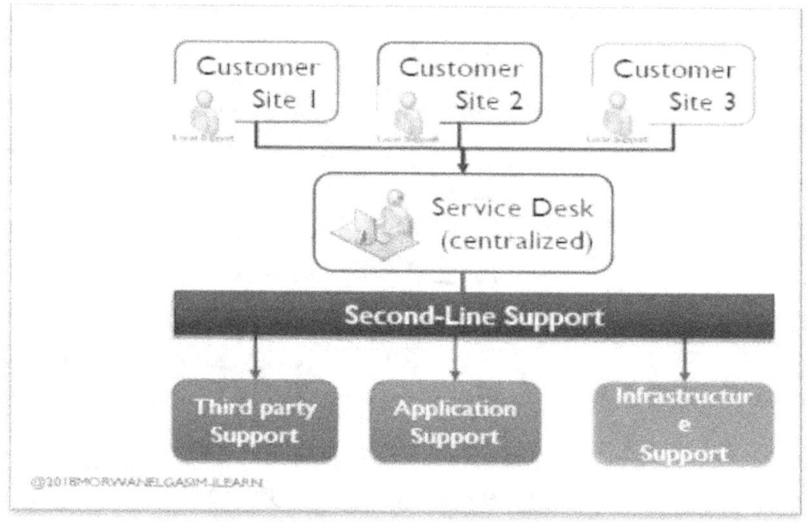

الشكل رقم (142) يبين مكتب خدمة مركزى.
ITIL 4 FOUNDATION-MORWAN ELGASIM

نطاق عمل ممارسة مكتب الخدمة

- إنشاء وصيانة قنوات الاتصال والواجهات بين مزود الخدمة والمستخدمين
- تمكين وتسجيل وتتبع الاتصالات بين مزود الخدمة والمستخدمين.

عوامل نجاح ممارسة مكتب الخدمة PSFs

● تمكين وتحسين الاتصالات الفعالة والناجعة والمريحة بشكل مستمر بين مقدم الخدمة ومستخدميه.

● تمكين التكامل الفعال لاتصالات المستخدم في تدفقات القيمة.

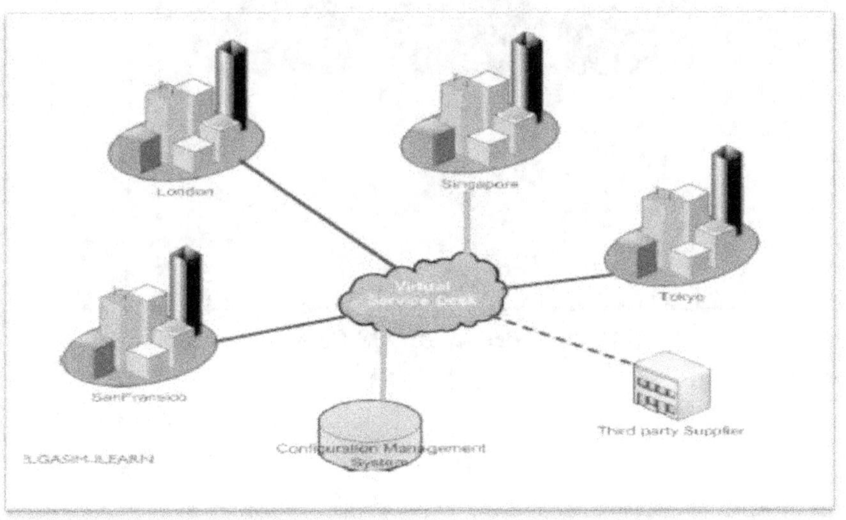

الشكل رقم (143) يبين مكتب الخدمة الإفتراضى.
ITIL 4 FOUNDATION-MORWAN ELGASIM

عمليات أنشطة مكتب الخدمة

● التعامل مع استعلامات المستخدم.
● التواصل مع المستخدمين.
● تحسين مكتب الخدمة.

عملية التعامل مع استعلامات المستخدم.

تتضمن هذه العملية عددا من الأنشطة كما فى الشكل رقم (144) وتحول المدخلات التالية إلى مخرجات.

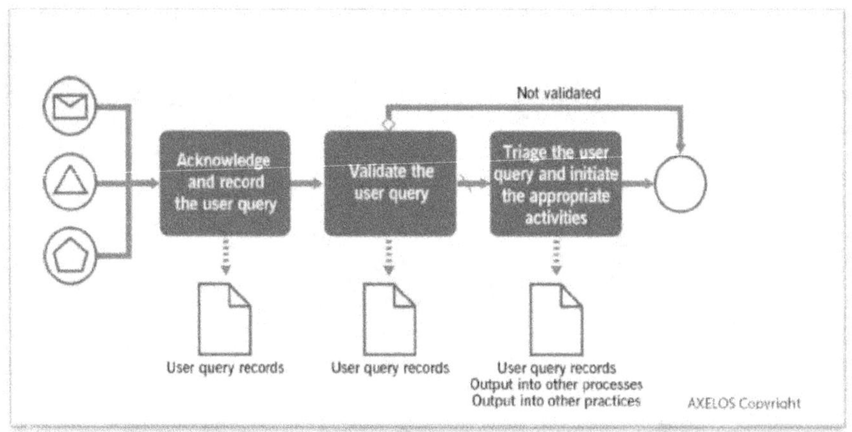

الشكل رقم (144) يبين مسار عملية التعامل مع استعلامات المستخدم.
ITIL4 Practices-AXELOS Copyright-2020.

المدخلات

- استعلامات المستخدم
- سجلات إدارة الخدمة على سبيل المثال:
  - سجلات الحوادث
  - سجلات التغيير
  - سجلات المشكلات وما إلى ذلك.
- معلومات تكوين الخدمة
- معلومات أصول تكنولوجيا المعلومات
- معلومات أخرى ذات صلة

المخرجات

- استعلامات المستخدم المسجلة والمصنفة
- بدء تشغيل معالجات استعلامات المستخدم المصنفة

الأنشطة

- قبول استعلام المستخدم وتسجيله
- التحقق من صحة استعلام المستخدم
- فرز استعلام المستخدم وبدء الأنشطة المناسبة

عملية التواصل مع المستخدمين.

تضمن هذه العملية توصيل أنواع مختلفة من المعلومات إلى المستخدمين من خلال القنوات المناسبة.

تتضمن هذه العملية عددا من الأنشطة كما فى الشكل رقم (145) وتحول المدخلات التالية إلى مخرجات.

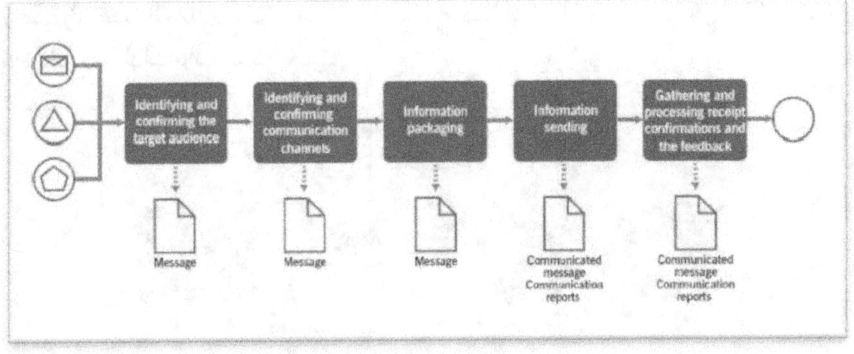

الشكل رقم (145) يبين مسار عملية التواصل مع المستخدمين.
ITIL4 Practices-AXELOS Copyright-2020.

المدخلات

- متطلبات الإتصال بالمستخدم
- المعلومات المطلوب الاتصال بها
- سجلات الاتصالات السابقة
- سجلات إدارة الخدمة؛ على سبيل المثال، سجلات الحوادث، وسجلات التغيير، وسجلات المشكلات، وما إلى ذلك.
- معلومات تكوين الخدمة
- معلومات أصول تكنولوجيا المعلومات
- معلومات أخرى ذات صلة.

المخرجات

- سجل رسائل التواصل
- تقارير الاتصال

الأنشطة

- تحديد الجمهور المستهدف والتأكد منه
- تحديد قنوات الاتصال والتأكد منها
- حزم و قوالب المعلومات
- جمع ومعالجة تأكيدات الاستلام والملاحظات.

عملية تحسين مكتب الخدمة.

تضمن هذه العملية الاستفادة من الدروس المستفادة من إدارة اتصالات المستخدمين وتحسين الأساليب المتبعة في هذه الممارسة بشكل مستمر.

تتضمن هذه العملية عددا من الأنشطة كما فى الشكل رقم (146) وتحول المدخلات التالية إلى مخرجات.

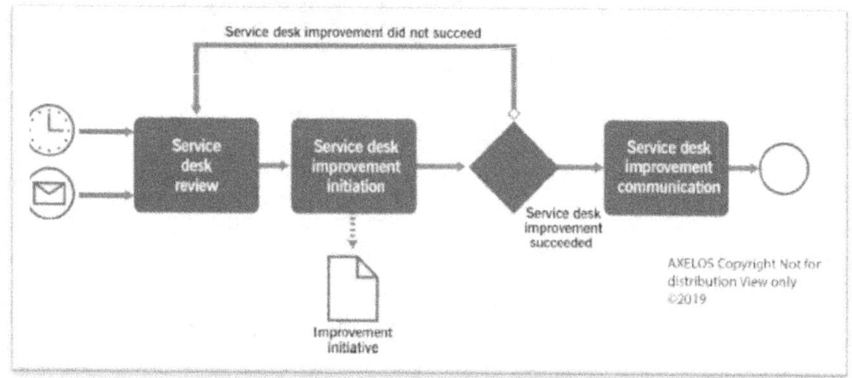

الشكل رقم (146) يبين مسار عملية تحسين مكتب الخدمة.
ITIL4 Practices-AXELOS Copyright-2020.

المدخلات
تقارير أداء مكتب الخدمة

نتائج استطلاع رضا العملاء

فرص تحسين التكنولوجيا

تقارير الحوادث وطلبات الخدمة

المخرجات
تحسين خدمة العملاء

الاتصالات

الأنشطة
مراجعة مكتب الخدمة

بدء تحسين مكتب الخدمة

اتصالات تحسين مكتب الخدمة

مساهمة مكتب الخدمة في سلسلة قيمة الخدمة

التحسين: تتم مراقبة أنشطة مكتب الخدمة وتقييمها باستمرار لدعم التحسين المستمر.

المشاركة: مكتب الخدمة هو القناة الرئيسية للمشاركة التكتيكية والتشغيلية مع المستخدمين.

التصميم والانتقال: يوفر مكتب الخدمة قناة للتواصل مع المستخدمين حول الخدمات الجديدة والمتغيرة.

الحصول/البناء: يمكن إشراك موظفي مكتب الخدمة في الحصول على مكونات الخدمة المستخدمة لتلبية طلبات الخدمة وحل الحوادث.

التقديم والدعم: مكتب الخدمة هو نقطة التنسيق لإدارة الحوادث وطلبات الخدمة.

الفصل السابع: ممارسات الإدارة الفنية

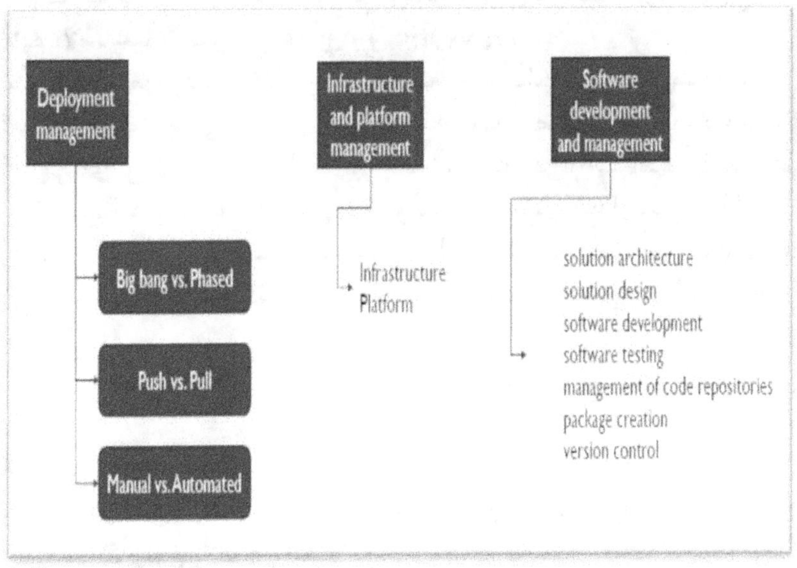

الشكل رقم (147) يبين قائمة ممارسات الإدارة الفنية.
ITIL 4 FOUNDATION-MORWAN ELGASIM

ممارسات الإدارة الفنية

1) ممارسة إدارة النشر.
2) ممارسة إدارة البنية الأساسية والمنصة.
3) ممارسة تطوير وإدارة البرمجيات.

1- ممارسة إدارة النشر

الغرض

الغرض من ممارسة إدارة النشر Deployment management هو نقل الأجهزة أو البرامج أو الوثائق أو العمليات أو أي مكون آخر جديد أو متغير إلى بيئات حية.

قد تشارك أيضًا في نشر المكونات في بيئات أخرى للاختبار أو التدريج.

المفاهيم الأساسية للنشر في Agile و DevOps

- التكامل المستمر ودمج وبناء واختبار التعليمات داخل بيئة البرمجيات.

- التسليم المستمر يعني التسليم المستمر أنه يمكن إصدار البرمجيات المبنية للإنتاج في أي وقت و النشر المتكرر ممكن، ولكن قرارات النشر تُتخذ على أساس كل حالة على حدة، وعادةً لأن المؤسسات تفضل معدل نشر أبطأ.

- فى النشر المستمر تمر التغييرات عبر خط الأنابيب وتُوضع في بيئة الإنتاج مما يتيح نشرات إنتاج متعددة يوميًا. يعتمد النشر المستمر على التسليم المستمر.

البيئات

تتيح ممارسة إدارة النشر نقل المنتجات والخدمات ومكونات الخدمة بين البيئات.

البيئة

مجموعة فرعية من البنية الأساسية يتم استخدامها لغرض معين.

أمثلة لبيئات تكنولوجيا المعلومات

بيئة التطوير/التكامل

تطوير وتكامل البرامج

بيئة الاختبار

اختبار مكونات الخدمة

بيئة الإعداد

اختبار الإصدارات بما في ذلك المنتجات والخدمات وعناصر التكوين الأخرى.

بيئة التشغيل المباشر/الإنتاج

تقديم خدمات تكنولوجيا المعلومات لمستهلكي الخدمة.

نطاق عمل ممارسة إدارة النشر

- النقل الفعال للمنتجات والخدمات ومكونات الخدمة بين البيئات الخاضعة للرقابة، مثل بيئات التطوير والتشغيل والاختبار والتدريج.

- الإزالة الفعالة للمنتجات والخدمات ومكونات الخدمة من البيئات المحددة.

عوامل التغييرات/الإصدارات المعتمدة

- متطلبات الخدمة الجديدة/المتغيرة
- الميزات/الإصدارات الجديدة
- التغييرات التقنية والتشغيلية
- متطلبات التغيير الخاصة بأطراف خارجية
- إيقاف الخدمة وإزالتها
- الدعم/استكشاف الأخطاء وإصلاحها
- طلبات الخدمة.

عوامل نجاح ممارسة إدارة النشر PSFs

- إنشاء والحفاظ على مناهج فعالة لنشر الخدمات ومكونات الخدمة في جميع أنحاء المؤسسة.
- ضمان النشر الفعال للخدمات ومكونات الخدمة في سياق تدفقات القيمة في المؤسسة.

عمليات أنشطة إدارة النشر

- النشر.
- تطوير نماذج النشر ومراجعتها.

عملية النشر

تتضمن هذه العملية عددا من الأنشطة كما فى الشكل رقم (148) وتحول المدخلات التالية إلى مخرجات.

المدخلات

- متطلبات وتوقعات النشر.
- تفاصيل البيئة.
- مكونات الإصدار/مكونات الخدمة.
- مكونات الأجهزة والبرامج من مستودعات ITAM المعتمدة ومكتبة الوسائط النهائية.
- معايير القبول.

المخرجات

- مكونات/إصدارات الخدمة المنشورة.
- سجلات النشر اتصالات النشر.
- الملاحظات والمدخلات لتمكين التغيير وإدارة الإصدارات والتحقق من صحة الخدمة واختبارها وإدارة المشروع وما إلى ذلك.
- تحديثات إجراءات التوجيه، قاعدة المعرفة للعملاء، بيانات مكتب الخدمة.

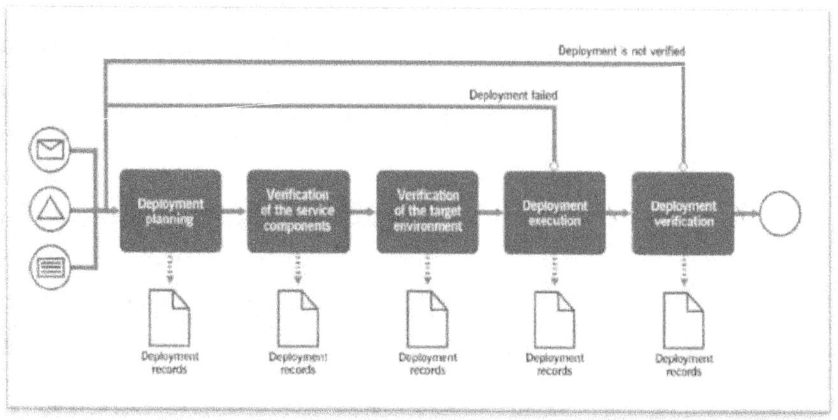

الشكل رقم (148) يبين مسار عملية النشر.
ITIL4 Practices-AXELOS Copyright-2020.

الأنشطة

- تخطيط النشر.
- التحقق من مكونات الخدمة.
- التحقق من البيئات المستهدفة.
- تنفيذ النشر.
- التحقق من النشر.

عملية تطوير نماذج النشر ومراجعتها.

تركز هذه العملية على التحسين المستمر لممارسات إدارة النشر ونماذج النشر وإجراءات النشر.

تتضمن هذه العملية عددا من الأنشطة كما فى الشكل رقم (149) وتحول المدخلات التالية إلى مخرجات.

المدخلات

- نماذج وإجراءات النشر الحالية
- سجلات النشر
- تقارير فشل النشر
- السياسات والمتطلبات التنظيمية
- معلومات الإصدار
- معلومات التكوين
- معلومات أصول تكنولوجيا المعلومات
- اتفاقيات مستوى الخدمة مع المستهلكين والموردين/الشركاء

- معلومات السعة والأداء
- سياسات وخطط الاستمرارية وسياسات وخطط الأمان

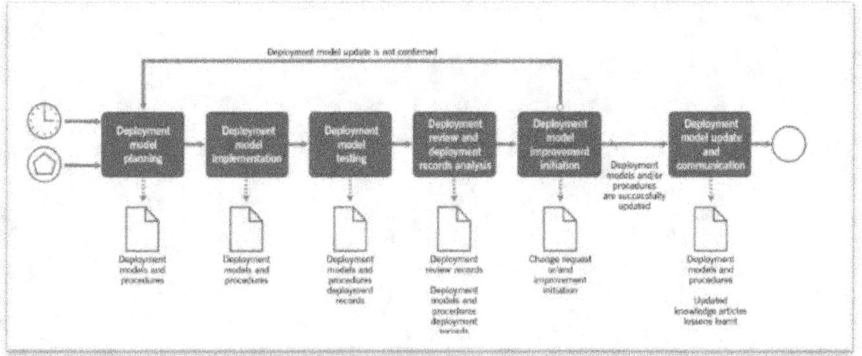

الشكل رقم (149) يبين عملية تطوير نماذج النشر.
ITIL4 Practices-AXELOS Copyright-2020.

المخرجات

- تحديث نماذج وإجراءات النشر
- تحديث الاتصالات الخاصة بنماذج وإجراءات النشر
- طلبات التغيير
- مبادرات التحسين
- تقارير مراجعة النشر
- تحديث مقالات إدارة المعرفة
- الدروس المستفادة

الأنشطة

- تخطيط نموذج النشر
- تنفيذ نموذج النشر
- اختبار نموذج النشر
- مراجعة عمليات النشر وتحليل سجلات النشر
- بدء تحسين نموذج النشر
- تحديث نموذج النشر والتواصل.

مساهمة إدارة النشر في سلسلة قيمة الخدمة

التحسين:

قد تتطلب بعض التحسينات نشر المكونات قبل أن يتم تسليمها.

التصميم والانتقال:

تقوم إدارة النشر بنقل المكونات الجديدة والمتغيرة إلى البيئات الحية فى الخدمة.

269

الحصول/البناء:
يمكن نشر التغييرات بشكل تدريجي كجزء من نشاط سلسلة القيمة .

يمكن نشر التغييرات بشكل تدريجي كجزء من نشاط سلسلة القيمة .

2- ممارسة إدارة البنية الأساسية والمنصة

الغرض

الغرض من إدارة البنية الأساسية و المنصة هي الإشراف على البنية الأساسية والمنصات التي تستخدمها المؤسسة و أن يتم تنفيذها بشكل صحيح و تحقق مراقبة الحلول التقنية المتاحة للمؤسسة بما في ذلك تكنولوجيا مقدمي الخدمات الخارجيين.

البنية الأساسية لتكنولوجيا المعلومات

تشمل كل الأجهزة والبرامج والشبكات والتسهيلات اللازمة لتطوير واختبار وتقديم ومراقبة وإدارة ودعم خدمات تكنولوجيا المعلومات.

التشغيل

العمل الخاص بتشغيل وإدارة نشاط أو منتج أو خدمة أو أى عنصر تكوين.

الموثوقية

قدرة المنتج أو الخدمة أو عنصر تكوين آخر على أداء وظيفته المقصودة لفترة زمنية محددة أو عدد من الدورات.

نطاق عمل ممارسة البنية الأساسية والمنصة:

- الأنشطة المستخدمة في التخطيط وتصميم وتطوير وتسليم وصيانة ودعم تكنولوجيا البنية الأساسية والمنصة.
- الأجهزة (الخوادم وأجهزة الكمبيوتر المكتبية وأجهزة التوجيه والمفاتيح والتخزين والكابلات ومركز البيانات).
- البرامج (أنظمة التشغيل وتطبيقات سطح المكتب والبرامج الوسيطة)
- أدوات الإدارة (المراقبة وأدوات الإدارة والنشر والمخزون)
- استضافة الويب
- البنية الأساسية والمنصة السحابية
- أنظمة التعريف وتسجيل الدخول الفردي (SSO).
- مهارات إدارة البنية الأساسية والمنصة
- الهندسة البنائية والهندسة الفنية
- الإدارة الفنية والعمليات
- تنفيذ وإنفاذ السياسات والإجراءات المرتبطة بإدارة البنية الأساسية والمنصة (التخطيط واتخاذ القرار والإشراف).
- التكامل مع الممارسات الأخرى
- المهارات المطلوبة لإدارة البنية الأساسية والمنصة بما في ذلك هندسة البنية الأساسية والإدارة.

271

عوامل نجاح ممارسة البنية الأساسية والمنصة PSFs

● إنشاء نهج لإدارة البنية الأساسية والمنصة لتلبية الاحتياجات التنظيمية المتطورة.

● ضمان أن حلول البنية الأساسية والمنصة تلبي احتياجات المنظمة الحالية والمتوقعة.

عمليات أنشطة ممارسة البنية الأساسية و المنصة

● تخطيط التكنولوجيا.
● تطوير المنتجات.
● العمليات التكنولوجية.

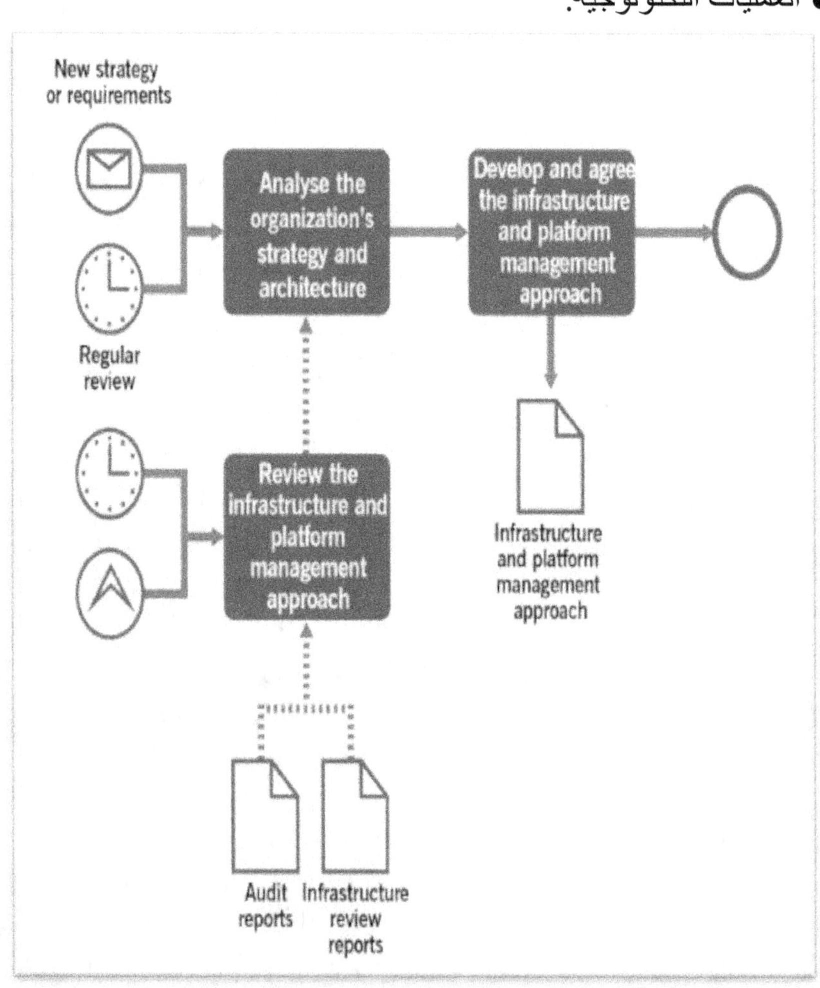

الشكل رقم (150) يبين مسار عملية تخطيط التكنولوجيا.

ITIL4 Practices-AXELOS Copyright-2020.

عملية تخطيط التكنولوجيا

- ⮞ تضمن أنشطة تخطيط التكنولوجيا أن المنظمة لديها نهج لإدارة التكنولوجيا وخريطة طريق لتطوير البنية الأساسية وتحسينها.
- ⮞ تضمن هذه الأنشطة أن الخطط المالية والبنائية وموارد المنظمة متوافقة و أن حلول البنية الأساسية والمنصات تدعم بشكل مستمر التوافق مع الأهداف الاستراتيجية للمنظمة.
- ⮞ التخطيط والتكامل الفعال مع الممارسات الأخرى.

تتضمن هذه العملية عددا من الأنشطة كما فى الشكل رقم (150) وتحول المدخلات التالية إلى مخرجات.

المدخلات

- مبادئ المنظمة وسياساتها ورؤيتها
- استراتيجية المنظمة
- الهيكل التنظيمي
- محفظة المنتجات والخدمات
- محفظة العملاء
- سجلات تحليل الأعمال وتقارير المراجعة
- تقارير التدقيق

المخرجات

- نهج إدارة البنية الأساسية والمنصة وخريطة الطريق
- مبادرات التحسين وطلبات التغيير

الأنشطة

- تحليل استراتيجية المنظمة وبنيتها
- تطوير وإقرار نهج إدارة البنية الأساسية والمنصة
- مراجعة نهج إدارة البنية الأساسية والمنصة

عملية تطوير المنتجات

في العديد من المنظمات، يتم تنفيذ هذه الأنشطة ضمن تدفقات قيمة تطوير المنتجات بالاشتراك مع ممارسات أخرى.

تعمل ممارسة إدارة البنية الأساسية والمنصة كمصدر للخبرة الفنية والموارد لدعم طرح فكرة المنتج وتصميمه وتطويره ونشره.

أحيانا يتم تطوير حلول البنية الأساسية والمنصة في تدفق قيمة منفصل وتقديمها كخدمات لفرق المنتجات ومنتجاتها.

تركز أنشطة الممارسة على ضمان تلبية الحلول لمتطلبات المنظمة.

تتضمن هذه العملية عددا من الأنشطة تحول المدخلات التالية إلى مخرجات.

المدخلات

- نهج إدارة البنية الأساسية والمنصة
- متطلبات الحل
- الميزانية والموارد الأخرى والقيود
- سياسات التوريد وإدارة الموردين
- سياسات التوريد والبناء والإرشادات
- المعايير التشغيلية
- معايير النجاح
- هيكل المشروع (الجدول الزمني، التعيين، الأساليب).

المخرجات

- التصميم الأساسي والمفصل
- أهداف مستوى الخدمة المتفق عليها
- المكونات والحلول
- وثائق الحل
- الإعداد في أدوات الإدارة بما في ذلك المراقبة وأدوات إدارة خدمات
تكنولوجيا المعلومات
- دفاتر التشغيل التشغيلية.
- التقارير والمراجعات المجدولة.

الأنشطة

- إنشاء تصميم حل أساسي.
- إنشاء تصميم حل مفصل.
- الحصول على المكونات وتطويرها وتكوينها.
- الحصول على الحل وبنائه وتكوينه.
- دعم التحقق والاختبار.
- دعم النشر والإصدار.
- مراجعة تطوير الحل وتنفيذه.

أنشطة العمليات التكنولوجية

يتم تنفيذ أنشطة عمليات التكنولوجيا بعد دخول الحل إلى بيئة الخدمة.

تتضمن هذه الأنشطة الصيانة المخطط لها وأنشطة الدعم غير المخطط لها.

تركز الصيانة على العمليات العادية للحل، مثل الإدارة والمراقبة.

يركز الدعم على معالجة الأحداث والحوادث والتنبيهات.

تتضمن هذه العملية عددا من الأنشطة تحول المدخلات التالية إلى مخرجات.

المدخلات
- الحلول ووثائق الدعم، مثل كتب الدليل التشغيلي.
- السياسات والمبادئ التوجيهية.
- بيانات المراقبة.
- الاستعلامات (الحوادث والمشكلات وما إلى ذلك).
- اتفاقيات مستوى الخدمة.

الأنشطة
- إدارة قوائم الاستعلامات والأحداث.
- تنفيذ المهام المجدولة.
- تصحيح النظام وتحديثه.

المخرجات
- التقارير.
- التذاكر والأحداث المغلقة.
- إكمال المهمة المجدولة.
- إكمال النسخ الاحتياطي.
- تحديث الحلول ووثائق الدعم.
- الأتمتة.
- التحسينات.

مساهمة إدارة البنية التحتية في سلسلة قيمة الخدمة

التخطيط:
تقدم معلومات حول الفرص والقيود التكنولوجية.

التحسين:
يتم توفير المعلومات حول الفرص التكنولوجية التي يمكن أن تدعم التحسين المستمر وأي قيود على التقنيات المستخدمة من خلال هذه الممارسة.

التصميم والانتقال:
يستفيد تصميم المنتجات والخدمات من المعلومات المقدمة حول الفرص التكنولوجية.

الحصول/البناء:
توفير المعلومات الضرورية حول المكونات التي سيتم الحصول عليها.

التقديم والدعم:

على المستوى التشغيلي، تدعم إدارة البنية التحتية والمنصة الصيانة المستمرة للخدمات.

3ـ ممارسة تطوير وإدارة البرمجيات

الغرض

الغرض من تطوير البرمجيات وإدارتها هو التأكد من أن التطبيقات و البرمجيات تلبي احتياجات أصحاب المصلحة الداخلية والخارجية من حيث الأداء الوظيفي والموثوقية، وقابلية الصيانة والامتثال وقابلية التدقيق.

البرمجيات

مجموعة من التعليمات التي تخبر المكونات المادية (الأجهزة) لجهاز الكمبيوتر بكيفية العمل.

تتجلى البرمجيات في التطبيقات للمستخدمين النهائيين و في البنية الأساسية اللازمة لتطوير التطبيقات وتشغيلها.

البرمجيات والبنية الأساسية عبارة عن مكونات خدمة يتم دمجها مع مكونات أو موارد خدمة أخرى لتشكيل المنتجات والخدمات.

تطوير البرمجيات

تصميم وبناء التطبيقات وتصحيح وتحسين التطبيق التشغيلي وفقًا للمتطلبات الوظيفية وغير الوظيفية المتغيرة.

صيانة التطبيقات

تعديل التطبيق كجزء من التطوير، لأغراض التصحيح والتحسين:

• **تصحيحي:** تصحيح العيوب في التطبيق التي تسببت في وقوع حوادث.

• **وقائي:** منع العيوب في التطبيق قبل ظهورها

• **تكيفي:** تكييف التطبيق للعمل مع البنية الأساسية المتغيرة

• **مثالي:** تعزيز وظائف التطبيق وقابليته للاستخدام وأدائه (يُعرف أحيانًا باسم "الصيانة الإضافية" أو "التحسين" أو "التطوير").

جودة البرمجيات

تحديد قيمة البرمجيات كمنتج واستخدامها.

• **جودة المنتج:** الملاءمة الوظيفية، وكفاءة الأداء، والتوافق، وسهولة الاستخدام، والموثوقية، والأمان، وسهولة الصيانة، وقابلية النقل.

• **الجودة في الاستخدام:** الفعالية، والكفاءة، والرضا، والخلو من المخاطر، وتغطية السياق.

نموذج دورة حياة تطوير البرمجيات (SDLC) من أجايل

التسلسل الذي يتم به تنفيذ مراحل دورة حياة تطوير البرمجيات. المراحل الرئيسية هي:

- تحديد المتطلبات
- التصميم
- الكود
- الاختبار
- تشغيل/استخدام التطبيق.

نموذج الشلال:

يتم تنفيذ كل مرحلة من مراحل دورة حياة التطوير بالتسلسل مما يؤدي إلى تسليم واحد للتطبيق بالكامل للاستخدام.

النموذج التدريجي:

بعد تحديد المتطلبات والأولويات للتطبيق بالكامل، يتم تطوير التطبيق في أجزاء (عمليات بناء).

يمكن تطوير عمليات البناء (جزئيًا) بالتوازي، ويتم تسليم التطبيق في أجزاء قابلة للاستخدام.

نموذج تكراري أو تطوري:

بعد إنشاء المتطلبات والأولويات للتطبيق بأكمله جزئيًا، يتم تطوير التطبيق في إصدارات منفصلة مثل النموذج التدريجي، ولكن نظرًا لأنه لا يمكن إنشاء المتطلبات بالكامل في البداية، فإن التصميم أو الترميز أو الاختبار أو استخدام الإصدار قد يؤدي إلى تحسين المتطلبات، مما يؤدي إلى تحسين جزء من التطبيق في إصدار آخر.

نطاق عمل ممارسة تطوير وإدارة البرمجيات

- تطوير التطبيقات.
- إدارة البرمجيات والقطع الأثرية للبرمجيات.
- تشغيل التطبيق (بالتعاون الوثيق مع إدارة البنية الأساسية والمنصة).

عوامل نجاح ممارسة تطوير وإدارة البرامج PSFs

- الموافقة على نهج المنظمة في تطوير وإدارة البرامج وتحسينه.
- ضمان أن البرنامج يلبي متطلبات المنظمة ومعايير الجودة بشكل مستمر طوال دورة حياته.

انشطة ممارسة تطوير و إدارة البرمجيات

المدخلات

- دراسة الحالة التجارية، ومتطلبات منطق الأعمال، ونماذج الخدمة، ووثائق

277

الهندسة البنائية، وقصص المستخدم، والمهام.
- عناصر سجل الأعمال المتراكمة/المشروع ذات الصلة.
- تكوين البيئة الحالية.
- مجموعة أدوات التطوير الحالية وطرق تتبع الإصدارات.
- ملاحظات المستخدم حول التطبيقات.
- المعايير الفنية لتطوير التطبيقات.

المخرجات

- مهام جديدة في قائمة الانتظار/المشروع، أو خطة تسليم المشروع أو التغيير.
- المتطلبات الفنية للبرامج الجديدة أو المعدلة.
- كود التطبيق، وحالات الاختبار، واختبارات الوحدة الآلية.
- كود محدث، وعناصر جديدة في قائمة الانتظار
- أجندات الاجتماعات، ومحاضر الاجتماعات، والجداول الزمنية، والقرارات والقواعد الجديدة، وخطط العمل.
- خط أنابيب البرامج، وأدوات المراقبة والأتمتة للصيانة.
- تكوين بيئة التطوير المحدث.
- إصدارات جديدة جاهزة للنشر، وحفظ سجلات تغيير البرامج.
- تغييرات جديدة/مقترحة على القرارات البنائية.
- معلومات حول قيمة البرنامج.
- ملاحظات الإصدار حول البرنامج الذي يتم تطويره: المستندات الفنية ووثائق المستخدم (كيفية الاستخدام والتثبيت والتكوين)؛ ووثائق الإدارة (كيفية الإدارة).
- تغييرات جديدة/مقترحة على المعايير الفنية.

الأنشطة

- تخطيط المنتج وإعطاء الأولوية.
- تصميم البرمجيات.
- إنتاج أكواد جديدة.
- مراجعة الكود.
- معالجة العيوب.
- إدارة الديون الفنية.
- إعادة صياغة الكود.
- البحث والتطوير.
- الاجتماعات المنتظمة وأنشطة التحسين.
- أتمتة تشغيل وصيانة البرمجيات.
- إدارة بيئات التطوير.

● التحكم في الإصدارات.

مساهمة تطوير و إدارة البرمجيات في سلسلة قيمة الخدمة

التخطيط:

توفر معلومات حول الفرص والقيود المتعلقة بإنشاء وتغيير برامج المؤسسة.

التحسين:

إشراك المكونات البرمجية للخدمات فى خطط التحسين.

التصميم والانتقال:

يسمح للمؤسسة بتصميم وإدارة التغييرات على المنتجات والخدمات بشكل شامل.

الحصول/البناء

يعتمد إنشاء المنتجات الداخلية وتكوين المنتجات التي طورها الشركاء والموردين على هذه الممارسة.

التقديم والدعم:

تزويد فرق التقديم والدعم بالوثائق اللازمة لاستخدام المنتجات.

قائمة المراجع
REFERENCES LIST

1- Introducing ITIL Best Practices for IT Service Management-Service & Operations Management Work Group, Mary Lou Alter, 2015.
2- ITIL® V3 FOUNDATION CERTIFICATIONE-LEARNING COURSE.2019.
3- PV203 IT Services Management-Eva Hladká.2020
4- PV203 IT Services Management-Vladimir Vágner-2023.
5- ITIL V3 Foundation-The Art of Service Pty Ltd.
6- The Official Introduction to the ITIL Service Lifecycle TSO @ Blackwell and other Accredited Agents.2020.
7- IT Service Management based on ITIL v4.2-Ing. Aleš Studený.2019.
8- IT Service Management -Van Haren Publishing.
9- ITIL 4 Foundation Certification Learning Course-MORWAN ELGASIM.2020.
10- ITIL 4-Foundation Become Certified-Abhinav Krishna Kaiser.2020.
11- Introductory-Overview-of-ITIL4-2020.
12- ITI 4-Essentials EXAM-2020.
13- ITIL4 -Service IT+ Inc.2019.
14- ITIL 4-High Velocity IT-2020.
15- ITIL 4-Digital and IT Strategy -2020.
16- ITIL4-Create Deliver and Support-2020.
17- Introductory Overview of ITIL4-2020.
18- ITIL4-Practices-AXELOS.com, 2020.
19- Guide To Implementing The ISO 20000-V9 Copyright CertiKit.2019.
20- ISO 20000 MANAGE ENGINE.2023.
21- Advisera.com-ISO 20000 Documentation Toolkit.2020.

تعريف بالمؤلف

- الإسم: خالد عبدالفتاح يوسف.
- تاريخ الميلاد:12\10\1960.
- الإقامة: الإسكندرية ـمصر.
- المؤهل العلمى: بكالوريوس هندسة ـاتصالات.
- الجامعة: جامعة الإسكندرية.
- البريد الإلكترونى: khaledyssf3@gmail.com

الخبرات و الوظائف:

- عمل فى مجالات التحكم الألى و نظم المعلومات.
- شارك و ساهم فى تنفيذ و استلام و تشغيل و صيانة العديد من مشروعات نظم التحكم الألى و نظم المعلومات فى قطاع البترول بالإسكندرية.
- شغل العديد من الوظائف الإدارية منها مدير قطاع الآجهزة الرقمية و مدير عام نظم المعلومات.
- قدم العديد من المحاضرات و الدورات التدريبية فى مجالات العمل.
- له عدد من المؤلفات العلمية و الأدبية.